#응용력키우기
#서술형·문제해결력

응용
해결의 법칙

Chunjae
Makes
Chunjae

▼

[응용 해결의 법칙] 초등 수학 5-1

기획총괄	김안나
편집개발	이근우, 서진호
디자인총괄	김희정
표지디자인	윤순미
내지디자인	박희춘, 이혜미
제작	황성진, 조규영

발행일	2022년 8월 15일 3판 2023년 9월 1일 2쇄
발행인	(주)천재교육
주소	서울시 금천구 가산로9길 54
신고번호	제2001-000018호
고객센터	1577-0902

모든 응용을
다 푸는
해결의 법칙

수학

5·1

학습 관리

1 메타인지 개념학습

메타인지 학습을 통해 개념을 얼마나 알고 있는지 확인하고 개념을 다질 수 있어요.

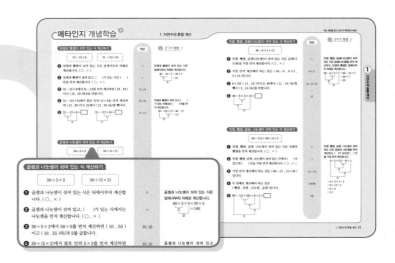

2 응용 개념 비법

응용 개념 비법에서 한 단계 더 나아간 심화 개념 설명을 익히고 교과서 개념으로 기본 개념을 확인할 수 있어요.

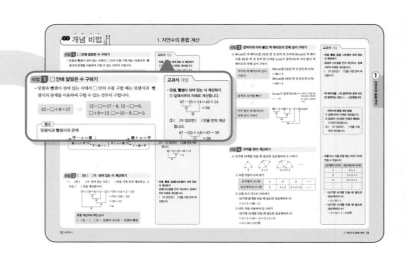

3 기본 유형 익히기

다양한 유형의 문제를 풀면서 개념을 완전히 내 것으로 만들어 보세요.

꼭 알아야 할 개념, 주의해야 할 내용 등을 아래에 '해결의 창'으로 정리했어요. '해결의 창'을 통해 문제 해결의 방법을 찾아보아요.

4 응용 유형 익히기

응용 유형 문제를 단계별로 푸는 연습을
통해 어려운 문제도 스스로 풀 수 있는
힘을 길러 줍니다.

▶ 동영상 강의 제공

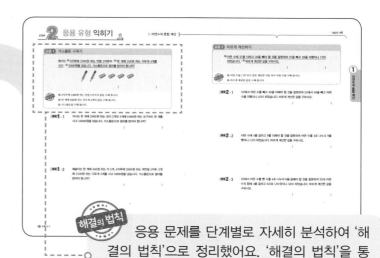

해결의 법칙

응용 문제를 단계별로 자세히 분석하여 '해
결의 법칙'으로 정리했어요. '해결의 법칙'을 통
해 한 단계 더 나아간 응용 문제를 풀어 보세요.

5 응용 유형 뛰어넘기

한 단계 더 나아간 심화 유형 문제를 풀
면서 수학 실력을 다져 보세요.

▶ 동영상 강의 제공

🔬 유사 문제 제공

유사 ▶ 표시된 문제의 유사 문제가 제공됩니다.
동영상 ▶ 표시된 문제의 동영상 특강을 볼 수 있어요.
QR 코드를 찍어 보세요.

6 실력평가

실력평가를 풀면서 앞에서 공부한 내용
을 정리해 보세요. 학교 시험에 잘 나오
는 유형과 좀 더 난이도가 높은 문제까
지 수록하여 확실하게 유형을 정복할 수
있어요.

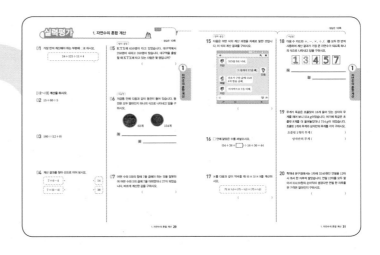

응용 **해결의 법칙**의
QR 활용법

▶ **동영상 강의**

선생님의 더 자세한 설명을 듣고 싶거나 혼자 해결하기 어려운 문제는 교재 내 QR 코드를 통해 동영상 강의를 무료로 제공하고 있어요.

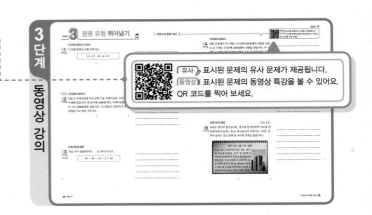

유사 문제

3단계에서 비슷한 유형의 문제를 더 풀어보고 싶다면 QR 코드를 찍어 보세요. 추가로 제공되는 유사 문제를 풀면서 앞에서 공부한 내용을 정리할 수 있어요.

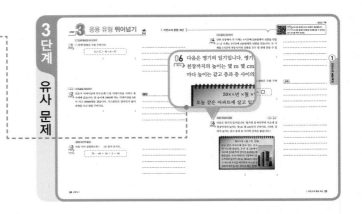

해결의 법칙
이럴 때 필요해요!

교과서 개념, 한 권으로 끝낸다!

개념을 쉽게 설명한 교재로 개념 동영상을 확인하면서 차근차근 실력을 쌓을 수 있어요. 교과서 내용을 충실히 익히면서 자신감을 가질 수 있어요.

기초부터 심화까지 몽땅 잡는다!

다양한 유형의 문제를 풀어 보도록 지도해 주세요. 이렇게 차근차근 유형을 익히며 수학 수준을 높일 수 있어요.

응용 문제는 내게 맡겨라!

수준 높고 다양한 유형의 문제를 풀어 보면서 성취감을 높일 수 있어요.

차례

5·1

1 자연수의 혼합 계산

19세기 말부터 20세기 초까지 미국에서는 퍼즐이 유행을 하였습니다. 잡지나 각종 책에서는 새로운 퍼즐을 실으려고 치열한 경쟁을 하였고, 독자들 또한 퍼즐에 대한 관심이 굉장히 높았습니다. 이때 큰 인기를 끌었던 대표적인 퍼즐이 바로 '포포즈(four fours)'입니다.

혼합 계산을 이용한 포포즈 놀이

포포즈는 4를 4번 사용하여 혼합 계산으로 목표하는 자연수를 만드는 것입니다.

이 포포즈는 1802년 영국의 '월터 윌리엄 라우스 볼(Walter William Rouse Ball)'이라는 수학자가 4를 4번 사용하여 1부터 112까지의 수를 나타내는 모든 방법을 발견하면서 시작되었습니다. 원래 포포즈의 규칙은 4를 4번만 쓰고 ( ), 사칙연산, 44, 그 외의 수학 기호를 사용하여 목표한 수를 만드는 게임입니다.

이미 배운 내용	이번에 **배울 내용**	앞으로 배울 내용
[4-1 곱셈과 나눗셈] · 곱셈과 나눗셈 [4-2 분수의 덧셈과 뺄셈] · 분수의 덧셈과 뺄셈 [4-2 소수의 덧셈과 뺄셈] · 소수의 덧셈과 뺄셈	· 덧셈과 뺄셈의 혼합 계산 · 곱셈과 나눗셈의 혼합 계산 · 덧셈, 뺄셈, 곱셈의 혼합 계산 · 덧셈, 뺄셈, 나눗셈의 혼합 계산 · 덧셈, 뺄셈, 곱셈, 나눗셈의 혼합 계산	[5-1 분수의 덧셈과 뺄셈] · 분수의 덧셈과 뺄셈 [5-2 분수의 곱셈] · 분수의 곱셈 [5-2 소수의 곱셈] · 소수의 곱셈

초등학교 수준에 맞게 4를 4번 사용하고 ( )와 ＋, －, ×, ÷를 사용하여 1부터 9까지의 자연수를 만드는 방법은 아래와 같습니다.

1️⃣ $44 \div 44 = 1$, $(4+4) \div (4+4) = 1$, $4 \div 4 + 4 - 4 = 1$

2️⃣ $4 \div 4 + 4 \div 4 = 2$, $4 \times 4 \div (4+4) = 2$

3️⃣ $(4+4+4) \div 4 = 3$ $(4 \times 4 - 4) \div 4 = 3$

4️⃣ $4 + (4-4) \times 4 = 4$, $(4-4) \div 4 + 4 = 4$

5️⃣ $(4 \times 4 + 4) \div 4 = 5$

6️⃣ $(4+4) \div 4 + 4 = 6$, $4 + (4+4) \div 4 = 6$

7️⃣ $4 - 4 \div 4 + 4 = 7$, $4 + 4 - 4 \div 4 = 7$ $44 \div 4 - 4 = 7$

8️⃣ $4 - 4 + 4 + 4 = 8$, $4 \times 4 - 4 - 4 = 8$ $(4+4) \times 4 \div 4 = 8$

9️⃣ $4 \div 4 + 4 + 4 = 9$, $4 + 4 \div 4 + 4 = 9$

$(4+4) \div (4+4)$가 왜 1이 되는 걸까요?

2, 6, 4로 $2+6+4=12$를 만들 수 있죠.

여러 가지 수학 연산을 이용한 놀이

계산을 이용한 또 다른 놀이로는 '파라오 코드'라는 것이 있어요. 주사위 세 개를 던져 나오는 수를 여러 가지 수학 기호를 사용하여 바닥에 놓인 수가 계산 결과로 나오게 하는 거죠.

$(4+4) \div (4+4)$가 왜 1이 되는지 알 수 있나요?

아직은 알 수 없겠지만 이번 단원에서 ＋, －, ×, ÷, ( ), { }가 섞여 있는 식의 계산을 배우게 되면 알 수 있을 거예요. 혼합 계산을 배운 후 여러분도 포포즈나 파라오 코드를 해 보면 어떨까요?

덧셈과 뺄셈이 섞여 있는 식 계산하기

정답 | 생각의 방향

$$31-12+8 \qquad 31-(12+8)$$

❶ 덧셈과 뺄셈이 섞여 있는 식은 앞에서부터 차례로 계산합니다. (○ , ×)

○

덧셈과 뺄셈이 섞여 있는 식은 앞에서부터 차례로 계산합니다.
$$30-10+7=20+7$$
$$① \qquad =27$$
$$②$$

❷ 덧셈과 뺄셈이 섞여 있고, ( )가 있는 식은 ( ) 안을 먼저 계산합니다. (○ , ×)

○

❸ $31-12+8$에서 $31-12$를 먼저 계산하면 (18 , 19) 이고 (18 , 19)에 8을 더합니다.

19, 19

❹ $31-(12+8)$에서 괄호 안의 $12+8$을 먼저 계산하면 (12 , 20)이고 31에서 (12 , 20)을/를 뺍니다.

20, 20

덧셈과 뺄셈이 섞여 있고 ( )가 있는 식에서는 ( ) 안을 먼저 계산합니다.
$$30-(10+7)=30-17$$
$$① \qquad =13$$
$$②$$

❺ $31-12+8=$ ☐ $31-(12+8)=$ ☐
    ①   ①
     ②   ②

27, 11

곱셈과 나눗셈이 섞여 있는 식 계산하기

$$50÷5×2 \qquad 50÷(5×2)$$

❶ 곱셈과 나눗셈이 섞여 있는 식은 뒤에서부터 계산합니다. (○ , ×)

×

곱셈과 나눗셈이 섞여 있는 식은 앞에서부터 차례로 계산합니다.
$$60÷3×5=20×5$$
$$① \qquad =100$$
$$②$$

❷ 곱셈과 나눗셈이 섞여 있고, ( )가 있는 식에서는 나눗셈을 먼저 계산합니다. (○ , ×)

×

❸ $50÷5×2$에서 $50÷5$를 먼저 계산하면 (10 , 55) 이고 (10 , 55)와/과 2를 곱합니다.

10, 10

❹ $50÷(5×2)$에서 괄호 안의 $5×2$를 먼저 계산하면 (5 , 10)이고 50을 (5 , 10)(으)로 나눕니다.

10, 10

곱셈과 나눗셈이 섞여 있고 ( )가 있는 식에서는 ( ) 안을 먼저 계산합니다.
$$60÷(3×5)=60÷15$$
$$① \qquad =4$$
$$②$$

❺ $50÷5×2=$ ☐ $50÷(5×2)=$ ☐
    ①   ①
     ②   ②

20, 5

덧셈, 뺄셈, 곱셈(나눗셈)이 섞여 있는 식 계산하기

정답

🔍 **생각의 방향** ↑

$$40-8\times3+15$$

❶ 덧셈, 뺄셈, 곱셈(나눗셈)이 섞여 있는 식은 곱셈(나눗셈)을 가장 먼저 계산합니다. (◯ , ×)

◯

덧셈, 뺄셈, 곱셈(나눗셈)이 섞여 있는 식은 곱셈(나눗셈)을 먼저 계산하고, 덧셈과 뺄셈은 앞에서부터 차례로 계산합니다.

❷ 가장 먼저 계산해야 하는 것은 (40−8 , 8×3 , 3+15)입니다.

8×3

$$50-6\times2+7=50-12+7$$
$$\underset{①}{\underline{\qquad}}\qquad=38+7$$
$$\underset{②}{\underline{\qquad\qquad}}\qquad=45$$
$$\underset{③}{\underline{\qquad\qquad\qquad}}$$

❸ 8×3은 (11 , 24)이므로 40에서 (11 , 24)을/를 빼고 (3 , 15)을/를 더합니다.

24, 24, 15

❹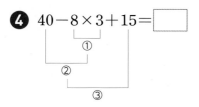

31

덧셈, 뺄셈, 곱셈, 나눗셈이 섞여 있는 식 계산하기

$$80-(12+30)\div6\times2$$

❶ 덧셈, 뺄셈, 곱셈, 나눗셈이 섞여 있는 식은 덧셈과 뺄셈을 먼저 계산합니다. (◯ , ×)

×

덧셈, 뺄셈, 곱셈, 나눗셈이 섞여 있는 식은 곱셈과 나눗셈을 먼저 계산하고, ( )가 있으면 ( ) 안을 가장 먼저 계산합니다.

❷ 덧셈, 뺄셈, 곱셈, 나눗셈이 섞여 있는 식에서 ( )가 있으면 ( ) 안을 가장 먼저 계산합니다. (◯ , ×)

◯

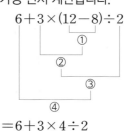

❸ 가장 먼저 계산해야 하는 것은 (80−12 , 12+30)입니다.

12+30

$$6+3\times(12-8)\div2$$

❹ 두 번째로 계산해야 하는 것은 (뺄셈 , 덧셈 , 나눗셈 , 곱셈)입니다.

나눗셈

$$=6+3\times4\div2$$
$$=6+12\div2$$
$$=6+6$$
$$=12$$

❺ $80-(12+30)\div6\times2=\boxed{}$

66

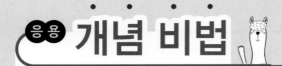

비법 1 □ 안에 알맞은 수 구하기

• 덧셈과 뺄셈이 섞여 있는 식에서 □ 안의 수를 구할 때는 덧셈식과 뺄셈식의 관계를 이용하여 구할 수 있는 것부터 구합니다.

$$12-\square+8=17 \quad \Rightarrow \quad 12-\square=17-8,\ 12-\square=9,$$
$$\square+9=12,\ \square=12-9,\ \square=3$$

참고

덧셈식과 뺄셈식의 관계

$$\blacksquare+\blacktriangle=\blacktriangledown \underset{\blacktriangledown-\blacksquare=\blacktriangle}{\overset{\blacktriangledown-\blacktriangle=\blacksquare}{<}} \quad\Big|\quad \blacktriangledown-\blacktriangle=\blacksquare \underset{\blacktriangle+\blacksquare=\blacktriangledown}{\overset{\blacksquare+\blacktriangle=\blacktriangledown}{<}}$$

• 곱셈과 나눗셈이 섞여 있는 식에서 □ 안의 수를 구할 때는 곱셈식과 나눗셈식의 관계를 이용하여 구할 수 있는 것부터 구합니다.

$$\square\div7\times4=20 \quad \Rightarrow \quad \square\div7=20\div4,\ \square\div7=5,$$
$$\square=5\times7,\ \square=35$$

참고

곱셈식과 나눗셈식의 관계

$$\blacksquare\times\blacktriangle=\blacktriangledown \underset{\blacktriangledown\div\blacksquare=\blacktriangle}{\overset{\blacktriangledown\div\blacktriangle=\blacksquare}{<}} \quad\Big|\quad \blacktriangledown\div\blacktriangle=\blacksquare \underset{\blacktriangle\times\blacksquare=\blacktriangledown}{\overset{\blacksquare\times\blacktriangle=\blacktriangledown}{<}}$$

비법 2 ( )와 { }가 섞여 있는 식 계산하기

• ( )와 { }가 섞여 있는 식은 ( ) 안을 가장 먼저 계산하고, 그 다음 { } 안을 계산합니다.

$$78\div\{(8+6)\times2-15\}=78\div(14\times2-15)$$
$$=78\div(28-15)$$
$$=78\div13$$
$$=6$$

혼합 계산식의 계산 순서

( )안 ⇨ { } 안 ⇨ 곱셈과 나눗셈 ⇨ 덧셈과 뺄셈

교과서 개념

• 덧셈, 뺄셈이 섞여 있는 식 계산하기
① 앞에서부터 차례로 계산합니다.
$$67-25+14=42+14$$
$$=56$$

② ( )가 있으면 ( ) 안을 먼저 계산합니다.
$$67-(25+14)=67-39$$
$$=28$$

• 곱셈, 나눗셈이 섞여 있는 식 계산하기
① 앞에서부터 차례로 계산합니다.
$$36\div4\times3=9\times3$$
$$=27$$

② ( )가 있으면 ( ) 안을 먼저 계산합니다.
$$36\div(4\times3)=36\div12$$
$$=3$$

• 덧셈, 뺄셈, 곱셈(나눗셈)이 섞여 있는 식 계산하기
곱셈(나눗셈)을 먼저 계산하고, 앞에서부터 차례로 계산합니다.
( )가 있으면 ( ) 안을 가장 먼저 계산합니다.

예 96 cm인 색 테이프를 3등분 한 것 중의 한 도막과 88 cm인 색 테이프를 4등분 한 것 중의 한 도막을 4 cm가 겹쳐지도록 이어 붙인 색 테이프의 전체 길이 구하기

| 각각의 색 테이프의 길이 구하기 | (96 cm를 3등분 한 것 중의 한 도막)
$=96÷3$
(88 cm를 4등분 한 것 중의 한 도막)
$=88÷4$ |

⇩

| 겹쳐진 길이를 빼기 | (4 cm가 겹쳐지도록) ◀── 2개의 도막을 붙였으므로 겹쳐지는 곳은 1군데입니다.
⇨ -4 |

⇩

| 이어 붙인 색 테이프의 전체 길이 구하기 | $96÷3+88÷4-4=50$ (cm)
32　　22
54
50 |

• **덧셈, 뺄셈, 곱셈, 나눗셈**이 섞여 있는 식 계산하기
곱셈과 나눗셈을 먼저 계산하고, 앞에서부터 차례로 계산합니다.
( )가 있으면 ( ) 안을 가장 먼저 계산합니다.

• 색 테이프를 ▲개 겹쳐지게 길게 이으면 겹쳐지는 곳은 (▲−1)군데입니다.

• **자연수의 혼합 계산 방법**
① 앞에서부터 차례로 계산합니다.
② 곱셈과 나눗셈은 덧셈과 뺄셈보다 먼저 계산합니다.
③ ( )가 있으면 ( ) 안을 가장 먼저 계산합니다.

비법 **4** 규칙을 찾아 계산하기

예 삼각형 10개를 만들 때 필요한 성냥개비의 수 구하기

  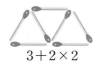 ……
3　　　　3+2　　　3+2×2

① 표를 만들어 규칙 찾기

삼각형의 수(개)	1	2	3	……
성냥개비의 수(개)	3	3+2	3+2×2	……

② 표를 보고 식으로 나타내기
(삼각형 ■개를 만들 때 필요한 성냥개비의 수)
$=3+2×(■-1)$

③ 만든 식을 이용하여 답 구하기
(삼각형 10개를 만들 때 필요한 성냥개비의 수)
$=3+2×(10-1)=3+2×9$
$=3+18=21$(개)

• 표를 보고 식을 만들 때는 여러 가지로 만들 수 있습니다.

삼각형의 수(개)	성냥개비의 수(개)
1	2+1
2	2×2+1
3	2×3+1
⋮	⋮

⇨ (삼각형 ■개를 만들 때 필요한 성냥개비의 수)
$=2×■+1$
⇨ (삼각형 10개를 만들 때 필요한 성냥개비의 수)
$=2×10+1=21$(개)

1 덧셈과 뺄셈이 섞여 있는 식 계산하기

· 앞에서부터 차례로 계산합니다.
· (   )가 있으면 (   ) 안을 먼저 계산합니다.

1-1 계산을 하시오.

$36+59-78$

서술형

1-2 오른쪽 계산이 잘못
된 이유를 쓰고 빈 곳
에 바르게 계산하
시오.

$74-(25+18)=67$
49
67

이유 _____

_____

1-3 다음을 하나의 식으로 나타내고 계산하시오.

82에서 39와 17의 합을 뺀 수

식 _____

1-4 계산 결과가 큰 것부터 차례로 기호를 쓰시오.

㉠ $56-37+24-15$
㉡ $19+5-16+28$
㉢ $43-27+8+19$

(   )

1-5 □ 안에 알맞은 수를 구하시오.

$\boxed{}-(43+26)=15$

(   )

2 곱셈과 나눗셈이 섞여 있는 식 계산하기

· 앞에서부터 차례로 계산합니다.
· (   )가 있으면 (   ) 안을 먼저 계산합니다.

2-1 계산 결과를 찾아 선으로 이으시오.

$84÷(7×4)$ ·   · 42

$9×24÷6$ ·   · 36

$63÷9×6$ ·   · 3

2-2 계산 결과를 비교하여 ○ 안에 >, =, <를 알맞게 써넣으시오.

$$6 \times 5 \div 3 \times 2 \bigcirc 42 \div 7 \times 8 \div 3$$

2-3 ㉠+㉡은 얼마입니까?

$$36 \times 4 \div 6 = ㉠, \ 121 \div 11 \times 5 = ㉡$$

(   )

창의·융합

2-4 진호네 반 학생들이 박물관을 가기 위해 한 모둠에 4명씩 모두 6모둠으로 나누었습니다. 그런데 선생님께서 한 모둠에 3명씩으로 다시 나누셨습니다. 진호네 반은 몇 모둠이 되었는지 구하시오.

(   )

2-5 식 $15 \times 8 \div 3$을 이용하는 문제를 만들고 풀어 보시오.

문제 _____

_____

_____

_____

답 _____

3 덧셈, 뺄셈, 곱셈이 섞여 있는 식 계산하기

• 곱셈을 덧셈과 뺄셈보다 먼저 계산합니다.
• (   )가 있으면 (   ) 안을 먼저 계산합니다.

3-1 ▌보기▐와 같이 계산 순서를 나타내고 계산을 하시오.

▌보기▐

$$5 \times (16 + 7) - 28 = 5 \times 23 - 28$$
$$= 115 - 28$$
$$= 87$$

$$37 + (14 - 6) \times 7$$

해결의 창 자연수의 혼합 계산에서 (   )가 있으면 (   ) 안을 먼저 계산합니다.

$$84 \div (7 \times 4)$$
② ①

$$84 \div (7 \times 4)$$
① ②

3-2 계산을 하시오.

$$17-13+5 \times 6$$

3-3 계산 결과를 비교하여 ○ 안에 >, =, <를 알맞게 써넣으시오.

$$53-5+2 \times 7 \bigcirc 53-(5+2) \times 7$$

창의·융합

3-4 성호의 일기를 읽고 성호의 수학 점수와 국어 점수의 합을 구하시오.

> 20××년 ×월 ×일
>
> 오늘 수학과 국어 시험을 보았다. 수학은 25문제 중 6문제를 틀렸고, 국어는 20문제 중 8문제를 틀렸다.
> 수학은 한 문제에 4점씩이었고, 국어는 한 문제에 5점씩이었는데 너무 아쉽다.

(   )

4 덧셈, 뺄셈, 나눗셈이 섞여 있는 식 계산하기

- 나눗셈을 덧셈과 뺄셈보다 먼저 계산합니다.
- (   )가 있으면 (   ) 안을 먼저 계산합니다.

4-1 가장 먼저 계산해야 하는 부분에 ○표 하시오.

$$34-(15+20) \div 5$$

4-2 두 사람 중 바르게 계산한 사람은 누구입니까?

> 미라: $16+48 \div 2-29=3$
> 윤호: $31-9+5 \times 5=47$

(   )

4-3 다음을 하나의 식으로 나타내고 계산하시오.

> 71에서 56을 8로 나눈 몫을 뺀 후, 14를 더한 수

식 _____

• 정답은 2쪽

4-4 보물상자의 비밀번호는 다음 식의 계산 결과의 각 자리 숫자의 합입니다. 비밀번호를 구하시오.

$$38+72\div(15-9)-24$$

(   )

5-3 계산 결과가 더 큰 것을 찾아 기호를 쓰시오.

㉠ $26+3\times4-49\div7$
㉡ $38\div2\times4-68+19$

(   )

---

5 덧셈, 뺄셈, 곱셈, 나눗셈이 섞여 있는 식 계산하기

• 곱셈과 나눗셈을 덧셈과 뺄셈보다 먼저 계산합니다.
• (   )가 있으면 (   ) 안을 가장 먼저 계산합니다.

5-1 계산 순서대로 기호를 쓰시오.

$$31-54\div(7+2)\times3$$
    ↑   ↑   ↑   ↑
    ㉠   ㉡   ㉢   ㉣

(   )

5-2 계산을 하시오.

$$2\times\{26-(8+13)\div7\}-11$$

5-4 다음 식이 성립하도록 (   )로 묶어 보시오.

$$72-5\times2+6\div4=62$$

서술형

5-5 □ 안에 알맞은 수는 얼마인지 풀이 과정을 쓰고 답을 구하시오.

$$7\times4+\boxed{}\div9-15=22$$

풀이 _____

_____

_____

_____

답 _____

 해결의 창

5-5번 문제에서 계산 중간에 □가 있으면 덧셈식과 뺄셈식의 관계, 곱셈식과 나눗셈식의 관계를 이용하여 □를 구합니다.

■＋▲=● ⟨ ●－■=▲ / ●－▲=■   ★×◆=♥ ⟨ ♥÷★=◆ / ♥÷◆=★

응용 1 거스름돈 구하기

명수는 ❶3자루에 1260원 하는 연필 2자루와 / ❷한 개에 250원 하는 지우개 4개를 사고 / ❸2000원을 냈습니다. 거스름돈으로 얼마를 받아야 합니까?

(   )

해결의 법칙

❶ 3자루에 1260원 하는 연필 2자루의 값을 구해 봅니다.

❷ 한 개에 250원 하는 지우개 4개의 값을 구해 봅니다.

❸ 거스름돈을 구해 봅니다.

예제 1 - 1 지나는 한 개에 2000원 하는 과자 3개와 4개에 8400원 하는 요구르트 한 개를 사고 10000원을 냈습니다. 거스름돈으로 얼마를 받아야 합니까?

(   )

예제 1 - 2 예슬이는 한 개에 450원 하는 자 2개, 4자루에 2080원 하는 색연필 3자루, 5개에 2100원 하는 지우개 2개를 사고 5000원을 냈습니다. 거스름돈으로 얼마를 받아야 합니까?

(   )

응용 2 바르게 계산하기

❶어떤 수에 37을 더하고 28을 빼야 할 것을 잘못하여 37을 빼고 28을 더했더니 73이 되었습니다. / ❷바르게 계산한 값을 구하시오.

( )

❶ 어떤 수를 □라 하고 잘못 계산한 식을 써서 어떤 수를 구해 봅니다.
❷ 바르게 계산한 값을 구해 봅니다.

예제 **2 - 1** 52에서 어떤 수를 빼고 48을 더해야 할 것을 잘못하여 52에서 48을 빼고 어떤 수를 더했더니 43이 되었습니다. 바르게 계산한 값을 구하시오.

( )

예제 **2 - 2** 어떤 수에 4를 곱하고 9를 더해야 할 것을 잘못하여 어떤 수를 4로 나누고 9를 뺐더니 13이 되었습니다. 바르게 계산한 값을 구하시오.

( )

예제 **2 - 3** 20에서 어떤 수를 뺀 수를 4로 나누어 6을 곱해야 할 것을 잘못하여 20과 어떤 수의 합에 4를 곱하고 6으로 나누었더니 16이 되었습니다. 바르게 계산한 값을 구하시오.

( )

응용 3 도형에서의 혼합 계산 활용

❶ 1 m짜리 끈으로 / ❷ 오른쪽과 같은 이등변삼각형 3개를 겹치지 않게 각각 만들었습니다. / ❸ 남은 끈의 길이는 몇 cm입니까?

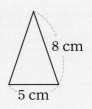
8 cm
5 cm

( )

❶ 1 m는 몇 cm인지 알아봅니다.

❷ 이등변삼각형 3개를 만들 때 사용한 끈의 길이를 구해 봅니다.

❸ 남은 끈의 길이를 구해 봅니다.

예제 3 - 1 정수가 오른쪽과 같은 직사각형 모양의 액자의 둘레를 따라 색 테이프를 붙였습니다. 2 m짜리 색 테이프로 똑같은 액자 3개에 붙이고 남은 색 테이프의 길이는 몇 cm입니까?

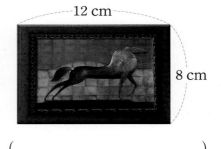
12 cm
8 cm

( )

예제 3 - 2 성주는 한 변의 길이가 각각 3 m, 4 m, 5 m인 정사각형 모양의 세 밭의 둘레를 따라 끈으로 울타리를 쳤습니다. 100 m짜리 끈으로 두 줄로 울타리를 치고 남은 끈의 길이는 몇 m인지 하나의 식으로 나타내고 답을 구하시오.

식 _____

답 _____

응용 4 **색 테이프의 길이 구하기**

❶길이가 72 cm인 색 테이프를 9등분 한 것 중의 한 도막과 / ❷길이가 91 cm인 색 테이프를 7등분 한 것 중의 한 도막을 겹치는 부분이 2 cm가 되도록 이어 붙였습니다. / ❸이어 붙인 색 테이프의 전체 길이는 몇 cm입니까?

( )

❶ 72 cm인 색 테이프를 9등분 한 것 중의 한 도막의 길이를 구해 봅니다.

❷ 91 cm인 색 테이프를 7등분 한 것 중의 한 도막의 길이를 구해 봅니다.

❸ 이어 붙인 색 테이프의 전체 길이를 구해 봅니다.

예제 4-1

길이가 115 cm인 색 테이프를 5등분 한 것 중의 한 도막과 길이가 117 cm인 색 테이프를 3등분 한 것 중의 한 도막을 겹치는 부분이 8 cm가 되도록 이어 붙였습니다. 이어 붙인 색 테이프의 전체 길이는 몇 cm입니까?

( )

예제 4-2

길이가 108 cm인 색 테이프를 3등분 한 것 중의 두 도막과 길이가 72 cm인 색 테이프를 2등분 한 것 중의 한 도막을 겹치는 부분이 10 cm가 되도록 이어 붙였습니다. 이어 붙인 색 테이프의 전체 길이는 몇 cm입니까?

( )

자연수의 혼합 계산

1

응용 5 그림을 보고 규칙을 찾아 계산하기

❶ 성냥개비로 정사각형을 만들고 있습니다. / ❷ 정사각형 7개를 만들려면 성냥개비는 몇 개 필요합니까?

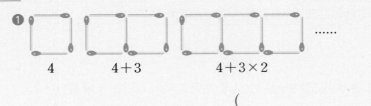

4   4＋3   4＋3×2   ......

(   )

해결의 법칙

❶ 정사각형을 만드는 성냥개비 수의 규칙성을 찾아 식으로 나타내어 봅니다.

❷ 정사각형 7개를 만들 때 필요한 성냥개비의 수를 구해 봅니다.

예제 5-1 그림과 같이 바둑돌을 늘어놓았습니다. 10째에는 바둑돌을 몇 개 놓아야 합니까?

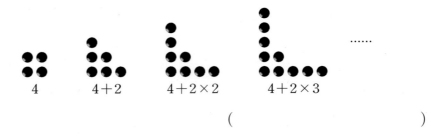

4   4＋2   4＋2×2   4＋2×3

(   )

예제 5-2 성냥개비로 삼각형을 만들고 있습니다. 성냥개비 41개로 만들 수 있는 삼각형은 몇 개입니까?

(   )

응용 6 □ 안에 알맞은 수 구하기

❷ □ 안에 알맞은 수를 구하시오.

❶
$$10+(9\times\square-5)\times2=36$$

(   )

❶ 덧셈식과 뺄셈식의 관계를 이용하여 구할 수 있는 값부터 구해 봅니다.

❷ 곱셈식과 나눗셈식의 관계를 이용하여 □ 안에 알맞은 수를 구해 봅니다.

예제 6 - 1 □ 안에 알맞은 수를 구하시오.

$$33-(6+8\times\square)\div3=23$$

(   )

예제 6 - 2 ㉠과 ㉡의 합을 구하시오.

$$40\div㉠+7=15$$
$$30-(4+㉡\div3)\times2=12$$

(   )

예제 6 - 3 □ 안에 알맞은 수를 구하시오.

$$\{25+(\square-27)\times2\}\div5=7$$

(   )

1
자
연
수
의
혼
합
계
산

□ 안에 알맞은 수 구하기

01 □ 안에 알맞은 수를 구하시오.
유사

$$41+(\square-9)\div6=47$$

(   )

서술형 거스름돈 계산하기

02 진호가 어버이날에 부모님께 드릴 카네이션을 사려고 꽃
유사 가게에 갔습니다. 한 송이에 1800원 하는 카네이션을 9송
이 사고 20000원을 냈습니다. 거스름돈은 얼마인지 풀이
과정을 쓰고 답을 구하시오.

(   )

풀이

혼합 계산의 활용

03 다음 식이 성립하도록 (   )로 묶어 보시오.
유사
동영상

$$78-48+16\div2=46$$

• 정답은 7쪽

거스름돈 계산하기

04 신발 공장에서 가 기계는 4시간에 228켤레의 신발을 만들
유사 고 나 기계는 5시간에 420켤레의 신발을 만듭니다. 두 기
계를 1시간씩 작동시키면 신발을 모두 몇 켤레 만들 수 있
습니까?

(   )

1

자연수의 혼합 계산

서술형 규칙 찾아 계산하기

05 수가 놓이는 규칙을 설명하고 □ 안에 알맞은 수를 구하
유사 시오.

규칙

| 2 | 3 | 5 | 9 | 17 | 33 | 65 | □ |

(   )

혼합 계산의 활용

창의·융합

06 다음은 영기의 일기입니다. 영기네 집 바닥부터 미소네 집
유사 천장까지의 높이는 몇 m 몇 cm인지 구하시오. (다만, 층
마다 높이는 같고 층과 층 사이의 간격은 없습니다.)

> 20××년 ×월 ×일 맑음
>
> 오늘 같은 아파트에 살고 있는 친구
> 인 미소를 만났다. 우리 집 2층에서
> 미소네 집 8층까지 걸어서 올라갔는데
> 힘들었다. 우리 아파트는 1층부터 15
> 층까지의 높이가 67 m 50 cm나 된다
> 고 하는데 우리집 바닥부터 미소네 집
> 천장까지의 높이는 얼마나 되는 걸까?

(   )

서술형 | 연산 규칙을 정하여 계산하기

07 ◉를 다음과 같이 약속할 때 (6 ◉ 7) ◉ 5는 얼마인지 풀이
유사 과정을 쓰고 답을 구하시오.
동영상

> 가 ◉ 나 = 가 × 나 + 3

(   )

풀이

혼합 계산의 활용   창의·융합

08 시장에서 돼지고기 600 g은
유사 13800원에 팔고 양파 5 kg
동영상 은 9500원에 팔고 있습니다.
지수네 어머니께서 물건을
사고 받은 영수증이 오른쪽
과 같다면 지수네 어머니가
산 돼지고기와 양파의 무게
의 합은 모두 몇 kg 몇 g입니까?

영수증

품명	가격
돼지고기 ········	20700원
양파 ··············	13300원
합계 ··············	34000원

(   )

그림을 보고 규칙 찾아 계산하기

09 10원짜리 동전과 100원짜리 동전을 다음과 같이 일정한
유사 규칙으로 놓고 있습니다. 63째에는 10원짜리 동전과 100
동영상 원짜리 동전 중에서 어느 동전이 몇 개 더 많겠습니까?

첫째   둘째   셋째

(   ), (   )

• 정답은 7쪽

유사 ▶ 표시된 문제의 유사 문제가 제공됩니다.
동영상 ▶ 표시된 문제의 동영상 특강을 볼 수 있어요.
QR 코드를 찍어 보세요.

혼합 계산 활용하기

10 진호, 지선, 희철이가 말한 조건에 따라 계산 결과가 1과 2
유사 ▶ 가 되는 혼합 계산식을 각각 만들어 보시오.

1부터 5까지 자연수를 모두 한 번씩 사용해.

( )도 한 번 사용해.

＋, －, ×, ÷를 모두 한 번씩 사용해.

진호

희철

지선

[계산 결과가 1인 계산식]

_____

_____

[계산 결과가 2인 계산식]

_____

_____

_____

1

자연수의 혼합 계산

덧셈, 뺄셈, 곱셈이 섞여 있는 식 계산하기

창의·융합

11 다음 식의 □ 안에 스핑크스가 말하는 수를 한 번씩 써넣
유사 ▶ 어서 계산 결과가 자연수가 되도록 만들려고 합니다. 계산
동영상 ▶ 결과가 가장 클 때와 가장 작을 때의 차를 구하시오.

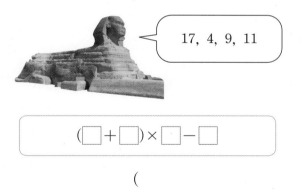

17, 4, 9, 11

$$(\square + \square) \times \square - \square$$

( )

그림을 보고 규칙 찾아 계산하기

12 바둑돌을 다음 그림과 같은 규칙으로 늘어놓고 있습니다.
유사 ▶ 검은 바둑돌이 64개 놓인 모양에는 흰 바둑돌은 몇 개 놓
동영상 ▶ 이겠습니까?

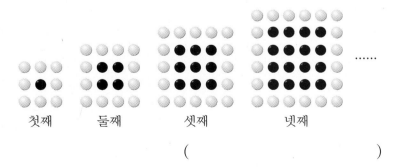

첫째   둘째   셋째   넷째

( )

창의사고력

13 ▌보기▌에서 규칙을 찾아 3 ◎ 42를 계산하시오.

> ▌보기▌
> 2 ◎ 5 = 14   4 ◎ 3 = 28
> 3 ◎ 5 = 24   10 ◎ 2 = 120

(   )

창의사고력

14 현진이가 외국에 있는 삼촌에게 연락할 때 이용한 수단이 다음과 같습니다. 현진이가 내야 하는 요금은 모두 얼마인지 구하시오.

이용 수단	기본 요금	현진이가 쓴 양
국제 전화	10초에 60원	1시간 10분
국제 우편	100 g에 1500원	1 kg 500 g

(   )

· 정답은 10쪽

01 가장 먼저 계산해야 하는 부분에 ◯표 하시오.

$$24 + 121 \div 11 \times 4$$

[02~03] 계산을 하시오.

02 $15 + 60 \div 5$

03 $160 \div (12 + 8)$

04 계산 결과를 찾아 선으로 이어 보시오.

| $7 \times 6 - 4$ · | · | 14 |
| $7 \times (6 - 4)$ · | · | 38 |

창의·융합

05 KTX에 650명이 타고 있었습니다. 대구역에서 250명이 내리고 350명이 탔습니다. 대구역을 출발할 때 KTX에 타고 있는 사람은 몇 명입니까?

( )

서술형

06 저금통 안에 다음과 같이 동전이 들어 있습니다. 동전은 모두 얼마인지 하나의 식으로 나타내고 답을 구하시오.

 62개　　 134개

식 _____

답 _____

07 어떤 수와 5와의 합에 7을 곱해야 하는 것을 잘못하여 어떤 수와 5의 곱에 7을 더하였더니 27이 되었습니다. 바르게 계산한 값을 구하시오.

( )

08 식이 성립하도록 □ 안에 알맞은 수를 써넣으시오.

$$\boxed{} \times 17 - 6 = 62$$

09 다음을 하나의 식으로 나타내고 계산하시오.

48에 117을 13으로 나눈 몫을 더한 후, 8을 뺀 수

식 _____

10 연희가 꽁치 8마리, 콩나물 2봉지를 사고 10000원을 냈습니다. 거스름돈으로 얼마를 받아야 합니까?

꽁치 1마리	콩나물 1봉지
850원	1300원

( )

11 성냥개비를 다음과 같이 규칙적으로 놓으려고 합니다. 정사각형 12개를 만드는 데 필요한 성냥개비는 모두 몇 개입니까?

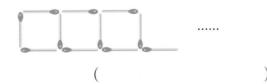

( )

창의·융합

12 진호가 서울의 문화재를 찾아 이동한 거리입니다. 집에서 숭례문까지 58 km를 가고 경복궁과 흥인지문을 차례로 간 뒤, 갔던 길을 되돌아 집으로 왔습니다. 진호가 이동한 거리는 모두 몇 km입니까?

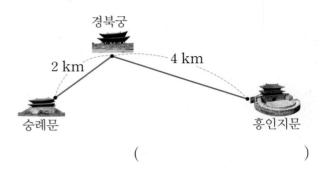

( )

13 계산 결과가 큰 것부터 차례로 기호를 쓰시오.

> ㉠ $11 \times 4 - (20 + 16) \div 6$
> ㉡ $(45 \div 9 + 6) \times 3$
> ㉢ $61 - \{33 - (3 + 8)\} - 4$

( )

14 식이 성립하도록 ○ 안에 $+, -, \times, \div$ 중에서 알맞은 기호를 써넣으시오.

$$(4 \bigcirc 4 \bigcirc 4) \times 4 = 20$$

창의·융합

15 다음은 어떤 식의 계산 과정을 차례로 말한 것입니다. 이 식의 계산 결과를 구하시오.

지선: 315를 9로 나눠.

진호: 그 몫에서 17을 빼.

희철: 진호가 구한 값에 13과 4의 합을 곱해.

지선: 마지막으로 7을 더해.

( )

16 □ 안에 알맞은 수를 써넣으시오.

$(54+38+\boxed{})\div16+36=44$

17 ▣를 다음과 같이 약속할 때 $(6 \blacksquare 5) \blacksquare 9$를 계산하시오.

가 ▣ 나 $=($가$-$나$)\times($가$+$나$)$

( )

서술형

18 다음 수 카드와 $+$, $-$, $\times$, $\div$, $()$를 모두 한 번씩 사용하여 계산 결과가 가장 큰 자연수가 되도록 하나의 식으로 나타내고 답을 구하시오.

1 3 4 5 7

식 _____

답 _____

19 무게가 똑같은 초콜릿이 16개 들어 있는 상자의 무게를 재어 보니 554 g이었습니다. 여기에 똑같은 초콜릿 8개를 더 올려놓았더니 754 g이 되었습니다. 초콜릿 1개의 무게와 상자만의 무게를 각각 구하시오.

초콜릿 1개의 무게 ( )

상자만의 무게 ( )

20 혁재네 문구점에서는 1타에 3240원인 연필을 12타 사 와서 한 자루씩 팔았습니다. 연필 12타를 모두 팔아서 33120원의 순이익이 생겼다면 연필 한 자루를 판 가격은 얼마인지 구하시오.

( )

2 약수와 배수

매미의 한살이에 숨겨져 있는 약수와 배수

'맴맴~' '맴맴~'하며 우는 매미를 본 적이 있나요?
여름에는 집 근처 나무, 숲 속 등 여러 장소에서 매미 우는 소리를 들을 수 있는데요.
대표적인 여름 곤충인 매미의 한살이에는 숨어 있는 수학 이야기가 있답니다.
지금부터 알아보러 갈까요?

매미는 일생 대부분의 시간을 땅속에서 지내다가 땅 위에서는 짧은 시간 동안만 울다가 알을 낳고
는 죽는답니다. 매미가 땅속에서 지내는 기간은 종류에 따라 5년, 7년, 13년, 17년 등이 있다고
해요.
5, 7, 13, 17은 1과 자기 자신만을 약수로 가지는데요. 이 같은 수들을 소수(prime number)라
고 해요. 매미가 땅속에서 지내는 기간이 소수 기간이 된 것은 천적을 만나는 횟수를 줄이기 위한
것이랍니다.

<table>
<tr><td>

이미 배운 내용

[4-1 곱셈과 나눗셈]
· (세 자리 수) × (두 자리 수)
· (세 자리 수) ÷ (두 자리 수)

</td><td>

이번에 배울 내용

· 약수와 배수
· 약수와 배수의 관계
· 공약수와 최대공약수
· 공배수와 최소공배수

</td><td>

앞으로 배울 내용

[5-1 약분과 통분]
· 분수를 약분과 통분하기
[5-1 분수의 덧셈과 뺄셈]
· 분모가 다른 분수의 덧셈과 뺄셈

</td></tr>
</table>

만약 어떤 매미가 땅속에서 지내는 기간이 4년이고, 천적이 2년마다 나타난다면 이 매미와 천적은 4와 2의 최소공배수인 4년마다 만나게 될 거예요. 하지만 매미가 땅속에서 지내는 기간이 5년이라면 5와 2의 최소공배수인 10년마다 만나게 될 거예요. 천적과 만나는 횟수가 적을수록 좋으니 4년보다는 5년이 종족 보존에 더 유리하답니다.

매미의 천적에는 거미, 사마귀 등이 있어요.

또한, 매미 종류에 따라 땅속에서 지내는 기간이 5년, 7년, 13년, 17년 등과 같이 모두 소수가 된 것은 매미들끼리 만나는 횟수가 적어지기 때문이에요. 매미들끼리 서로 많이 만나게 되면 먹이를 찾기 힘들게 되겠죠. 5년 매미와 7년 매미가 만나려면 5와 7의 최소공배수인 35년이 되어야 하고, 5년 매미와 17년 매미가 만나려면 5와 17의 최소공배수인 85년이 되어야 하니 서로 먹이 때문에 싸울 일이 드물게 생길 거예요.

매미의 한살이에 숨어 있는 수학 이야기를 알아보았어요.
지금부터 본격적으로 약수와 배수에 대해서 알아보러 갈까요?

| | 정답 | 생각의 방향 ↗ |

약수와 배수

❶ 어떤 수를 나누어떨어지게 하는 수를 어떤 수의 약수라고 합니다. (○ , ×)

○

- 6÷2=3
  ⇨ 2는 6을 나누어떨어지게 하므로 2는 6의 약수입니다.

❷ 어떤 수를 1배, 2배, 3배…… 한 수를 각각 그 수의 배수라고 합니다. (○ , ×)

○

- 2×3=6
  ⇨ 6은 2의 3배이므로 6은 2의 배수입니다.

공약수와 최대공약수

❶ 약수 중에서 공통인 약수를 공약수라고 합니다.
(○ , ×)

○

❷ 공약수 중에서 가장 큰 수를 최대공약수라고 합니다.
(○ , ×)

○

❸ 4의 약수는 1, 2, 4이고, 8의 약수는 1, 2, 4, 8이므로 8은 4와 8의 공약수입니다. (○ , ×)

×

두 수의 공약수를 구할 때 두 수의 약수를 각각 구하여 공통인 수를 구합니다.

❹ 4의 약수는 1, 2, 4이고, 8의 약수는 1, 2, 4, 8이므로 4와 8의 최대공약수는 ☐입니다.

4

최대공약수를 구하는 방법

[방법 1] 수를 여러 수의 곱으로 나타내어 가장 큰 수 찾기

❶

$$12=2\times6 \qquad 18=2\times9$$
$$12=2\times2\times3 \qquad 18=2\times3\times3$$

공통으로 들어 있는 식은 2×3입니다.

12와 18의 최대공약수는 $2\times\boxed{}=\boxed{}$입니다.

3, 6

[방법 2] 공약수를 이용하여 찾기

12와 18의 공약수 →　2⟌12　18
6과 9의 공약수 →　3⟌6　9
　　　　　　　2　3
　　　→ 12와 18의 최대공약수: $2\times3=6$

❷ 12와 18의 최대공약수는 $2\times\boxed{}=\boxed{}$입니다.

3, 6

12와 18의 최대공약수 구하는 방법
① 1 이외의 공약수로 12와 18을 나누고 각각의 몫을 밑에 씁니다.
② 1 이외의 공약수로 밑에 쓴 두 몫을 다시 나누고 각각의 몫을 밑에 씁니다.
③ 1 이외의 공약수가 없을 때까지 나눗셈을 계속합니다.
④ 나눈 공약수들의 곱이 처음 두 수의 최대공약수가 됩니다.

공배수와 최소공배수

❶ 배수 중에서 공통인 배수를 공배수라고 합니다.

(○ , ×)

❷ 공배수 중에서 가장 작은 수를
(최대공약수 , 최소공배수)라고 합니다.

❸ 2의 배수는 2, 4, 6, 8, 10……이고, 4의 배수는 4, 8, 12, 16, 20……이므로 8은 2와 4의 공배수입니다. (○ , ×)

❹ 2의 배수는 2, 4, 6, 8, 10……이고, 4의 배수는 4, 8, 12, 16, 20……이므로 2와 4의 최소공배수는 □ 입니다.

정답

○

최소공배수

○

4

두 수의 공배수를 구할 때 두 수의 배수를 각각 구하여 공통인 수를 구합니다.

2

약수와 배수

최소공배수를 구하는 방법

방법 1 수를 여러 수의 곱으로 나타내어 가장 큰 수 찾기

❶

$$12 = 2 \times 6 \qquad 18 = 2 \times 9$$

$$12 = 2 \times 2 \times 3 \qquad 18 = 2 \times 3 \times 3$$

$12 = 2 \times 2 \times 3$과 $18 = 2 \times 3 \times 3$에서 공통으로 들어 있는 식은 2×3이므로 12와 18의 최소공배수는 $2 \times 3 \times 2 \times 3$입니다. (○ , ×)

❷ 12와 18의 최소공배수는 $2 \times 3 \times 2 \times 3$이므로 □ 입니다.

○

36

방법 2 공약수를 이용하여 찾기

12와 18의 공약수 → $2)\overline{\,12\quad 18\,}$
6과 9의 공약수 → $3)\overline{\,6\quad 9\,}$
$\overline{\,2\quad 3\,}$
→ 12와 18의 최소공배수: $2 \times 3 \times 2 \times 3 = 36$

❸ 12와 18의 최소공배수는 $2 \times 3 \times 2 \times$ □ 입니다.

❹ 12와 18의 최소공배수는 □ 입니다.

3

36

12와 18의 최소공배수 구하는 방법
① 1 이외의 공약수로 12와 18을 나누고 각각의 몫을 밑에 씁니다.
② 1 이외의 공약수로 밑에 쓴 두 몫을 다시 나누고 각각의 몫을 밑에 씁니다.
③ 1 이외의 공약수가 없을 때까지 나눗셈을 계속합니다.
④ 나눈 공약수와 밑에 남은 몫을 모두 곱하면 처음 두 수의 최소공배수가 됩니다.

응용 개념 비법

비법 1 배수 판별하기

• 배수 판별법

3의 배수	⇨	각 자리 숫자의 합이 3의 배수인 수

예 123 ⇨ 1+2+3=6 (3의 배수)

4의 배수	⇨	끝의 두 자리 수가 00 또는 4의 배수인 수

예 2<u>00</u>, 7<u>12</u>
　　　　└─4의 배수

5의 배수	⇨	일의 자리 숫자가 0 또는 5인 수

예 680, 325

6의 배수	⇨	3의 배수이면서 짝수인 수

예 14<u>4</u> ⇨ 1+4+4=9 (3의 배수)
　　　└─짝수

9의 배수	⇨	각 자리 숫자의 합이 9의 배수인 수

예 576 ⇨ 5+7+6=18 (9의 배수)

참고

• 짝수: 2로 나누어떨어지는 수, 일의 자리 숫자가 0, 2, 4, 6, 8인 수, 2의 배수인 수
• 홀수: 2로 나누어떨어지지 않는 수, 일의 자리 숫자가 1, 3, 5, 7, 9인 수, 2의 배수가 아닌 수

비법 2 두 수를 모두 나누어떨어지게 하는 가장 큰 수 구하기

예 어떤 수로 28을 나누면 나머지가 1이고, 38을 나누면 나머지가 2인 수 중에서 가장 큰 수 구하기

어떤 수로 28을 나누면 나머지가 1이고	38을 나누면 나머지가 2인	수 중에서 가장 큰 수 구하기
⇩	⇩	
(28−1)은 어떤 수로 나누어떨어집니다.	(38−2)는 어떤 수로 나누어떨어집니다.	
⇩	⇩	⇩
(28−1)의 약수	(38−2)의 약수	(28−1)과 (38−2)의 최대공약수

⇨ 27과 36의 최대공약수는 9이므로 어떤 수는 9입니다.

교과서 개념

• 약수와 배수
　① 약수: 어떤 수를 나누어떨어지게 하는 수
　② 배수: 어떤 수를 1배, 2배, 3배…… 한 수

• 곱을 이용하여 약수와 배수의 관계 알아보기

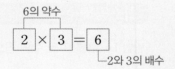

　　　┌─6의 약수─┐
　　　$2 \times 3 = 6$
　　　　　　　└─2와 3의 배수

• 공약수와 최대공약수
　① 공약수: 공통된 약수
　② 최대공약수: 공약수 중에서 가장 큰 수
　예 6의 약수: 1, 2, 3, 6
　　14의 약수: 1, 2, 7, 14
　　⇨ 6과 14의 공약수: 1, 2
　　　6과 14의 최대공약수: 2

• 두 수의 공약수는 두 수의 최대공약수의 약수입니다.

비법 3 최대한 많은 사람에게 나누어 주기

◉ 빨간색 구슬 48개와 파란색 구슬 42개를 최대한 많은 학생에게 똑같이 나누어 줄 때 한 사람이 받는 구슬 수 구하기

빨간색 구슬 48개와 파란색 구슬 42개를 똑같이 나누어 줄 때	⇨ 48과 42의 공약수

48과 42의 최대공약수

최대한 많은 학생에게	⇨

$$2)\underline{48\quad 42}$$
$$3)\underline{24\quad 21}$$
$$\quad\;\; 8\quad\;\; 7$$

⇨ $2\times3=6$(명)에게 나누어 줄 수 있습니다.

빨간색 구슬 수 · 파란색 구슬 수

$48\div6$ · $42\div6$

한 사람이 받는 구슬 수 구하기	⇨ (빨간색 구슬 수)+(파란색 구슬 수) $=8+7=15$(개)

비법 4 필요한 타일의 수 구하기

◉ 가로가 25 cm, 세로가 30 cm인 직사각형 모양의 타일을 늘어놓아 가장 작은 정사각형을 만들 때 필요한 타일의 수 구하기

가로가 25 cm, 세로가 30 cm인 직사각형 모양의 타일을 늘어놓아	가장 작은 정사각형을 만들 때	필요한 타일의 수 구하기

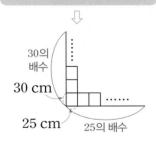 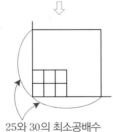 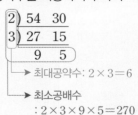

변의 길이

25의 배수:

25 cm, 50 cm ……

30의 배수:

30 cm, 60 cm ……

$$5)\underline{25\quad 30}$$
$$\quad\;\; 5\quad\;\; 6$$

⇨ 최소공배수: $5\times5\times6$ $=150$ (cm)

$150\div25=6$(개)
$150\div30=5$(개)
⇨ $6\times5=30$(개)

교과서 개념

• 공배수와 최소공배수
① 공배수: 공통된 배수
② 최소공배수: 공배수 중에서 가장 작은 수
◉ 12의 배수: 12, 24, 36, 48, 60, 72, 84……
18의 배수: 18, 36, 54, 72, 90, 108……
⇨ 12와 18의 공배수: 36, 72……
12와 18의 최소공배수: 36

• 두 수의 공배수는 두 수의 최소공배수의 배수입니다.

• 최대공약수와 최소공배수 구하기
① 여러 수의 곱을 이용하여 구하기
◉ $54=2\times3\times3\times3$,
$30=2\times3\times5$
최대공약수: $2\times3=6$
최소공배수
: $2\times3\times3\times3\times5=270$
② 공약수를 이용하여 구하기

$$2)\underline{54\quad 30}$$
$$3)\underline{27\quad 15}$$
$$\quad\;\; 9\quad\;\; 5$$

→ 최대공약수: $2\times3=6$
→ 최소공배수
: $2\times3\times9\times5=270$

1 약수

• 약수: 어떤 수를 나누었을 때 나누어떨어지게 하는 수

1-1 12의 약수를 모두 구하시오.

(   )

1-2 다음 중 왼쪽 수가 오른쪽 수의 약수가 되는 것을 찾아 기호를 쓰시오.

| ㉠ (6, 33) | ㉡ (8, 58) |
| ㉢ (12, 70) | ㉣ (16, 64) |

(   )

창의·융합

1-3 다음은 첨성대에 대한 자료입니다. □ 안에 알맞은 수의 약수를 모두 쓰면 1, 3, 9, 27입니다. □ 안에 알맞은 수를 구하시오.

첨성대
· 동양에서 가장 오래된 천문대 입니다.
· 24절기를 별을 통하여 관측 했습니다.
· 몸통은 □단으로 되어 있습 니다.

(   )

1-4 다음 중 약수의 수가 가장 많은 수는 어느 것입 니까?

| 12 | 16 | 21 | 25 |

(   )

2 배수

• 배수: 어떤 수를 1배, 2배, 3배…… 한 수

2-1 4의 배수를 가장 작은 수부터 5개를 써 보시오.

(   )

2-2 수 배열표를 보고 3의 배수에는 ○표, 5의 배수에 는 △표 하시오.

11	12	13	14	15	16	17	18
19	20	21	22	23	24	25	26
27	28	29	30	31	32	33	34
35	36	37	38	39	40	41	42
43	44	45	46	47	48	49	50

2-3 18의 배수 중에서 100에 가장 가까운 수를 구하 시오.

(   )

2-4 10의 배수는 모두 5의 배수인지 또는 아닌지 쓰고 그 이유를 쓰시오.

서술형

답 _____

이유 _____

_____

_____

3 곱을 이용하여 약수와 배수 알아보기

$$2 \times 5 = 10$$

· 2와 5는 10의 약수입니다.
· 10은 2와 5의 배수입니다.

3-1 윤제와 친구들이 $5 \times 7 = 35$를 보고 약수와 배수에 대하여 대화를 하고 있습니다. 잘못된 설명을 한 사람을 찾아 이름을 쓰시오.

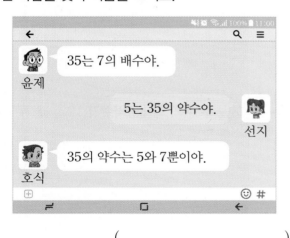

윤제: 35는 7의 배수야.

선지: 5는 35의 약수야.

호식: 35의 약수는 5와 7뿐이야.

( )

3-2 다음 중 두 수가 서로 약수와 배수의 관계인 것을 모두 찾아 기호를 쓰시오.

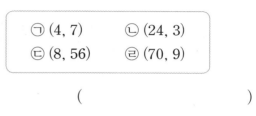

㉠ (4, 7) ㉡ (24, 3)
㉢ (8, 56) ㉣ (70, 9)

( )

3-3 두 수가 약수와 배수의 관계가 되도록 빈 곳에 1 이외의 알맞은 수를 써넣으시오.

| | 24 | | 7 | |

3-4 다음 중 18과 약수 또는 배수의 관계인 수를 모두 찾아 쓰시오.

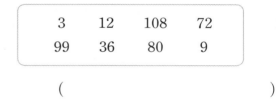

| 3 | 12 | 108 | 72 |
| 99 | 36 | 80 | 9 |

( )

3-5 오른쪽 수는 왼쪽 수의 배수입니다. □ 안에 들어갈 수 있는 수는 모두 몇 개인지 구하시오.

□, 40

( )

 해결의 창

2-3에서 18의 배수 중 100에 가장 가까운 수는 100보다 큰 배수 중 가장 작은 수와 100보다 작은 배수 중 가장 큰 수를 비교해야 합니다.

예 3의 배수 중 20에 가장 가까운 수 ⇨ $3 \times 6 = 18$, $3 \times 7 = 21$

⇨ 18과 21 중에서 20에 더 가까운 수는 21입니다.

4 공약수와 최대공약수

- 공약수: 공통된 약수
- 최대공약수: 공약수 중에서 가장 큰 수

4-1 20과 30의 공약수를 모두 구하시오.

(   )

서술형

4-2 16과 36의 공약수는 모두 몇 개인지 풀이 과정을 쓰고 답을 구하시오.

풀이 _____

_____

_____

답 _____

4-3 □ 안에 알맞은 수를 써넣고, 12와 30의 최대공약수를 구하시오.

$$\boxed{}\,)\ \underline{12 \quad\quad 30}$$
$$\boxed{}\,)\ \underline{\ 6 \quad\quad 15}$$
$$\quad\quad\quad 2 \quad\quad\ 5$$

(   )

4-4 □ 안에 알맞은 수를 써넣고, 48과 156의 최대공약수를 구하시오.

$$48 = 2 \times 2 \times 2 \times 2 \times \boxed{}$$
$$156 = 2 \times 2 \times 3 \times \boxed{}$$

(   )

서술형

4-5 16과 20의 최대공약수를 2가지 방법으로 구하시오.

방법 1

방법 2

4-6 24와 42를 각각 어떤 수로 나누었더니 모두 나누어떨어졌습니다. 어떤 수가 될 수 있는 수는 모두 몇 개입니까?

(   )

4-7 어떤 두 수의 최대공약수가 12일 때, 두 수의 공약수를 모두 구하시오.

(   )

4-8 72와 어떤 수의 최대공약수가 18일 때, 72와 어떤 수의 공약수는 모두 몇 개입니까?

(   )

5 공배수와 최소공배수

- 공배수: 공통된 배수
- 최소공배수: 공배수 중에서 가장 작은 수

5-1 두 수의 공배수를 가장 작은 수부터 3개를 써 보시오.

$$4, 6$$

( )

5-2 두 수의 공배수 중 가장 작은 수를 구하시오.

$$15, 20$$

( )

5-3 □ 안에 알맞은 수를 써넣고, 18과 24의 최소공배수를 구하시오.

$$\begin{array}{r} \boxed{}) \underline{18 \qquad 24} \\ \boxed{}) \underline{9 \qquad 12} \\ 3 \qquad 4 \end{array}$$

( )

5-4 □ 안에 알맞은 수를 써넣고, 30과 75의 최소공배수를 구하시오.

$$30 = \boxed{} \times 3 \times 5$$
$$75 = 3 \times 5 \times \boxed{}$$

( )

5-5 12와 20의 최소공배수를 2가지 방법으로 구하시오.

방법 1

방법 2

5-6 빈 곳에 알맞은 수를 써넣으시오.

두 수	8, 14
최소공배수	
공배수	

5-7 두 화분에 다음과 같이 물을 주려고 합니다. 오늘 두 화분에 모두 물을 주었다면 오늘부터 며칠 후에 두 화분에 모두 물을 주어야 하는지 가장 빠른 날부터 2개를 써 보시오.

6일에 한 번   8일에 한 번

( )

🏷 해결의 창
두 수의 공배수는 두 수의 최소공배수의 배수입니다.
예 2와 5의 공배수: 10, 20, 30, 40……◀
　　2와 5의 최소공배수: 10
　　2와 5의 최소공배수인 10의 배수: 10, 20, 30, 40……◀ } 같습니다.

2

약수와 배수

응용 1 약수의 합이 ●인 어떤 수 구하기

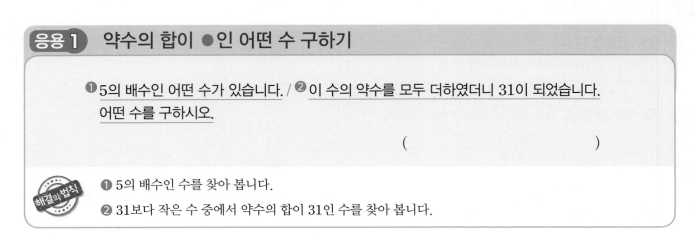

❶5의 배수인 어떤 수가 있습니다. / ❷이 수의 약수를 모두 더하였더니 31이 되었습니다.
어떤 수를 구하시오.

(   )

❶ 5의 배수인 수를 찾아 봅니다.

❷ 31보다 작은 수 중에서 약수의 합이 31인 수를 찾아 봅니다.

예제 **1**-1 7의 배수인 어떤 수가 있습니다. 이 수의 약수를 모두 더하였더니 56이 되었습니다. 어떤 수를 구하시오.

(   )

예제 **1**-2 다음 조건을 모두 만족하는 어떤 수를 구하시오.

> • 어떤 수는 72의 약수입니다.
> • 어떤 수의 약수를 모두 더하면 39입니다.

(   )

· 정답은 13쪽

응용 2 배수 구하기

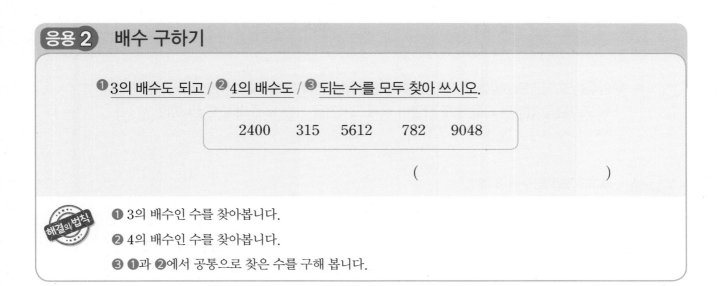

❶3의 배수도 되고 / ❷4의 배수도 / ❸되는 수를 모두 찾아 쓰시오.

| 2400 | 315 | 5612 | 782 | 9048 |

( )

해결의 법칙!

❶ 3의 배수인 수를 찾아봅니다.

❷ 4의 배수인 수를 찾아봅니다.

❸ ❶과 ❷에서 공통으로 찾은 수를 구해 봅니다.

예제 2-1 5의 배수도 되고 9의 배수도 되는 수를 찾아 쓰시오.

| 4755 | 2034 | 120 | 946 | 2880 |

( )

예제 2-2 다음 네 자리 수가 9의 배수가 되는 가장 큰 수일 때 ▩, ▲에 알맞은 수를 구하시오.

3▩2▲

▩ ( )

▲ ( )

2

약수와 배수

응용 3 동시에 하는 날 구하기

❶민수는 도서관을 6일마다, / ❷효진이는 8일마다 간다고 합니다. / ❸오늘 두 사람이 함께 도서관을 갔다면 다음에 두 사람이 함께 도서관을 가는 날은 며칠 후입니까?

( )

❶ 6의 배수를 구해 봅니다.

❷ 8의 배수를 구해 봅니다.

❸ 6과 8의 최소공배수를 구해 봅니다.

예제 3-1 희수는 12일마다, 명호는 10일마다 운동을 한다고 합니다. 오늘 두 사람이 함께 운동을 했다면 다음에 두 사람이 함께 운동을 하는 날은 며칠 후입니까?

( )

예제 3-2 미술관을 단비는 4일마다, 현무는 6일마다 간다고 합니다. 3월 5일에 단비와 현무가 동시에 간다면 다음에 두 사람이 미술관에 가는 날은 몇 월 며칠입니까?

( )

예제 3-3 기계 ㉮와 ㉯가 있습니다. 기계 ㉮는 9일마다, 기계 ㉯는 12일마다 정기 점검을 합니다. 4월 1일에 두 기계를 함께 점검하였다면 다음에 두 기계를 동시에 점검하는 날은 몇 월 며칠입니까?

( )

응용 4 조건에 맞는 약수 구하기

세 가지 조건을 모두 만족하는 수를 구하시오.

❶ • 32의 약수입니다.
❷ • 48의 약수입니다.
❸ • 두 자리 수입니다.

(   )

해결의 법칙

❶ 32의 약수를 구해 봅니다.

❷ 48의 약수를 구해 봅니다.

❸ ❶과 ❷에 공통으로 있는 수 중에서 두 자리 수를 구해 봅니다.

예제 4 - 1 세 가지 조건을 모두 만족하는 수를 구하시오.

• 70의 약수입니다.
• 56의 약수가 아닙니다.
• 두 자리 수이고 홀수입니다.

(   )

예제 4 - 2 윤제, 선지, 호식이가 말하는 조건을 모두 만족하는 수를 구하시오.

윤제: 24의 약수야.
선지: 12의 약수는 아니야.
호식: 이 수의 약수를 모두 더하면 60이야.

(   )

응용5 주어진 수 범위에서 배수 구하기

❶1부터 100까지의 자연수 중에서 3의 배수 / ❸이거나 / ❷5의 배수인 수의 개수를 구하시오.

(   )

해결의 법칙

❶ 1부터 100까지의 자연수 중에서 3의 배수인 수의 개수를 구해 봅니다.

❷ 1부터 100까지의 자연수 중에서 5의 배수인 수의 개수를 구해 봅니다.

❸ 3의 배수이거나 5의 배수인 수의 개수를 구해 봅니다.

예제 **5-1** 1부터 100까지의 자연수 중에서 8의 배수이거나 9의 배수인 수의 개수를 구하시오.

(   )

예제 **5-2** 1부터 200까지의 자연수 중에서 4의 배수이거나 7의 배수인 수의 개수를 구하시오.

(   )

예제 **5-3** 10부터 150까지의 자연수 중에서 3의 배수이거나 4의 배수인 수의 개수를 구하시오.

(   )

· 정답은 13쪽

응용 6 ■로 나누어도, ▲로 나누어도 나누어지는 수 구하기

❷ 400과 500 사이의 자연수 중에서 / ❶ 27로 나누어도 나누어떨어지고, 36으로 나누어도 나누어떨어지는 수를 구하시오.

(   )

❶ 어떤 수는 27과 36으로 나누어떨어지므로 27과 36의 공배수를 구해 봅니다.

❷ 27과 36의 공배수 중에서 400과 500 사이의 수를 구해 봅니다.

예제 6-1 400과 700 사이의 자연수 중에서 20으로 나누어도 나누어떨어지고, 24로 나누어도 나누어떨어지는 수를 모두 구하시오.

(   )

예제 6-2 쌀과 좁쌀이 섞여 있는 혼합물을 체를 이용하여 분리하였습니다. 체에 분리된 쌀의 수를 세어 보니 다음 조건을 모두 만족했습니다. 쌀의 개수를 구하시오.

· 6으로 나누면 나머지가 3입니다.
· 10으로 나누면 나머지가 3입니다.
· 140보다 작은 세 자리 수입니다.

(   )

응용 7 최대한 많은 사람에게 나누어 주기

❶농구공 24개와 축구공 60개가 있습니다. 이것을 최대한 많은 사람들에게 남김없이 똑같이 나누어 주려고 합니다. / ❷한 사람에게 농구공과 축구공을 / ❸모두 몇 개씩 나누어 줄 수 있습니까?

( )

❶ 최대 몇 명에게 나누어 줄 수 있는지 구해 봅니다.

❷ 한 사람에게 나누어 줄 수 있는 농구공의 수와 축구공의 수를 각각 구해 봅니다.

❸ 한 사람에게 나누어 주는 농구공의 수와 축구공의 수의 합을 구해 봅니다.

예제 **7-1** 색종이는 56장, 연필은 한 묶음에 4자루씩 12묶음 있습니다. 이것을 최대한 많은 사람들에게 남김없이 똑같이 나누어 주려고 합니다. 한 사람에게 색종이는 몇 장씩, 연필은 몇 자루씩 나누어 줄 수 있습니까?

색종이 수 ( )

연필 수 ( )

예제 **7-2** 쿠키 82개, 사탕 45개를 최대한 많은 사람에게 똑같이 나누어 주려고 하였더니 쿠키는 2개가 남았고, 사탕은 3개가 모자랐습니다. 한 사람에게 나누어 주려고 했던 쿠키와 사탕은 각각 몇 개입니까?

쿠키의 수 ( )

사탕의 수 ( )

응용 8 동시에 출발하는 시각 구하기

❶어느 고속버스 터미널에서 부산행 버스는 10분마다, 광주행 버스는 15분마다 출발한다고 합니다. / ❷오전 6시 10분에 두 버스가 첫 번째로 동시에 출발하였다면 / ❸네 번째로 동시에 출발하는 시각을 구하시오.

(   )

❶ 10과 15의 최소공배수를 구해 봅니다.

❷ 최소공배수의 배수 중에서 세 번째 수를 구해 봅니다.

❸ 네 번째로 동시에 출발하는 시각을 구해 봅니다.

예제 8 - 1 어느 고속버스 터미널에서 대전행 버스는 25분마다, 대구행 버스는 20분마다 출발한다고 합니다. 오전 5시 30분에 두 버스가 첫 번째로 동시에 출발하였다면 네 번째로 동시에 출발하는 시각을 구하시오.

(   )

예제 8 - 2 기차역에 있는 기차의 출발 시간표입니다. 오전 6시에 ㉮ 기차와 ㉯ 기차가 첫 번째로 동시에 출발하였다면 네 번째로 동시에 출발하는 시각을 구하시오.

기차 출발 시각표

출발 횟수	1	2	3	‥‥‥
㉮ 기차	오전 6시	오전 6시 15분	오전 6시 30분	‥‥‥
㉯ 기차	오전 6시	오전 6시 25분	오전 6시 50분	‥‥‥

(   )

2

약수와 배수

 STEP 3 응용 유형 뛰어넘기

최대공약수 구하기

01 두 수의 최대공약수의 크기를 비교하여 ○ 안에 >, =,
유사 <를 알맞게 써넣으시오.

| 36, 54 | ○ | 60, 48 |

공배수와 최소공배수의 관계

02 다음 조건을 모두 만족하는 수를 구하시오.
유사
동영상

- 12와 16의 공배수입니다.
- 100보다 크고 200보다 작은 수입니다.
- 일의 자리 숫자와 십의 자리 숫자가 같습니다.

(   )

배수 알아보기   창의·융합

03 서울의 버스 중 지선버스는 간선버스 또는 지하철 노선과
유사 연결해 주며 지역과 지역을 이동하는 버스입니다. 다음의
지선버스의 노선번호가 4의 배수일 때, □ 안에 들어갈 수
있는 한 자리 수를 모두 구하시오.

552□

(   )

· 정답은 17쪽

배수 알아보기　　　　　　　　　　　　　　창의·융합

04
유사 ⟩
다음은 어느 해 우리나라 국가지정 문화재의 수를 나타낸 표입니다. 문화재의 수가 3의 배수인 것을 모두 찾아 쓰시오.

국보	보물	사적	명승	천연 기념물	중요무형 문화재	중요민속 문화재
315	1790	486	107	455	120	283

(단위: 개)

(　　　　　　　　　　　　　　　)

2
약수와 배수

최대공약수 구하기

05
유사 ⟩
동영상
오른쪽과 같이 어떤 두 수의 최대공약수를 구하는 과정을 적은 종이의 일부분이 찢어졌습니다. 어떤 두 수를 구하시오.

)　3　　4

최대공약수: 15

(　　　　　　　　　　　　　　　)

서술형　**동시에 출발하는 시각 구하기**

06
유사 ⟩
어느 역에서 부산행 KTX 열차는 30분마다 출발하고, 대전행 KTX 열차는 45분마다 출발한다고 합니다. 오전 8시에 두 방향으로 동시에 출발하였다면 다음번에 동시에 출발하는 시각은 오전 몇 시 몇 분인지 풀이 과정을 쓰고 답을 구하시오.

(　　　　　　　　　　　　　　　)

풀이

약수와 배수의 관계

07 두 수가 약수와 배수의 관계일 때, □ 안에 들어갈 수 있는
유사 두 자리 수는 모두 몇 개입니까?

$$(□, 24)$$

( )

서술형 최소공배수의 활용

08 톱니의 수가 각각 54개, 42개인 두 톱니바퀴 ㉮, ㉯가 맞
유사 물려 돌아가고 있습니다. ㉯ 톱니바퀴가 1분에 3바퀴 회전
동영상 한다고 할 때, 두 톱니바퀴가 처음으로 원래의 위치에서
만나는 때는 돌기 시작한 지 몇 분 후인지 풀이 과정을 쓰
고 답을 구하시오.

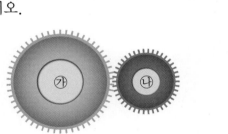

( )

풀이

서술형 나누는 수와 나머지의 차가 1인 수

09 □ 안에는 같은 수가 들어갑니다. □ 안에 들어갈 수 있는
유사 수 중에서 가장 작은 세 자리 수는 얼마인지 풀이 과정을
동영상 쓰고 답을 구하시오.

$$□ ÷ 12 = ★ \cdots 11$$
$$□ ÷ 15 = ▲ \cdots 14$$

( )

풀이

최대공약수의 활용

창의·융합

10 최대공약수가 21인 두 수 ㉠과 ㉡을 각각 곱셈식으로 나타
내면 다음과 같습니다. ㉠과 ㉡의 합은 얼마입니까? (단,
■와 ▲는 1과 자기 자신만을 약수로 가지는 수입니다.)

$$㉠ = 2 \times ■ \times ▲ \qquad ㉡ = ■ \times 5 \times ▲$$

(   )

공배수의 활용

창의·융합

11 다른 고장으로 가기 위해 사람들이 많이 모이는 고장의 중
심지로는 공항, 기차역, 버스터미널이 있습니다. 4월 4일
부터 윤지는 4일마다, 정호는 6일마다 고장의 중심지를 답
사하기로 했습니다. 5월에 윤지와 정호가 동시에 고장의
중심지를 답사하러 가는 날짜를 모두 구하시오.

(   )

2
약수와 배수

최대공약수의 활용

12 다음 모눈종이의 눈금을 따라 크기가 같은 정사각형을 남는
부분없이 그리려고 합니다. 그릴 수 있는 가장 큰 정사각
형의 수를 구하시오.

(   )

13 다음은 세 가전제품의 권장 사용기간을 나타낸 것입니다. 올해 동시에 세 가전제품을 모두 산 후, 가전제품별로 권장 사용기간이 될 때마다 새 것을 산다면 세 가전제품을 동시에 사게 되는 것은 올해부터 몇 년 후인지 구하시오.

세탁기: 8년

전기밥솥: 6년

컴퓨터: 4년

(   )

14 다음 8장의 수 카드를 한 번씩만 사용하여 두 자리 수 4개를 만들었습니다. 만든 수 중 두 수는 나머지 두 수의 최대공약수와 최소공배수였습니다. 만든 두 자리 수 4개를 모두 구하시오.

| 1 | 2 | 2 | 2 | 3 | 4 | 6 | 7 |

(   )

01 약수를 모두 구하시오.

(1) 14의 약수

( )

(2) 25의 약수

( )

02 배수를 가장 작은 수부터 4개를 써 보시오.

(1) 5의 배수

( )

(2) 9의 배수

( )

03 모든 자연수의 약수가 되는 수는 무엇입니까?

( )

04 왼쪽 수가 오른쪽 수의 약수가 되는 것을 찾아 ◯표 하시오.

| 8 \ 21 | 6 \ 20 | 5 \ 45 |

( ) ( ) ( )

05 두 수 가와 나의 최소공배수를 구하는 곱셈식을 쓰시오.

(1) 가＝2×3×5   나＝2×2×2×5

식 _____

(2) 가＝2×3×3×7   나＝2×2×3

식 _____

창의·융합

06 꽃다발을 만들 때 사용할 4가지 꽃이 있습니다. 다음 중 장미의 수와 백합의 수의 최대공약수를 구하시오.

| 장미: 24송이 | 튤립: 36송이 |
| 백합: 18송이 | 카네이션: 44송이 |

( )

서술형

07 4와 10의 공배수를 가장 작은 수부터 3개를 구하려고 합니다. 풀이 과정을 쓰고 답을 구하시오.

풀이 _____

_____

_____

답 _____

2

약수와 배수

08 30, 45, 60, 75, 90 중에서 □ 안에 공통으로 들어갈 수 있는 수를 모두 구하시오.

> • □은/는 5와 9의 배수입니다.
>
> • 5와 9는 □의 약수입니다.

(   )

09 두 수의 최대공약수와 최소공배수를 각각 구하시오.

(1)　　20, 32

최대공약수 (   )
최소공배수 (   )

(2)　　40, 16

최대공약수 (   )
최소공배수 (   )

서술형

10 4장의 수 카드 중 두 장을 뽑아 한 번씩만 사용하여 만들 수 있는 가장 큰 두 자리 수의 약수는 모두 몇 개인지 풀이 과정을 쓰고 답을 구하시오.

> [2] [1] [4] [6]

풀이 _____

_____

답 _____

11 어떤 두 수의 최소공배수는 11입니다. 다음 중 어떤 두 수의 공배수가 아닌 수를 찾아 기호를 쓰시오.

> ㉠ 121　　㉡ 88　　㉢ 130　　㉣ 165

(   )

창의·융합

12 고대 수학자인 피타고라스는 6을 '완전수'라고 불렀습니다. 다음을 보고 27과 28 중 '완전수'를 구하시오.

 약수 중 자기 자신을 제외한 모든 수를 더한 값이 자기 자신이 되는 수를 완전수라고 합니다.

> 6의 약수 : 1, 2, 3, 6 ⇨ 1＋2＋3＝6

(   )

13 다음 중 약수의 수가 가장 많은 수는 어느 것입니까?

> 8　　20　　36　　49

(   )

14 다음 네 자리 수는 9의 배수입니다. □ 안에 알맞은 숫자를 구하시오.

$$649\square$$

( )

서술형

15 연필 27자루와 지우개 36개를 최대한 많은 학생들에게 똑같이 나누어 주려고 합니다. 학생 한 명에게 연필은 몇 자루씩, 지우개는 몇 개씩 나누어 주어야 하는지 풀이 과정을 쓰고 답을 구하시오.

풀이 _____

_____

_____

_____

답 연필 : , 지우개 :

16 대화를 읽고 첫 번째 계단부터 100번째 계단까지 두 사람이 모두 밟고 지나간 계단은 몇 개인지 구하시오.

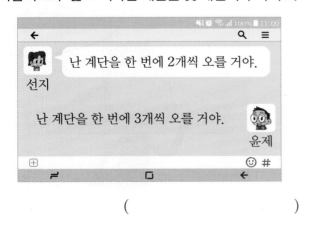

( )

17 수현이는 6일마다, 진호는 8일마다 수영장에 갑니다. 4월 5일에 수현이와 진호가 함께 수영장에 갔다면 다음번에 처음으로 함께 수영장에 가는 날은 몇 월 며칠입니까?

( )

18 가로가 18 cm, 세로가 30 cm인 직사각형 모양의 타일을 겹치지 않게 이어 붙여서 될 수 있는 대로 작은 정사각형 모양을 만들려고 합니다. 타일은 모두 몇 장 필요합니까?

( )

19 어떤 수로 30을 나누면 나머지가 3이고, 50을 나누면 나머지가 5입니다. 어떤 수를 구하시오.

( )

20 어떤 수와 20의 최대공약수는 4, 최소공배수는 180입니다. 어떤 수를 구하시오.

( )

2 약수와 배수

3 규칙과 대응

시차란? 세계 지역 간의 시간 차이를 말합니다.

지구는 자기 자신을 하루에 한 바퀴(360°) 돕니다. 하루는 24시간이므로 지구는 1시간에 15°씩 돌게 됩니다. 즉, 15°마다 1시간씩 차이가 생기게 되는 것입니다.

서울 시각	오후 7시 (19시)	오후 8시 (20시)	오후 9시 (21시)
뉴욕 시각	오전 6시	오전 7시	오전 8시

서울은 오후 7시인데 뉴욕은 오전 6시래.

그럼 뉴욕이 서울보다 13시간 느린 거네.

(서울 시각)-(13시간) =(뉴욕 시각) 이란 거지!

이미 배운 내용	이번에 배울 내용	앞으로 배울 내용
[2-2 규칙 찾기] • 규칙에 따라 배열하기 **[4-1 규칙 찾기]** • 도형이나 변하는 모양에서 규칙 찾기	• 두 양 사이의 대응 관계 알아 보기 • 대응 관계를 □, △ 등을 사용 하여 식으로 나타내기	**[6-1 비와 비율]** • 두 양 사이의 관계를 비로 나타 내기

서울과 베이징의 시차는 1시간입니다. 서울 오후 2시 → 베이징 오후 1시, 서울 오후 3시 → 베이징 오후 2시, 서울 오후 4시 → 베이징 오후 3시……이므로 서울의 시각에서 1시간을 빼면 베이징의 시각 인 관계가 있습니다.

여행을 가게 되면 이런 시차 때문에 잠자는 시간과 깨어 있는 시간의 생체 리듬에 무리가 오기도 합 니다. 서울과 다른 도시들의 시차도 알아볼까요?

베이징은 서울보다 1시간 느립니다.

서울	베이징
02:00 PM	01:00 PM
4월 20일 목요일	4월 20일 목요일

런던은 서울보다 8시간 느립니다.

서울	런던
09:00 PM	01:00 PM
4월 20일 목요일	4월 20일 목요일

로마는 서울보다 7시간 느립니다.

서울	로마
10:00 PM	03:00 PM
4월 20일 목요일	4월 20일 목요일

두 양 사이의 관계 알아보기 (1)

정답

☀ 생각의 **방향** ↗

❶ 다음에 이어질 모양은 ⬜⬜⬜⬜⬜ 입니다.
(○ , ×)

○

❷ 사각형이 1개씩 늘어날 때마다 삼각형은 3개씩 늘어납니다. (○ , ×)

×

두 양 사이의 관계는 여러 가지로 나타낼 수 있습니다.
① 사각형의 수를 기준으로 나타내는 경우: 삼각형의 수는 사각형의 수의 2배입니다.
② 삼각형의 수를 기준으로 나타내는 경우: 사각형의 수는 삼각형의 수의 반과 같습니다.

❸ 사각형이 10개일 때 필요한 삼각형의 수는 20개입니다. (○ , ×)

○

❹ 삼각형의 수는 사각형의 수의 2배입니다. (○ , ×)

○

두 양 사이의 관계 알아보기 (2)

❶ 사각형 조각의 수는 1개씩, 삼각형 조각의 수는 1개씩 늘어납니다. (○ , ×)

○

규칙적으로 변하는 도형은 어떻게 배열되는지 충분히 살펴봅니다.
① 분홍색 사각형과 보라색 삼각형으로 구성되어 있습니다.
② 삼각형의 수와 사각형의 수가 증가하고 있습니다. 등

❷ 사각형 조각의 수와 삼각형 조각의 수가 어떻게 변하는지 표로 나타내면 다음과 같습니다.

사각형 조각의 수(개)	1	2	3	4	……
삼각형 조각의 수(개)	2	3			……

4, 5

❸ 삼각형 조각의 수는 사각형 조각의 수보다 ⬜개 더 많습니다.

1

표를 이용하여 두 양 사이의 대응 관계를 추측한 후에 더 큰 수의 경우에도 성립하는지 알아봅니다.

대응 관계를 식으로 나타내기

정답

생각의 방향

① 드론의 수와 날개의 수 사이의 대응 관계를 표로 나타내면 다음과 같습니다.

(위부터)
4, 12

드론의 수(대)	1	2	3		……
날개의 수(개)	4	8		16	……

양을 나타내는 단어, 알맞은 연산 기호와 숫자를 골라 대응 관계를 나타냅니다.
① 날개의 수는 드론의 수의 4배입니다. ↳(드론의 수)×4
② 날개의 수를 4로 나누면 드론의 수입니다. ↳(날개의 수)÷4

② 날개의 수는 드론의 수의 4배입니다. (○ , ×)

○

③ 드론의 수와 날개의 수 사이의 대응 관계를 식으로 나타내면 (드론의 수)=(날개의 수)×4입니다.
(○ , ×)

×

④ 드론의 수를 ●, 날개의 수를 ■라고 할 때, 두 양 사이의 대응 관계를 식으로 나타내면
(●×4=■ , ■×4=●)입니다.

●×4=■

생활에서 대응 관계를 찾아 식으로 나타내기

① 위 그림에서 서로 관계 있는 두 양은 의자의 수와 팔걸이의 수입니다. (○ , ×)

○

생활에서 찾은 관계있는 두 양이 어떤 대응 관계를 가지는지 두 양의 변화를 표로 나타내면 쉽게 알 수 있습니다.

② 의자의 수와 팔걸이의 수의 대응 관계를 표로 나타내면 다음과 같습니다.

4, 5

의자의 수(개)	1	2	3	4	……
팔걸이의 수(개)	2	3			……

③ 팔걸이의 수는 의자의 수보다 ☐ 큽니다.

1

두 양의 대응 관계는 여러 가지로 나타낼 수 있습니다.
의자의 수는 팔걸이의 수보다 1 작습니다.
⇨ ◇−1=◎

④ 의자의 수를 ◎, 팔걸이의 수를 ◇라고 할 때, 두 양 사이의 대응 관계를 식으로 나타내면
(◎+1=◇ , ◎−1=◇)입니다.

◎+1=◇

응용 개념 비법

비법 1 표를 보고 대응 관계를 식으로 나타내기

□	1	2	3
△	4	5	6

① □와 △는 3 차이 나므로 +, −의 관계입니다.

② □와 △ 사이의 대응 관계를 식으로 나타내면 □+3=△, △−3=□입니다.

◇	6	12	18
◎	3	6	9

① ◇를 2로 나누면 ◎이므로 ◇와 ◎는 ×, ÷의 관계입니다.

② ◇와 ◎ 사이의 대응 관계를 식으로 나타내면 ◇÷2=◎, ◎×2=◇입니다.

비법 2 도형을 보고 규칙 찾기

⑩ 규칙적인 배열에서 대응 관계를 식으로 나타내기

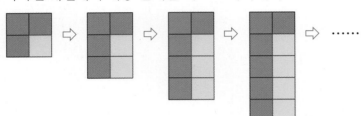

변화하는 두 양 구하기	초록색 사각형의 수와 노란색 사각형의 수

⇩

대응 관계를 표로 나타내기

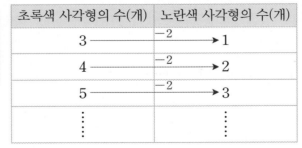

초록색 사각형의 수(개)	노란색 사각형의 수(개)
3 ──── −2 ────▶	1
4 ──── −2 ────▶	2
5 ──── −2 ────▶	3
⋮	⋮

⬇

대응 관계를 알아보기

(초록색 사각형의 수)−2=(노란색 사각형의 수)

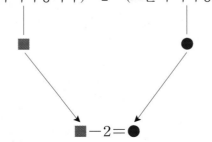

⇩

대응 관계를 식으로 나타내기

■−2=●

교과서 개념

• 두 양 사이의 관계 알아보기

① 선풍기의 수와 날개의 수는 규칙적으로 변합니다.

② 선풍기가 1개씩 늘어날 때, 날개의 수는 3개씩 늘어납니다.

③ 두 양 사이의 대응 관계는 여러 가지로 나타낼 수 있습니다.

• 날개의 수는 선풍기의 수의 3배입니다.

• 날개의 수를 3으로 나누면 선풍기의 수입니다.

• 대응 관계를 식으로 나타내기

선풍기의 수(개)	날개의 수(개)
1	3
2	6
3	9
⋮	⋮

① 두 양 사이의 관계를 식으로 나타내면 (날개의 수)÷3=(선풍기의 수) 또는 (선풍기의 수)×3=(날개의 수)로 나타낼 수 있습니다.

② 선풍기의 수를 ■, 날개의 수를 ▲라고 할 때 두 양 사이의 대응 관계는 ■×3=▲ 또는 ▲÷3=■로 나타낼 수 있습니다.

비법 3 두 도시의 시각에 대한 대응 관계

예 서울이 오후 10시일 때 하노이의 시각 구하기

서울의 시각	오전 5시	오전 6시	오전 7시	……
하노이의 시각	오전 3시	오전 4시	오전 5시	……

서울의 시각과 하노이의 시각 사이의 대응 관계 알아보기

• 서울의 시각은 하노이의 시각보다 2시간 빠릅니다. → (하노이의 시각) =(서울의 시각)-2

⇩

두 양 사이의 대응 관계를 식으로 나타내기

서울의 시각: ■, 하노이의 시각: ▲
⇨ ▲=■-2

⇩

서울이 오후 10시일 때 하노이의 시각 구하기

■=10시일 때
▲=■-2=10-2=8(시)

⇨ 서울이 오후 10시일 때 하노이는 오후 8시입니다.

• 생활 속에서 대응 관계를 찾아 식으로 나타내기

(1)

자동차의 수를 ■, 바퀴의 수를 ▲ 라고 할 때 두 양 사이의 대응 관계 는 ■×4=▲ 또는 ▲÷4=■로 나타낼 수 있습니다.

(2)

탁자의 수를 ◎, 의자의 수를 ◇라고 할 때 두 양 사이의 대응 관계는 ◇÷2=◎ 또는 ◎×2=◇ 로 나 타낼 수 있습니다.

비법 4 두 사람의 나이에 대한 대응 관계

예 동생이 25살일 때 정호의 나이 구하기

정호의 나이(살)	11	12	13	14	15
동생의 나이(살)	8	9	10	11	12

-3 ... +3

정호의 나이와 동생의 나이 사이의 대응 관계 알아보기

(동생의 나이)+3=(정호의 나이)
(정호의 나이)-3=(동생의 나이)

⇩

두 양 사이의 대응 관계를 식으로 나타내기

정호의 나이: ■, 동생의 나이: ▲
⇨ ▲+3=■ 또는 ■-3=▲

⇩

동생이 25살일 때 정호의 나이 구하기

▲=25일 때
▲+3=25+3=28, ■=28(살)

⇨ 동생이 25살일 때 정호는 28살입니다.

1 두 양 사이의 관계 알아보기

 세발자전거 바퀴의 수는 세발자전거의 수의 3배입니다.

[1-1~1-4] 도형의 배열을 보고 물음에 답하시오.

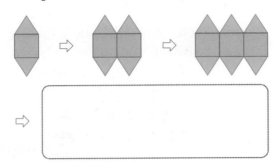

1-1 다음에 이어질 모양을 그려 보시오.

1-2 삼각형의 수와 사각형의 수 사이의 관계를 생각하며 □ 안에 알맞은 수를 써넣으시오.

   (1) 사각형이 10개일 때 필요한 삼각형의 수는 □ 개입니다.

   (2) 사각형이 30개일 때 필요한 삼각형의 수는 □ 개입니다.

1-3 삼각형이 50개일 때 사각형은 몇 개 필요합니까?

             (   )

1-4 삼각형의 수와 사각형의 수 사이의 대응 관계를 써 보시오.

[1-5~1-6] 바구니 한 개에 사과가 10개씩 들어 있습니다. 바구니의 수와 사과의 수 사이의 대응 관계를 알아보시오.

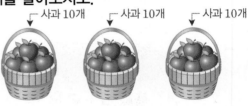

사과 10개　　사과 10개　　사과 10개

1-5 사과의 수는 바구니의 수의 몇 배입니까?

             (   )

서술형

1-6 바구니가 8개이면 사과는 몇 개인지 풀이 과정을 쓰고 답을 구하시오.

풀이 _____

_____

_____

답 _____

1-7 오른쪽을 보고 자전거의 수와 자전거 바퀴의 수 사이의 대응 관계를 써 보시오.

_____

② 규칙을 찾아 식으로 나타내기

 도넛이 한 상자에 6개씩 들어 있습니다. 도넛의 수를 ■, 상자의 수를 ▲라 할 때 두 양 사이의 대응 관계를 식으로 나타내면 ▲×6＝■ 또는 ■÷6＝▲입니다.

[2-1~2-3] 벽에 누름 못을 사용하여 도화지를 붙이고 있습니다. 물음에 답하시오.

2-1 도화지의 수와 누름 못의 수 사이의 대응 관계를 표를 이용하여 알아보려고 합니다. 표를 완성하시오.

도화지의 수(장)	1	2	3	4	……
누름 못의 수(개)	2				……

2-2 알맞은 카드를 골라 2-1의 표를 통해 알 수 있는 두 양 사이의 대응 관계를 식으로 나타내시오.

도화지의 수   누름 못의 수

＋ － × ÷ ＝

1 2 3 4

식 _____

2-3 도화지의 수를 □, 누름 못의 수를 △라 할 때, 두 양 사이의 대응 관계를 식으로 나타내시오.

식 _____

[2-4~2-5] 송이네 자동차가 한 시간에 80 km를 가는 빠르기로 이동하고 있습니다. 물음에 답하시오.

2-4 이동하는 시간과 이동하는 거리 사이의 대응 관계를 표를 이용하여 알아보려고 합니다. 표를 완성하시오.

이동 시간(시간)	이동 거리(km)
1	80
2	160
3	
4	
⋮	⋮

2-5 이동하는 시간을 ○(시간), 이동하는 거리를 △(km)라 할 때, 두 양 사이의 대응 관계를 식으로 나타내시오.

식 _____

 해결의 창

대응 관계를 식으로 나타내기

□	1	2	3	4
△	6	7	8	9

－5 ↗ ＋5 ↙

⇒ △－5＝□ 또는 □＋5＝△

◎	1	2	3	4
◇	5	10	15	20

÷5 ↗ ×5 ↙

⇒ ◇÷5＝◎ 또는 ◎×5＝◇

3 규칙과 대응

[2-6~2-7] 색 테이프를 가위로 자르고 있습니다. 색 테이프를 자른 횟수와 색 테이프 도막의 수 사이의 대응 관계를 알아보시오.

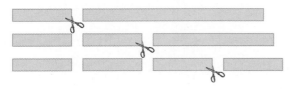

2-6 표를 완성하시오.

색 테이프를 자른 횟수(회)	1	2	3	4	5
색 테이프 도막의 수(도막)	2				

2-7 색 테이프를 자른 횟수를 □, 색 테이프 도막의 수를 △라 할 때, □와 △ 사이의 대응 관계를 식으로 나타내시오.

식 _____

[2-8~2-9] 표를 보고 물음에 답하시오.

○	2	3	4	5	6
◇	12	13	14	15	16

2-8 □ 안에 +, −를 알맞게 써넣으시오.

$$○ \square 10 = ◇, ◇ \square 10 = ○$$

2-9 ○=20일 때, ◇는 얼마인지 풀이 과정을 쓰고 답을 구하시오.

풀이 _____

_____

_____

답 _____

2-10 '☆은 □보다 9 큽니다.'에 알맞게 표를 완성하시오.

□	3	4	5		
☆				15	16

❸ 생활 속에서 대응 관계를 찾아 식으로 나타내기

 한 대의 버스에는 25명이 탈 수 있습니다.

서로 관계있는 두 양	
버스의 수	탈 수 있는 승객 수

⇨ (탈 수 있는 승객 수)=25×(버스의 수)

[3-1~3-3] 천재 문구점에서는 연필 1자루를 300원에 팔고 있습니다. 연필의 수와 판매 금액 사이의 대응 관계를 알아보시오.

3-1 표를 완성하시오.

연필의 수(자루)	1	2	3	4
판매 금액(원)				

• 정답은 21쪽

3-2 연필의 수를 □, 판매 금액을 △라 할 때, □와 △ 사이의 대응 관계를 식으로 나타내어 보시오.

식 _____

3-3 연필이 50자루 팔렸다면 판매 금액은 얼마입니까?

(   )

[3-4~3-5] 진호는 가게에서 초콜릿을 샀습니다. 초콜릿 한 상자에는 초콜릿이 20개씩 들어 있습니다. 상자의 수와 초콜릿의 수 사이의 대응 관계를 알아보시오.

3-4 상자의 수를 △, 초콜릿의 수를 □라 할 때, △와 □ 사이의 대응 관계를 식으로 나타내어 보시오.

식 _____

3-5 초콜릿 240개는 몇 상자입니까?

(   )

창의·융합

3-6 한 명이 한 가지 악기를 맡아 4명씩 한 모둠이 되어 사물놀이를 배우려고 합니다. 모둠의 수를 ○, 학생의 수를 ☆이라 할 때, ○와 ☆ 사이의 대응 관계를 식으로 나타내어 보시오.

→ 사물놀이 악기

꽹과리   징   장구   북

식 _____

서술형

3-7 1시간당 요금이 3000원인 주차장에 자동차를 세웠습니다. 주차 요금이 15000원이었다면 몇 시간 동안 자동차를 세웠는지 풀이 과정을 쓰고 답을 구하시오.

풀이 _____

_____

답 _____

3-8 다음을 보고 400명이 바이킹을 타려면 적어도 바이킹을 몇 번 운행해야 하는지 구하시오.

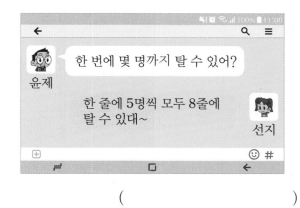

윤제: 한 번에 몇 명까지 탈 수 있어?

선지: 한 줄에 5명씩 모두 8줄에 탈 수 있대~

(   )

3-8의 풀이 순서
① 한 번에 탈 수 있는 사람의 수 구하기 ⇨ ② 운행 횟수와 탈 수 있는 사람의 수 사이의 대응 관계 알아보기
⇨ ③ 두 양 사이의 대응 관계를 식으로 나타내기 ⇨ ④ 식을 이용하여 답 구하기

규칙과 대응 **3**

응용 1 표를 이용하여 대응 관계 알아보기

❷ 표를 완성하고, / ❸ □와 ○ 사이의 대응 관계를 식으로 나타내시오.

❶ □	2	4	6	8	10
○	4		12		20

식 _____

해결의 법칙

❶ 표를 보고 □와 ○ 사이의 대응 관계를 알아봅니다.

❷ ❶에서 찾은 □와 ○ 사이의 대응 관계를 이용하여 표를 완성해 봅니다.

❸ □와 ○ 사이의 대응 관계를 식으로 나타내어 봅니다.

예제 **1 - 1**   표를 완성하고, △와 ☆ 사이의 대응 관계를 식으로 나타내시오.

△	1	3	5	7	9
☆		7		11	

식 _____

예제 **1 - 2**   ◆와 ◉ 사이의 대응 관계가 ◆＋5＝◉가 되는 예를 쓰고 표로 나타내시오.

_____

_____

◆					
◉					

• 정답은 22쪽

응용 2 성냥개비를 이용한 도형에서 규칙 찾기

다음과 같이 성냥개비로 정사각형을 만들려고 합니다. ❷ 정사각형의 수와 성냥개비의 수 사이의 대응 관계를 나타내는 표를 완성하고, / ❸ 정사각형을 7개 만들려면 성냥개비는 몇 개 필요한지 구하시오.

❶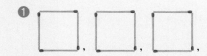

정사각형의 수(개)	1	2	3	4	5
성냥개비의 수(개)	4	8			

( )

❶ 정사각형의 수와 성냥개비의 수 사이의 대응 관계를 알아봅니다.

❷ 정사각형의 수와 성냥개비의 수 사이의 대응 관계를 나타내는 표를 완성합니다.

❸ 두 양 사이의 대응 관계를 식으로 나타내어 정사각형을 7개 만들 때 필요한 성냥개비의 수를 구해 봅니다.

예제 2-1 다음과 같이 성냥개비로 정삼각형을 만들려고 합니다. 정삼각형의 수와 성냥개비의 수 사이의 대응 관계를 표로 나타내고, 정삼각형을 9개 만들려면 성냥개비는 몇 개 필요한지 구하시오.

△, △, △, ……

정삼각형의 수(개)	1	2	3	4	5
성냥개비의 수(개)	3	6			

( )

예제 2-2 다음과 같이 성냥개비로 정사각형을 만들려고 합니다. 정사각형을 20개 만들려면 성냥개비는 몇 개 필요한지 구하시오.

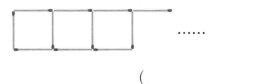

( )

응용 **3** 나이에서 규칙 찾기

❶재호의 나이가 12살일 때 누나의 나이는 15살이었습니다. / ❷재호의 나이와 누나의 나이 사이의 대응 관계를 표로 나타내고, / ❸누나가 30살일 때 재호의 나이는 몇 살인지 구하시오.

재호의 나이(살)	12	13	14	15	16
누나의 나이(살)	15	16			

( )

❶ 재호의 나이와 누나의 나이 사이의 대응 관계를 알아봅니다.

❷ 재호의 나이와 누나의 나이 사이의 대응 관계를 표로 나타내어 봅니다.

❸ 두 양 사이의 대응 관계를 식으로 나타내어 누나가 30살일 때 재호의 나이를 구해 봅니다.

예제 **3 - 1**

아버지의 나이가 48살일 때 어머니의 나이는 42살입니다. 아버지의 나이와 어머니의 나이 사이의 대응 관계를 표로 나타내고, 아버지가 16살일 때 어머니는 몇 살이었는지 구하시오.

아버지의 나이(살)	48	49	50	51	52
어머니의 나이(살)	42	43			

( )

예제 **3 - 2**

2018년에 삼촌의 나이는 35살이었습니다. 연도와 삼촌의 나이 사이의 대응 관계를 표로 나타내고, 2030년 삼촌의 나이는 몇 살인지 구하시오.

연도(년)	2018	2019	2020	2021	2022
삼촌의 나이(살)	35	36			

( )

· 정답은 22쪽

응용 4 세계의 시각에서 규칙 찾기

❶ 오른쪽과 같이 서울의 시각과 두바이의 시각은 차이가 있습니다. / ❷ 표를 완성하고 / ❸ 서울이 오전 11시일 때, 두바이의 시각을 구하시오.

서울 1일
오후 6시

두바이 1일
오후 1시

서울의 시각	오후 6시	오후 7시	오후 8시	오후 9시
두바이의 시각	오후 1시			

(   )

해결의 법칙

❶ 서울의 시각과 두바이의 시각 사이의 대응 관계를 알아봅니다.

❷ 서울의 시각과 두바이의 시각 사이의 대응 관계를 표로 나타내어 봅니다.

❸ 두 양 사이의 대응 관계를 식으로 나타내어 서울이 오전 11시일 때, 두바이의 시각을 구해 봅니다.

예제 4-1 다음과 같이 서울의 시각과 방콕의 시각은 차이가 있습니다. 서울이 오전 9시일 때, 방콕의 시각을 구하시오.

서울 4일
오후 5시

방콕 4일
오후 3시

(   )

예제 4-2 다음을 보고 서울이 오전 10시일 때, 베이징의 시각을 구하시오.

서울 10일 오후 4시

베이징 10일 오후 3시

(   )

응용 5 배열의 순서에 따른 모양의 변화에서 규칙 찾기

❶ 다음과 같이 바둑돌을 놓고 있습니다. / ❷ 표를 완성하고 / ❸ 10번째에 놓을 바둑돌은 몇 개인지 알아보시오.

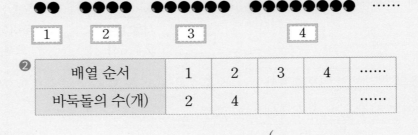

배열 순서	1	2	3	4	......
바둑돌의 수(개)	2	4			......

(   )

해결의 법칙

❶ 배열 순서와 바둑돌의 수 사이의 대응 관계를 알아봅니다.

❷ 배열 순서와 바둑돌의 수 사이의 대응 관계를 표로 나타내어 봅니다.

❸ 두 양 사이의 대응 관계를 식으로 나타내어 10번째에 놓을 바둑돌은 몇 개인지 구해 봅니다.

예제 **5-1**   다음과 같이 바둑돌을 놓고 있습니다. 표를 완성하고 20번째에 놓을 바둑돌은 몇 개인지 구하시오.

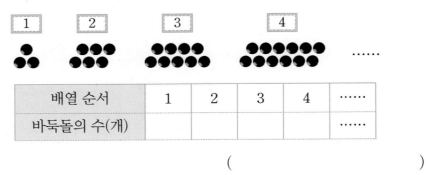

배열 순서	1	2	3	4	......
바둑돌의 수(개)					......

(   )

예제 **5-2**   다음과 같이 농구공과 축구공을 놓고 있습니다. 8번째에 놓을 축구공은 몇 개인지 구하시오.

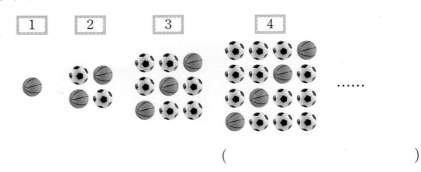

(   )

응용 6 수 알아맞히기 놀이

지호와 은지가 수 알아맞히기 놀이를 하고 있습니다. ❶지호가 2라고 하면 은지는 9라고 답하고, 지호가 5라고 하면 은지는 12라고 답합니다. 또 지호가 8이라고 하면 은지는 15라고 답합니다. / ❷지호가 26이라고 하면 은지는 몇이라고 답해야 하는지 구하시오.

(   )

 해결의 법칙

❶ 지호와 은지의 수를 이용하여 두 수 사이의 대응 관계를 알아봅니다.

❷ 지호가 26이라고 했을 때 은지가 답해야 하는 수를 구해 봅니다.

예제 6-1 예나와 민호가 수 알아맞히기 놀이를 하고 있습니다. 예나가 4라고 하면 민호는 13이라고 답하고, 예나가 7이라고 하면 민호는 16이라고 답합니다. 또 예나가 9라고 하면 민호는 18이라고 답합니다. 예나가 47이라고 하면 민호는 몇이라고 답해야 합니까?

(   )

예제 6-2 경규와 채미가 수 알아맞히기 놀이를 하고 있습니다. 경규가 어떤 수를 말했을 때, 채미가 96이라고 답했습니다. 다음을 보고 어떤 수를 구하시오.

(   )

대응 관계를 식으로 나타내기

01
유사
동영상
상훈이의 나이와 연도 사이의 대응 관계를 나타낸 표입니다. 물음에 답하시오.

상훈이의 나이(살)	연도(년)
13	2016
14	2017
15	2018
16	2019
17	2020

(1) 상훈이의 나이를 □, 연도를 △라 할 때, □와 △ 사이의 대응 관계를 식으로 나타내어 보시오.

식 _____

(2) 상훈이의 나이가 27살일 때는 몇 년인지 구하시오.

( )

표를 이용하여 대응 관계를 식으로 나타내기

02
유사
동영상
다음은 어느 영화의 상영 시간표입니다. 물음에 답하시오.

영화 상영 시간표

시작 시각	끝난 시각
오전 10시	오후 12시
오후 1시	오후 3시
오후 4시	
오후 7시	

(1) 위 표의 빈 곳을 알맞게 채우시오.

(2) 영화 상영 시간표에서 시작 시각을 □(시), 끝난 시각을 △(시)라 할 때, □와 △ 사이의 대응 관계를 식으로 나타내어 보시오.

식 _____

유사 》 표시된 문제의 유사 문제가 제공됩니다.
동영상 표시된 문제의 동영상 특강을 볼 수 있어요.
QR 코드를 찍어 보세요.

서술형 | 이어 붙인 색 테이프의 길이 구하기

03 한 장의 길이가 5 cm인 색 테이프를 다음과 같이 1 cm씩 겹치게 이어 붙이고 있습니다. 색 테이프가 7번 겹쳐졌다면 이어 붙여 만든 색 테이프의 전체 길이는 몇 cm인지 풀이 과정을 쓰고 답을 구하시오.

유사
동영상

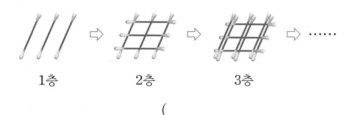

(   )

풀이

도형에서의 규칙 찾기

04 영수가 면봉을 사용하여 다음과 같은 방법으로 탑을 만들려고 합니다. 영수가 10층탑을 만들려면 면봉을 몇 개 사용해야 합니까?

유사

1층   2층   3층   ……

(   )

생활에서의 대응 관계 알아보기   창의·융합

05 연수네 모둠 학생들이 피자를 만들고 있습니다. 피자 한 판을 만드는 데 밀가루가 300 g씩 필요하다고 합니다. 밀가루 6 kg으로 피자를 몇 판 만들 수 있습니까?

유사

① 도우를
만듭니다.

② 소스를
바릅니다.

③ 토핑을
올립니다.

④ 숙성시킵
니다.

(   )

3

규칙과 대응

06 영수가 체육시간에 윗몸일으키기를 다음 표와 같은 규칙
유사 으로 했다면 영수가 10분 동안 한 윗몸일으키기 횟수는 몇
회인지 풀이 과정을 쓰고 답을 구하시오.

시간(분)	1	2	3	4
횟수(회)	6	12	18	24

(   )

풀이

성냥개비를 이용한 도형에서 규칙 찾기

07 성냥개비로 다음과 같이 오각형을 만들려고 합니다. 오각
유사 형을 9개 만들려면 성냥개비는 몇 개 필요합니까?
동영상

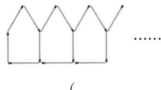

……

(   )

두 양 사이의 대응 관계 알아보기   창의·융합

08 미라가 천재 문구점에서 연필을 사려고 합니다. 10000원
유사 으로 연필을 몇 자루까지 살 수 있습니까?

〈천재 문구점〉
−연필 대박 할인 행사−

천재 문구점에서는 1자루에
500원 하는 연필을 4자루씩
한 묶음으로 묶어서 한 묶음
에 1800원에 팝니다.

*연필을 낱개로는 팔지 않습니다.

(   )

• 정답은 25쪽

유사 표시된 문제의 유사 문제가 제공됩니다.
동영상 표시된 문제의 동영상 특강을 볼 수 있어요.
QR 코드를 찍어 보세요.

두 수 사이의 대응 규칙 찾기

09 마법 상자에 수를 넣으면 다음과 같이 수가 바뀌어서 나온
유사 다고 합니다. 이 상자에 60을 넣으면 얼마가 나오겠습니까?

(   )

서술형 두 양 사이의 관계 알아보기

10 길이가 63 cm인 리본과 길이가 49 cm인 리본이 1개씩
유사 있습니다. 한 도막의 길이가 7 cm가 되도록 리본을 모두
동영상 자르려고 합니다. 모두 몇 회 잘라야 하는지 풀이 과정을
쓰고 답을 구하시오. (다만, 리본을 겹치거나 접어서 자르
지 않습니다.)

(   )

풀이

표를 이용하여 대응 관계 알아보기

11 ○=15일 때, △+☆은 얼마입니까?
유사
동영상

○	5	6	7	8	9	10
△	45	54	63	72	81	90
☆	21	22	23	24	25	26

(   )

3

규칙과 대응

창의사고력

12 다음은 세계 여러 나라들의 같은 시간대 시각입니다. 영국 런던을 기준으로 (+)표시가 있는 곳은 런던 시각에 시간을 더하면 되고, (−)표시가 있는 곳은 런던 시각에서 시간을 빼면 됩니다. 런던이 오후 7시일 때, 뉴욕의 시각을 구하시오.

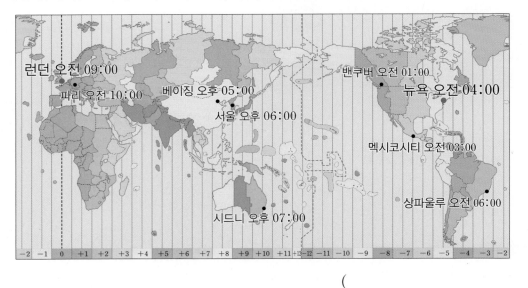

(   )

창의사고력

13 다음과 같이 바둑돌을 놓고 있습니다. 10번째에는 어떤 색 바둑돌이 몇 개 놓이는지 차례로 구하시오.

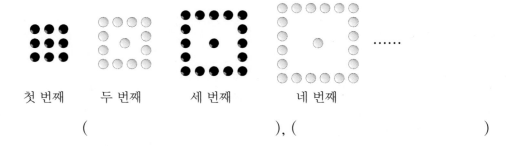

첫 번째   두 번째   세 번째   네 번째

(   ), (   )

· 정답은 27쪽

01 닭의 수와 다리의 수 사이의 대응 관계를 나타낸 표를 완성하시오.

닭의 수(마리)	1	2	3	4	5
다리의 수(개)	2				

02 표를 보고 □와 △ 사이의 대응 관계를 써 보시오.

□	2	3	4	5	6
△	4	5	6	7	8

_____

[03~04] 나무 막대를 다음과 같이 자르고 있을 때 나무 막대를 자른 횟수와 나무 막대 도막의 수 사이의 대응 관계를 알아보시오.

03 표를 완성하시오.

나무 막대를 자른 횟수(회)	1	2	3	4	5
나무 막대 도막의 수(개)	2				

04 나무 막대가 15도막이 되려면 나무 막대를 몇 회 잘라야 합니까?

(   )

05 두 수 사이의 대응 관계를 식으로 나타낸 것을 찾아 선으로 이어 보시오.

○	2	3	4
☆	7	8	9

○	6	7	8
☆	12	14	16

·   · ○×2=☆

·   · ○+5=☆

·   · ○÷3=☆

창의·융합

06 다음 표를 보고 잘못 말한 사람의 이름을 쓰시오.

○	3	4	5	6	7
△	9	10	11	12	13
□	18	24	30	36	42

경식: △는 ○보다 6 큽니다.
다빈: □는 ○의 6배입니다.
성우: □는 △의 2배입니다.

(   )

서술형

07 상자 한 개에 야구공이 12개씩 들어 있습니다. 상자가 10개이면 야구공은 몇 개인지 풀이 과정을 쓰고 답을 구하시오.

풀이 _____

_____

답 _____

08 규칙을 찾아 □ 안에 알맞은 수를 써넣으시오.

2	→	7	6	→	11
10	→	15	9	→	14
12	→		25	→	

09 이쑤시개를 사용하여 다음과 같은 방법으로 탑을 만들려고 합니다. 만든 탑의 층수를 ○, 이쑤시개의 수를 □라고 할 때 ○와 □ 사이의 대응 관계를 식으로 나타내어 보시오.

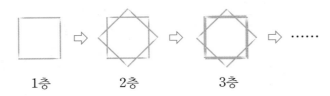

1층   2층   3층

식 _____

10 다음과 같이 똑같은 사람이라도 지구에서 잰 몸무게와 달에서 잰 몸무게는 서로 다릅니다. 지구에서 잰 몸무게를 □, 달에서 잰 몸무게를 △라 할 때 □와 △ 사이의 대응 관계를 식으로 나타내어 보시오.

	A 사람	B 사람
지구에서의 몸무게	60 kg	48 kg
달에서의 몸무게	10 kg	8 kg

식 _____

11 표를 보고 ○와 △ 사이의 대응 관계를 2개의 식으로 나타내어 보시오.

○	6	7	8	9	10
△	12	14	16	18	20

식 _____

12 45장의 색종이를 윤미와 진호가 모두 나누어 가졌습니다. 윤미가 ☆장, 진호가 □장 가졌다고 할 때, ☆과 □ 사이의 대응 관계를 식으로 나타내어 보시오.

식 _____

13 ○와 △ 사이의 대응 관계를 식으로 나타내고, ○＝20일 때 △를 구하시오.

○	9	10	11	12	13
△	36	40	44	48	52

식 _____

답 _____

14 다음과 같이 바둑돌을 놓고 있습니다. 15번째에 놓을 바둑돌은 몇 개인지 구하시오.

첫 번째   두 번째   세 번째

(   )

· 정답은 27쪽

15 △와 □ 사이의 대응 관계가 △×3=□가 되는 예를 2가지 쓰시오.

16 다음과 같이 성냥개비로 정삼각형을 만들려고 합니다. 정삼각형을 12개 만들려면 성냥개비는 몇 개 필요합니까?

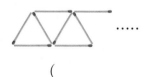

( )

17 다음 사진과 같이 전철 의자 1줄에는 7명이 앉을 수 있습니다. 전철 한 칸에는 이 의자가 6줄 있고, 전철 한 대는 10칸입니다. 전철 한 대에서 의자에 앉을 수 있는 사람은 모두 몇 명입니까?

( )

18 식탁과 의자를 다음과 같이 놓으려고 합니다. 40명이 앉으려면 식탁은 모두 몇 개 필요합니까?

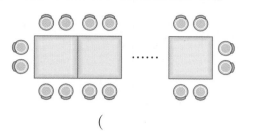

( )

19 현지와 선희가 수 알아맞히기 놀이를 하고 있습니다. 규칙을 찾아 빈 곳에 알맞은 수를 구하시오.

현지가 말한 수	27	10	11	14	43
선희가 답한 수	18	2	4	10	

( )

20 다음과 같이 바둑돌을 한 번에 한 개씩 놓고 있습니다. 100번째에 놓을 바둑돌은 무슨 색입니까?

( )

음악 속에 분수가 숨어 있다!

피타고라스는 어느 날 대장간 옆을 지나다가 네 명의 대장장이가 망치질을 하는 소리를 듣게 됩니다. 그런데 망치질 소리가 아름답게 어우러졌습니다. 잘 어우러진 화음 같은 소리, 망치에서 어떻게 그런 소리가 났을까요?

피타고라스는 사람의 손 위에 올려진 물체의 무게를 수치로 나타낼 수 있듯이 사람의 귀에 전해지는 소리도 수치로 나타낼 수 있을 것이라고 생각했습니다. 대장장이의 망치와 그 소리를 연구하던 피타고라스는 공기의 진동에 의해 소리가 발생한다는 사실을 알고, 소리와 진동수의 관계를 찾기 위해 노력했습니다. 그리하여 진동수가 많을수록 높은 소리가 난다는 사실을 알게 되었지요.

망치의 소리가 잘 어우러졌던 것은 망치의 무게 관계를 분수로 나타내면 분자와 분모가 모두 작은 수로 약분이 되기 때문이었습니다.

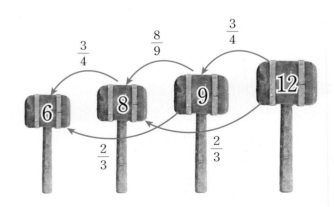

위와 같이 무게 6, 8로 분수를 만들면 $\dfrac{6}{8} = \dfrac{3}{4}$으로 약분하여 간단히 나타낼 수 있습니다.

이미 배운 내용	이번에 배울 내용	앞으로 배울 내용
[4-2 분수의 덧셈과 뺄셈] · 분모가 같은 분수의 크기 비교하기 **[5-1 약수와 배수]** · 약수와 배수 알아보기	· 크기가 같은 분수 알아보기 · 분수를 간단하게 나타내기 · 분모가 같은 분수로 나타내기 · 분모가 다른 분수의 크기 비교하기 · 분수와 소수의 크기 비교하기	**[5-1 분수의 덧셈과 뺄셈]** · 분수의 덧셈과 뺄셈 **[5-2 분수의 곱셈]** · 분수의 곱셈

피타고라스의 생각에 따라 각 음의 진동수를 알아보니 다음과 같았습니다. 이렇게 수로 나타내면 두 음이 어울리는 수인지 아닌지를 알 수 있게 되지요.

각 음의 진동수

음	도	레	미	파	솔	라	시
진동수	264	297	330	352	396	440	495

두 진동수를 분수로 나타내고 약분했을 때, 분자와 분모에 있는 수가 작을수록 잘 어울리게 되는 수입니다.

도와 미 ⇨ $\dfrac{264}{330}=\dfrac{4}{5}$ 도와 솔 ⇨ $\dfrac{264}{396}=\dfrac{2}{3}$ 도와 레 ⇨ $\dfrac{264}{297}=\dfrac{8}{9}$ 레와 미 ⇨ $\dfrac{297}{330}=\dfrac{9}{10}$

도와 미, 도와 솔은 분자와 분모가 모두 작은 수로 약분이 됩니다. 그래서 두 음이 함께 연주되었을 때 아름답게 들리지요. 하지만 도와 레, 레와 미는 분자와 분모에 있는 수가 크네요. 그래서 실제로 연주했을 때 위의 음들보다는 잘 어울리지 않는 것처럼 들립니다.

프렛

$\dfrac{3}{4}$

$\dfrac{2}{3}$

$\dfrac{1}{2}$

기타나 바이올린 등의 현악기도 마찬가지로 진동수를 이용하여 소리를 내는데, 그중 기타는 기타줄을 튕겨 소리를 냅니다. 기타줄 길이의 $\dfrac{1}{2}$, $\dfrac{2}{3}$, $\dfrac{3}{4}$ 등이 되는 부분에 있는 프렛(fret)을 손으로 눌러서 튕기는 기타줄의 길이를 조절하여 서로 다른 음을 내는 것이지요.

음악과 수학이 이렇게 밀접한 관련이 있다니 놀랍지 않나요?
여러분도 생활 속의 수학을 한번 찾아보세요!

크기가 같은 분수

❶

$\dfrac{1}{3}$

$\dfrac{2}{6}$

$\dfrac{1}{3}$과 $\dfrac{2}{6}$는 크기가 (같은 , 다른) 분수입니다.

❷

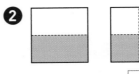 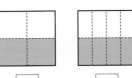

$\dfrac{1}{2}$ $=$ $\dfrac{\square}{4}$ $=$ $\dfrac{\square}{8}$

❸ 분모와 분자에 각각 같은 수를 곱하면 크기가 같은 분수가 됩니다. (○ , ×)

❹ 분모와 분자를 각각 0이 아닌 같은 수로 나누면 크기가 같은 분수가 됩니다. (○ , ×)

❺ 크기가 같은 분수 만들기

$\dfrac{1}{3} = \dfrac{1 \times 2}{3 \times \square} = \dfrac{2}{\square}$　　$\dfrac{9}{12} = \dfrac{9 \div \square}{12 \div \square} = \dfrac{3}{\square}$

분수를 간단하게 나타내기

❶ 분모와 분자를 (공약수 , 공배수)로 나누어 간단히 하는 것을 약분한다고 합니다.

❷ $\dfrac{9}{18}$ 약분하기

18과 9의 공약수를 구하면 1, 3, $\square$ 입니다.

⇨ $\dfrac{9}{18} = \dfrac{9 \div 3}{18 \div 3} = \dfrac{3}{6}$, $\dfrac{9}{18} = \dfrac{9 \div \square}{18 \div 9} = \dfrac{\square}{2}$

❸ 분모와 분자의 공약수가 1뿐인 분수를 (기약분수 , 단위분수)라고 합니다.

❹ $\dfrac{24}{30}$ 를 기약분수로 나타내면 ($\dfrac{3}{4}$, $\dfrac{4}{5}$)입니다.

정답

같은

2, 4

×

○

2, 6 / 3, 3, 4

공약수

9, 9, 1

기약분수

$\dfrac{4}{5}$

생각의 방향

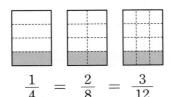

$\dfrac{1}{4}$ $=$ $\dfrac{2}{8}$ $=$ $\dfrac{3}{12}$

분모와 분자에 각각 0을 곱하면 모두 0이 되므로 0이 아닌 같은 수를 곱해야 합니다.

분자에 ▲를 곱하면 분모에도 ▲를 곱해야 크기가 같은 분수가 됩니다.

분모와 분자를 똑같은 수로 나눌 때는 분모와 분자의 공통된 약수로 나눕니다.

단위분수는 분자가 1인 분수입니다.

기약분수로 나타내려면 분모와 분자를 두 수의 최대공약수로 각각 나눕니다.

분모가 같은 분수로 나타내기

❶ $\dfrac{1}{2}=\dfrac{2}{4}=\dfrac{3}{6}=\dfrac{4}{8}=\dfrac{5}{10}=\dfrac{6}{12}=\cdots\cdots$

$\dfrac{2}{3}=\dfrac{4}{6}=\dfrac{6}{9}=\dfrac{8}{12}=\dfrac{10}{15}=\dfrac{12}{18}=\cdots\cdots$

⇨ 분모가 같은 분수끼리 짝지으면

$\left(\dfrac{3}{6},\ \dfrac{\square}{6}\right),\left(\dfrac{6}{12},\ \dfrac{\square}{\square}\right)\cdots\cdots$ 입니다 .

❷ 분수의 분모를 같게 하는 것을
(약분한다 , 통분한다)고 합니다.

❸ 통분한 분모를 공통분모라고 합니다. (○ , ×)

❹ $\dfrac{3}{4}$ 과 $\dfrac{1}{6}$ 을 두 분모의 곱을 공통분모로 하여 통분하기

⇨ $\dfrac{3}{4}=\dfrac{3\times6}{4\times6}=\dfrac{\square}{24}$, $\dfrac{1}{6}=\dfrac{1\times\square}{6\times4}=\dfrac{\square}{\square}$

❺ $\dfrac{3}{4}$ 과 $\dfrac{1}{6}$ 을 두 분모의 최소공배수를 공통분모로 하여
통분하기

⇨ $\dfrac{3}{4}=\dfrac{3\times3}{4\times3}=\dfrac{\square}{12}$, $\dfrac{1}{6}=\dfrac{1\times\square}{6\times2}=\dfrac{\square}{\square}$

분수의 크기 비교하기

❶ 분모가 다른 두 분수의 크기를 비교하려면 분수를
(약분 , 통분)한 후 분자의 크기를 비교합니다.

❷ $\dfrac{2}{3}$ 와 $\dfrac{3}{4}$ 의 크기 비교

$\left(\dfrac{2}{3},\dfrac{3}{4}\right)\Rightarrow\left(\dfrac{8}{12},\dfrac{\square}{12}\right)\Rightarrow\dfrac{2}{3}\bigcirc\dfrac{3}{4}$

분수와 소수의 크기 비교하기

❶ $\dfrac{2}{5}$ 와 0.5 중 더 큰 수는 $\dfrac{2}{5}$ 입니다. (○ , ×)

❷ $0.6\ \bigcirc\ \dfrac{1}{2}$

정답

$4,\ \dfrac{8}{12}$

통분한다

○

$18,4,\ \dfrac{4}{24}$

$9,2,\ \dfrac{2}{12}$

통분

$9,<$

×

>

생각의 방향

크기가 같은 분수를 만들어 분모가 같은 분수를 찾을 수 있습니다.

두 분수의 공통분모는 두 분모의 공배수입니다.

$\left(\dfrac{\bigstar}{\blacksquare},\dfrac{\bullet}{\blacktriangle}\right)$ 을 두 분모의 곱을 공통분모로 하여 통분하면

$\left(\dfrac{\bigstar\times\blacktriangle}{\blacksquare\times\blacktriangle},\dfrac{\bullet\times\blacksquare}{\blacktriangle\times\blacksquare}\right)$ 입니다.

두 분모의 최소공배수를 공통분모로 하여 통분하면 분모, 분자가 작아서 계산이 편리합니다.

분수를 통분하면 분자가 클수록 더 큰 분수입니다.

분수와 소수의 크기를 비교할 때에는 분수를 소수로 나타내거나 소수를 분수로 나타내어 크기를 비교합니다.

4

약분과 통분

비법 **1** 크기가 같은 분수 만들기

- $\dfrac{\blacktriangle}{\blacksquare}$와 크기가 같은 분수 중 분모와 분자의 합이 ★인 분수 구하기

  ⇨ ★를 (■＋▲)로 나눈 몫을 분모, 분자에 각각 곱합니다.

  예) $\dfrac{1}{2}$과 크기가 같은 분수 중 분모와 분자의 합이 15인 분수

  ⇨ $15 \div (1+2) = 5$ 이므로 $\dfrac{1}{2} = \dfrac{1 \times 5}{2 \times 5} = \dfrac{5}{10}$

비법 **2** 약분할 수 있는 수 구하기

약분할 수 있는 수	⇨	분모와 분자의 공약수	＝	분모와 분자의 최대공약수의 약수

예) $\dfrac{8}{20}$을 약분할 수 있는 수: 2, 4

⇨ 20과 8의 최대공약수는 4이므로 4의 약수인 1, 2, 4로 분모와 분자를 나눌 수 있습니다.

$$\begin{array}{r} 2\,)\underline{20 \quad 8} \\ 2\,)\underline{10 \quad 4} \\ 5 \quad 2 \end{array} \Rightarrow \text{최대공약수: } 2 \times 2 = 4$$

비법 **3** 기약분수 구하기

- 한번에 기약분수로 나타내기

  분모와 분자를 두 수의 최대공약수로 나누면 한번에 기약분수로 나타낼 수 있습니다.

  예) 40과 16의 최대공약수: 8 ⇨ $\dfrac{16}{40} = \dfrac{16 \div 8}{40 \div 8} = \dfrac{2}{5}$

- 분모가 ●인 진분수 중에서 기약분수 구하기

분모가 6인 진분수 중에서 기약분수 구하기	
① 분모가 6인 진분수를 구합니다.	⇨ $\dfrac{1}{6}, \dfrac{2}{6}, \dfrac{3}{6}, \dfrac{4}{6}, \dfrac{5}{6}$
② 분모 6과 공약수가 1뿐인 분자를 찾습니다.	⇨ 분자가 6의 약수가 아닌 분수 (분자가 1인 분수는 항상 기약분수입니다.)
③ 기약분수를 씁니다.	⇨ $\dfrac{1}{6}, \dfrac{5}{6}$

교과서 개념

- 크기가 같은 분수 만들기

  (1) 분모와 분자에 각각 0이 아닌 같은 수를 곱하면 크기가 같은 분수가 됩니다.

  $$\dfrac{1}{2} \overset{\times 2}{\underset{\times 2}{=}} \dfrac{2}{4} \overset{\times 3}{\underset{\times 3}{=}} \dfrac{3}{6} \overset{\times 4}{\underset{\times 4}{=}} \dfrac{4}{8}$$

  (2) 분모와 분자를 각각 0이 아닌 같은 수로 나누면 크기가 같은 분수가 됩니다.

  $$\dfrac{12}{18} \overset{\div 2}{\underset{\div 2}{=}} \dfrac{6}{9} \overset{\div 3}{\underset{\div 3}{=}} \dfrac{4}{6} \overset{\div 6}{\underset{\div 6}{=}} \dfrac{2}{3}$$

- 분수를 간단하게 나타내기

  (1) 분모와 분자를 공약수로 나누어 간단히 하는 것을 약분한다고 합니다.

  (2) 분모와 분자의 공약수가 1뿐인 분수를 기약분수라고 합니다.

  > $\dfrac{12}{18}$를 약분하여
  > 기약분수로 나타내기

  ① 12와 18의 공약수: 1, 2, 3, 6
  ② 약분하기

  $$\dfrac{12}{18} = \dfrac{12 \div 2}{18 \div 2} = \dfrac{6}{9}$$

  $$\dfrac{12}{18} = \dfrac{12 \div 3}{18 \div 3} = \dfrac{4}{6}$$

  $$\dfrac{12}{18} = \dfrac{12 \div 6}{18 \div 6} = \dfrac{2}{3}$$

  ③ 기약분수로 나타내기

  $\dfrac{2}{3}$는 분모와 분자의 공약수가 1뿐이므로 기약분수입니다.

공통분모가 될 수 있는 수 구하기

공통분모가 될 수 있는 수 ▷ 두 분모의 공배수 = 두 분모의 최소공배수의 배수

예 $\dfrac{5}{6}$와 $\dfrac{4}{15}$를 통분할 때 공통분모가 될 수 있는 수 중 가장 큰 두 자리 수 구하기

⇨ 두 분모 6과 15의 최소공배수: 30

30의 배수: 30, 60, ⑨⓪, 120……

따라서 공통분모가 될 수 있는 수 중 가장 큰 두 자리 수는 90입니다.

비법 4 **분수의 크기를 비교하는 여러 가지 방법**

• $\dfrac{5}{7}$, $\dfrac{3}{10}$, $\dfrac{3}{14}$의 크기 비교하기

방법 1 세 분수를 한꺼번에 통분하여 크기를 비교합니다.

세 분모 7, 10, 14의 최소공배수: 70

$\left(\dfrac{5}{7}, \dfrac{3}{10}, \dfrac{3}{14} \right) ⇨ \left(\dfrac{50}{70}, \dfrac{21}{70}, \dfrac{15}{70} \right) ⇨ \dfrac{50}{70} > \dfrac{21}{70} > \dfrac{15}{70}$

따라서 $\dfrac{5}{7} > \dfrac{3}{10} > \dfrac{3}{14}$입니다.

방법 2 $\dfrac{1}{2}$과 크기를 비교하거나 분자를 같게 하여 크기를 비교합니다.

① 분자가 같을 때는 분모가 작을수록 큰 분수입니다.

$\left(\dfrac{3}{10}, \dfrac{3}{14} \right) ⇨ \dfrac{3}{10} > \dfrac{3}{14}$

② (분자)×2>(분모)이면 $\dfrac{1}{2}$보다 큰 분수이고,

(분자)×2<(분모)이면 $\dfrac{1}{2}$보다 작은 분수입니다.

$\dfrac{5}{7} ⇨ 5 \times 2 > 7 ⇨ \dfrac{5}{7} > \dfrac{1}{2}$

$\dfrac{3}{10} ⇨ 3 \times 2 < 10 ⇨ \dfrac{3}{10} < \dfrac{1}{2}$

$\left(\dfrac{5}{7}, \dfrac{3}{10} \right) ⇨ \dfrac{5}{7} > \dfrac{3}{10}$

따라서 $\dfrac{5}{7} > \dfrac{3}{10} > \dfrac{3}{14}$입니다.

교과서 개념

• **통분 알아보기**

(1) 분수의 분모를 같게 하는 것을 통분한다고 합니다.

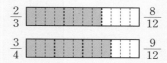

$\dfrac{2}{3}$와 $\dfrac{3}{4}$을 통분하기

① 그림을 이용하여 분모를 같게 만들기

$\dfrac{2}{3}$ ▭▭▭▭▭▭▭▭ $\dfrac{8}{12}$

$\dfrac{3}{4}$ ▭▭▭▭▭▭▭▭ $\dfrac{9}{12}$

② 분모와 분자에 각각 같은 수를 곱해 분모를 같게 만들기

$\dfrac{2}{3} = \dfrac{2 \times 4}{3 \times 4} = \dfrac{8}{12}$

$\dfrac{3}{4} = \dfrac{3 \times 3}{4 \times 3} = \dfrac{9}{12}$

(2) 통분한 분모를 공통분모라고 합니다.

⇨ 두 분모의 곱, 두 분모의 최소공배수를 공통분모로 하여 통분하는 방법이 있습니다.

• **분수의 크기 비교**

(1) 분모가 다른 두 분수의 크기 비교

⇨ 두 분수를 통분하여 분모를 같게 한 다음 분자의 크기를 비교합니다.

(2) 분모가 다른 세 분수의 크기 비교

⇨ 두 분수씩 통분하여 차례대로 크기를 비교합니다.

• **분수와 소수의 크기 비교**

(1) 분수를 소수로 나타내어 소수끼리 비교하기

$\dfrac{3}{5} = \dfrac{6}{10} = 0.6$ ⟩ $\dfrac{3}{5}$ ⟩ 0.3

(2) 소수를 분수로 나타내어 분수끼리 비교하기

$\dfrac{3}{5} = \dfrac{6}{10}$ ⟩ $\dfrac{3}{5}$ ⟩ 0.3 ⟨ $0.3 = \dfrac{3}{10}$

4 약분과 통분

1 크기가 같은 분수 알아보기

- 분모와 분자에 각각 0이 아닌 같은 수를 곱하면 크기가 같은 분수가 됩니다.
- 분모와 분자를 각각 0이 아닌 같은 수로 나누면 크기가 같은 분수가 됩니다.

1-1 분수만큼 색칠해 보고 서로 크기가 같은 분수에 ◯ 표 하시오.

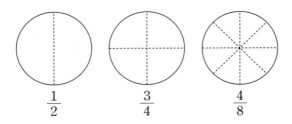

$$\frac{1}{2} \qquad \frac{3}{4} \qquad \frac{4}{8}$$

1-2 □ 안에 알맞은 수를 써넣으시오.

(1) $\dfrac{3}{7} = \dfrac{\square}{21}$

(2) $\dfrac{5}{8} = \dfrac{20}{\square}$

(3) $\dfrac{10}{25} = \dfrac{2}{\square}$

(4) $\dfrac{24}{42} = \dfrac{\square}{7}$

1-3 $\dfrac{3}{4}$과 크기가 같은 분수를 모두 찾아 ◯표 하시오.

$$\frac{4}{5} \qquad \frac{6}{8} \qquad \frac{9}{12} \qquad \frac{12}{15}$$

1-4 크기가 같은 분수끼리 짝지어진 것이 <u>아닌</u> 것을 찾아 기호를 쓰시오.

$\bigcirc \left(\dfrac{4}{9}, \dfrac{12}{27} \right)$ $\bigcirc \left(\dfrac{21}{42}, \dfrac{1}{2} \right)$

$\bigcirc \left(\dfrac{6}{7}, \dfrac{24}{35} \right)$ $\bigcirc \left(\dfrac{35}{40}, \dfrac{7}{8} \right)$

(   )

서술형

1-5 대화를 읽고 같은 방법으로 크기가 같은 분수를 만든 두 사람을 쓰고 어떤 방법으로 만들었는지 써 보시오.

다연: $\dfrac{2}{6}$와 크기가 같은 분수에는 $\dfrac{1}{3}$이 있어.

정국: $\dfrac{4}{12}$와 크기가 같은 분수에는 $\dfrac{12}{36}$가 있어.

윤아: $\dfrac{8}{10}$과 크기가 같은 분수에는 $\dfrac{4}{5}$가 있어.

답 _____

방법 _____

_____

_____

1-6 $\dfrac{5}{9}$와 크기가 같고 분모가 두 자리 수인 분수는 모두 몇 개입니까?

(   )

2 분수를 간단하게 나타내기

• 약분한다: 분모와 분자를 공약수로 나누어 간단히 하는 것
• 기약분수: 분모와 분자의 공약수가 1뿐인 분수

2-1 ▮보기▮와 같이 $\frac{12}{16}$를 약분하시오.

▮보기▮

$$\frac{\overset{2}{\cancel{4}}}{\underset{9}{\cancel{18}}} = \frac{2}{9}$$

$$\frac{\overset{3}{\cancel{12}}}{\underset{\square}{\cancel{16}}} = \frac{\square}{\square}$$

2-2 $\frac{54}{72}$를 약분하려고 합니다. 분모와 분자를 나눌 수 없는 수는 어느 것입니까? ················ (   )

① 2   ② 3   ③ 8
④ 9   ⑤ 18

2-3 약분한 분수를 모두 써 보시오.

$$\boxed{\frac{6}{24}} \Rightarrow \underline{\hspace{4cm}}$$

2-4 분모가 30인 진분수 중에서 약분하면 $\frac{4}{5}$가 되는 것을 써 보시오.

(   )

2-5 ▮보기▮와 같이 기약분수로 나타내시오.

▮보기▮

$\frac{12}{42}$ ⇨ 12와 42의 최대공약수: 6

⇨ $\frac{12}{42} = \frac{12 \div 6}{42 \div 6} = \frac{2}{7}$

$\frac{18}{45}$ ⇨

⇨

2-6 기약분수는 모두 몇 개입니까?

$$\frac{5}{15} \qquad \frac{5}{9} \qquad \frac{7}{10} \qquad \frac{12}{24} \qquad \frac{13}{40}$$

(   )

창의·융합

2-7 평행사변형 모양인 물건에 적힌 수를 분모로 하는 진분수 중에서 기약분수를 모두 쓰시오.

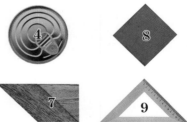

(   )

• 기약분수를 구할 때는 분모와 분자를 두 수의 최대공약수로 나눕니다.
• 기약분수를 찾을 때는 분모와 분자의 공약수가 1뿐인 분수를 찾습니다.

3 분모가 같은 분수로 나타내기

• 통분한다: 분수의 분모를 같게 하는 것
• 공통분모: 통분한 분모

3-1 주어진 공통분모로 통분해 보시오.

(1) $\left(\dfrac{2}{3}, \dfrac{3}{4}\right) \Rightarrow \left(\dfrac{\boxed{}}{24}, \dfrac{\boxed{}}{24}\right)$

(2) $\left(\dfrac{7}{18}, \dfrac{5}{12}\right) \Rightarrow \left(\dfrac{\boxed{}}{36}, \dfrac{\boxed{}}{36}\right)$

3-2 두 분모의 곱을 공통분모로 하여 통분해 보시오.

(1) $\left(\dfrac{3}{4}, \dfrac{5}{6}\right) \Rightarrow ($, $)$

(2) $\left(\dfrac{4}{9}, \dfrac{2}{5}\right) \Rightarrow ($, $)$

3-3 두 분모의 최소공배수를 공통분모로 하여 통분해 보시오.

(1) $\left(\dfrac{9}{10}, \dfrac{2}{15}\right) \Rightarrow ($, $)$

(2) $\left(1\dfrac{3}{8}, 1\dfrac{11}{12}\right) \Rightarrow ($, $)$

3-4 두 분수를 통분한 것을 찾아 선으로 이어 보시오.

$\left(\dfrac{3}{20}, \dfrac{7}{30}\right)$ •   • $\left(\dfrac{15}{45}, \dfrac{12}{45}\right)$

$\left(\dfrac{1}{3}, \dfrac{4}{15}\right)$ •   • $\left(\dfrac{9}{60}, \dfrac{14}{60}\right)$

창의·융합

3-5 다음 글에 있는 두 분수를 공통분모가 될 수 있는 수 중 가장 작은 수로 통분해 보시오.

국제축구연맹(FIFA)이 주관하는 2018 러시아 월드컵이 개최되기 전에 어느 방송국에서 예상되는 우승팀을 설문 조사하였습니다. 응답한 사람의 $\dfrac{2}{15}$는 벨기에, $\dfrac{5}{12}$는 프랑스가 우승할 것이라고 예상하였습니다. 결국 우승컵은 프랑스가 가져 갔습니다.

(   )

서술형

3-6 $\dfrac{1}{4}$과 $\dfrac{3}{14}$을 통분하려고 할 때 공통분모가 될 수 있는 수 중 100보다 작은 수를 모두 구하려고 합니다. 풀이 과정을 쓰고 답을 구하시오.

풀이 _____

_____

_____

답 _____

4 분수의 크기 비교하기

두 분수를 통분하여 분모를 같게 한 다음 분자의 크기를 비교합니다.

4-1 분수의 크기를 비교하여 ○ 안에 >, =, <를 알맞게 써넣으시오.

(1) $\dfrac{5}{7} \bigcirc \dfrac{7}{9}$ (2) $\dfrac{5}{12} \bigcirc \dfrac{3}{8}$

4-2 $\dfrac{3}{10}$, $\dfrac{1}{4}$, $\dfrac{2}{5}$의 크기를 비교하여 ○ 안에 $>$, $=$, $<$를 알맞게 써넣고 세 분수를 큰 분수부터 차례로 쓰시오.

$$\dfrac{3}{10} \bigcirc \dfrac{1}{4},\ \dfrac{1}{4} \bigcirc \dfrac{2}{5},\ \dfrac{3}{10} \bigcirc \dfrac{2}{5}$$

(   )

4-3 두 분수의 크기를 비교하여 더 큰 분수를 위쪽의 빈 곳에 알맞게 써넣으시오.

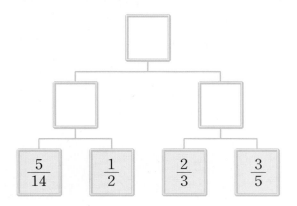

서술형

4-4 주하네 집에서 서점까지는 $\dfrac{11}{12}$ km, 시청까지는 $\dfrac{8}{9}$ km입니다. 서점과 시청 중 주하네 집에서 더 먼 곳은 어디인지 풀이 과정을 쓰고 답을 구하시오.

풀이 _____

_____

_____

답 _____

4-5 가장 큰 분수에 ○표, 가장 작은 분수에 △표 하시오.

$$\dfrac{4}{5} \qquad \dfrac{10}{11} \qquad \dfrac{5}{7}$$

4

약분과 통분

5 분수와 소수의 크기 비교하기

· $\dfrac{4}{5}$와 0.5의 크기 비교

$$\dfrac{4}{5}=\dfrac{8}{10}=0.8 \rangle \quad \dfrac{4}{5} \bigobj{>} 0.5$$

$$\dfrac{4}{5}=\dfrac{8}{10} \rangle \quad \dfrac{4}{5} \bigobj{>} 0.5 \langle\ 0.5=\dfrac{5}{10}$$

5-1 두 수의 크기를 비교하여 ○ 안에 $>$, $=$, $<$를 알맞게 써넣으시오.

(1) $\dfrac{1}{4} \bigcirc 0.3$ (2) $0.7 \bigcirc \dfrac{13}{20}$

(3) $0.19 \bigcirc \dfrac{1}{5}$ (4) $1\dfrac{3}{4} \bigcirc 1.68$

5-2 분수와 소수의 크기를 비교하여 가장 큰 수와 가장 작은 수를 차례로 써 보시오.

$$\dfrac{7}{10},\ 0.3,\ \dfrac{3}{5},\ 1.2$$

(   )

· 분자가 분모보다 1 작은 분수는 분모가 클수록 큽니다. 예 $\dfrac{3}{4}<\dfrac{4}{5},\ \dfrac{14}{15}>\dfrac{12}{13}$

· 통분하여 분모를 같게 하기 힘들 때에는 분자를 같게 합니다. 분자가 같을 때에는 분모가 작을수록 더 큰 분수입니다. 예 $\dfrac{10}{77}>\dfrac{10}{88},\ \dfrac{100}{121}<\dfrac{100}{111}$

응용 1 조건에 맞는 크기가 같은 분수 구하기

❶ $\frac{3}{4}$과 크기가 같은 분수/ 중에서 ❷ 분모와 분자의 합/이 ❸ 28인 분수를 구하시오.

(   )

해결의 법칙

❶ $\frac{3}{4}$과 크기가 같은 분수들을 구해 봅니다.

❷ ❶의 분수들의 분모와 분자의 합을 구해 봅니다.

❸ 분모와 분자의 합이 28인 분수를 찾아 봅니다.

예제 **1 - 1** $\frac{1}{3}$과 크기가 같은 분수 중에서 분모와 분자의 합이 24가 되는 분수를 구하시오.

(   )

예제 **1 - 2** $\frac{5}{7}$와 크기가 같은 분수 중에서 분모와 분자의 차가 10인 분수를 구하시오.

(   )

예제 **1 - 3** ■와 ▲는 서로 다른 수입니다. ■와 ▲가 다음 조건을 만족할 때 ■−▲의 값을 구하시오.

$$\frac{▲}{■}=\frac{4}{5} \qquad ■+▲=81$$

(   )

응용 2 분모가 ★인 진분수 중에서 기약분수 구하기

❶ 분모가 10인 진분수/ 중에서 ❷ 기약분수/는 ❸ 모두 몇 개인지 구하시오.

( )

해결의 법칙

❶ 분모가 10인 진분수를 구해 봅니다.

❷ 분모 10과 공약수가 1뿐인 분자를 구해 봅니다.

❸ 분모가 10인 진분수 중에서 기약분수를 쓰고, 그 개수를 구해 봅니다.

4

약분과 통분

예제 2-1 분모가 9인 진분수 중에서 기약분수는 모두 몇 개인지 구하시오.

( )

예제 2-2 분모가 8인 진분수 중에서 기약분수가 아닌 수는 몇 개인지 구하시오.

( )

예제 2-3 분모가 3보다 크고 6보다 작은 진분수 중에서 기약분수가 아닌 수를 구하시오.

( )

응용 3 공통분모를 구하여 통분하기

두 분수를 ❷분모가 150과 200 사이의 수/가 되도록 ❸통분해 보시오.

❶
$$\frac{11}{20} \qquad \frac{7}{15}$$

(   )

❶ 두 분모의 최소공배수를 구해 봅니다.

❷ 공통분모가 될 수 있는 수 중 150과 200 사이의 수는 얼마인지 구해 봅니다.

❸ 분모가 ❷에서 구한 수가 되도록 통분해 봅니다.

예제 3-1 두 분수를 분모가 200과 250 사이의 수가 되도록 통분해 보시오.

$$\frac{5}{24} \qquad \frac{7}{18}$$

(   )

예제 3-2 두 사람의 대화를 읽고 물음에 답하시오.

수현: 오늘 분수를 통분하는 방법을 배웠어요.

어머니: 그럼 $\frac{7}{8}$, $\frac{11}{20}$을 공통분모가 130에 가장 가까운 수가 되도록 통분해 볼래?

(   )

응용4 세 분수의 크기 비교 활용하기

제자리 멀리뛰기 기록이 ❶현수는 $1\frac{1}{8}$ m, 태진이는 $1\frac{3}{10}$ m, 훈정이는 $1\frac{5}{16}$ m 입니다. ❷세 사람 중 가장 멀리 뛴 사람은 누구인지 쓰시오.

(   )

❶ 두 사람씩 누가 더 멀리 뛰었는지 비교해 봅니다.

❷ 세 사람 중 가장 멀리 뛴 사람은 누구인지 비교해 봅니다.

4

약분과 통분

예제 4-1 호식이는 여러 가지 방법으로 멀리 뛰기를 해 보았습니다. 가장 멀리 뛴 방법은 무엇인지 기호를 쓰시오.

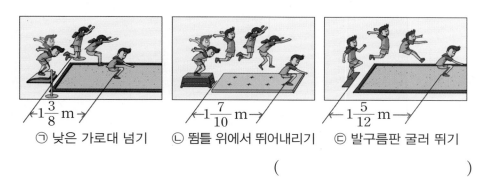

$\leftarrow 1\frac{3}{8}$ m $\rightarrow$ $\leftarrow 1\frac{7}{10}$ m $\rightarrow$ $\leftarrow 1\frac{5}{12}$ m $\rightarrow$

㉠ 낮은 가로대 넘기   ㉡ 뜀틀 위에서 뛰어내리기   ㉢ 발구름판 굴러 뛰기

(   )

예제 4-2 소연, 지성, 민호는 똑같은 크기의 피자를 1판씩 샀습니다. 소연이는 전체의 $\frac{7}{8}$을, 지성이는 전체의 $\frac{5}{6}$를, 민호는 전체의 $\frac{3}{4}$을 먹었습니다. 피자를 많이 먹은 사람부터 차례로 쓰시오.

(   )

응용 5 □ 안에 들어갈 수 있는 자연수 구하기

❷ 1부터 9까지의 자연수 중에서 □ 안에 들어갈 수 있는 수를 모두 구하시오.

❶
$$\frac{11}{16} > \frac{\square}{4}$$

( )

해결의 법칙
❶ $\frac{11}{16}$과 $\frac{\square}{4}$를 통분합니다.
❷ 분자의 크기를 비교하여 □ 안에 들어갈 수 있는 수를 구합니다.

예제 **5 - 1**   1부터 9까지의 자연수 중에서 □ 안에 들어갈 수 있는 수를 모두 구하시오.

$$\frac{14}{15} > \frac{\square}{6}$$

( )

예제 **5 - 2**   □ 안에 들어갈 수 있는 자연수는 모두 몇 개입니까?

$$\frac{1}{2} < \frac{\square}{8} < \frac{7}{10}$$

( )

응용 6 수 카드로 만든 분수를 소수로 나타내기

❶3장의 수 카드 중에서 2장을 뽑아 진분수를 만들려고 합니다. / ❷만들 수 있는 진분수 중 가장 작은 분수/를 ❸소수로 나타내어 보시오.

1   4   8

(   )

❶ 만들 수 있는 진분수를 모두 써 봅니다.

❷ 만든 진분수의 크기를 비교합니다.

❸ 가장 작은 진분수를 소수로 나타냅니다.

4 약분과 통분

예제 6-1 3장의 수 카드 중에서 2장을 뽑아 진분수를 만들려고 합니다. 만들 수 있는 진분수 중 가장 큰 분수를 소수로 나타내어 보시오.

3   4   5

(   )

예제 6-2 3장의 수 카드 중에서 2장을 뽑아 진분수를 만들려고 합니다. 만들 수 있는 진분수 중 $\frac{1}{2}$보다 큰 분수를 소수로 나타내어 보시오.

2   5   8

(   )

응용 **7** 거꾸로 생각하여 어떤 분수 구하기

어떤 분수의 ❷분자에 5를 더한 다음/ ❶분모와 분자를 각각 3으로 나누어 약분하였더니 $\frac{6}{7}$이 되었습니다. / ❸어떤 분수를 구하시오.

(   )

 ❶ 약분하기 전의 분수를 구해 봅니다.

❷ ❶에서 구한 분수에서 분자에 5를 더하기 전의 분수를 구해 봅니다.

❸ 어떤 분수를 씁니다.

예제 **7**-1   어떤 분수의 분자에서 4를 뺀 다음 분모와 분자를 각각 7로 나누어 약분하였더니 $\frac{5}{8}$가 되었습니다. 어떤 분수를 구하시오.

(   )

예제 **7**-2   어떤 분수의 분모에 7을 더한 다음 분모와 분자를 각각 6으로 나누어 약분하였더니 $\frac{2}{9}$가 되었습니다. 어떤 분수를 구하시오.

(   )

예제 **7**-3   어떤 분수의 분모에 3을 더하고, 분자에서 5를 뺀 다음 분모와 분자를 각각 4로 나누어 약분하였더니 $\frac{2}{5}$가 되었습니다. 어떤 분수를 구하시오.

(   )

응용 8 두 소수 사이의 분수 구하기

❸다음 조건을 모두 만족하는 분수를 모두 써 보시오.

> ❶· 0.25보다 크고 0.375보다 작은 분수입니다.
> ❷· 분모가 24입니다.

(   )

해결의 법칙

❶ 소수를 기약분수로 나타내 봅니다.

❷ 24를 공통분모로 하여 두 기약분수를 통분해 봅니다.

❸ 두 분수 사이에 분모가 24인 분수를 모두 구해 봅니다.

예제 8-1

다음 조건을 모두 만족하는 분수는 몇 개입니까?

> · 0.24보다 크고 0.52보다 작은 분수입니다.
> · 분모가 25입니다.

(   )

예제 8-2

다음 조건을 모두 만족하는 분수를 모두 써 보시오.

> · 0.5보다 크고 0.8보다 작은 분수입니다.
> · 분모가 20입니다.
> · 기약분수입니다.

(   )

4

약분과 통분

크기가 같은 분수 알아보기

01
유사

$\frac{36}{42}$과 크기가 같은 분수 중 분모가 7보다 크고 30보다 작은 분수를 모두 구하시오.

(   )

분모가 같은 분수로 나타내기

창의·융합

02
유사

다음과 같은 부품을 사용하여 회로도에 맞게 전기 회로를 만들고, 스위치를 눌러 전구가 켜져 있는 시간을 조사한 것입니다. 세 분수를 통분하면 왼쪽부터 $\frac{25}{60}$시간, $\frac{36}{60}$시간, $\frac{56}{60}$시간일 때 ㉠, ㉡, ㉢에 알맞은 수를 구하시오.

전기 부품의 기호와 뜻

―|―	전지	―•⁄	스위치
―	전선	―◯―	전구

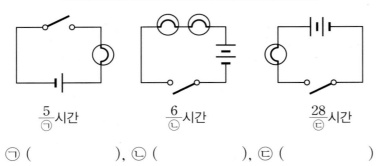

$\frac{5}{㉠}$시간 $\frac{6}{㉡}$시간 $\frac{28}{㉢}$시간

㉠ (   ), ㉡ (   ), ㉢ (   )

분모가 같은 분수로 나타내기

03
유사

$\frac{4}{9}$와 $\frac{7}{12}$을 통분하려고 합니다. 공통분모가 될 수 있는 수 중에서 200보다 작은 수는 모두 몇 개입니까?

(   )

· 정답은 35쪽

크기가 같은 분수 알아보기 　　　　　　　　창의·융합

04 유사

1을 똑같은 크기로 각각 나눈 막대를 분수 막대라고 합니다. 다음 분수 막대에서 $\frac{1}{3}$과 크기가 같은 분수는 $\frac{2}{6}$, $\frac{4}{12}$ 입니다. 같은 방법으로 분수 막대에서 $\frac{9}{12}$와 크기가 같은 분수를 찾아 모두 써 보시오.

$\frac{1}{12}$	$\frac{1}{12}$	$\frac{1}{12}$	$\frac{1}{12}$	$\frac{1}{12}$	$\frac{1}{12}$	$\frac{1}{12}$	$\frac{1}{12}$	$\frac{1}{12}$	$\frac{1}{12}$	$\frac{1}{12}$	$\frac{1}{12}$
$\frac{1}{10}$	$\frac{1}{10}$	$\frac{1}{10}$	$\frac{1}{10}$	$\frac{1}{10}$	$\frac{1}{10}$	$\frac{1}{10}$	$\frac{1}{10}$	$\frac{1}{10}$	$\frac{1}{10}$
$\frac{1}{8}$	$\frac{1}{8}$	$\frac{1}{8}$	$\frac{1}{8}$	$\frac{1}{8}$	$\frac{1}{8}$	$\frac{1}{8}$	$\frac{1}{8}$
$\frac{1}{6}$	$\frac{1}{6}$	$\frac{1}{6}$	$\frac{1}{6}$	$\frac{1}{6}$	$\frac{1}{6}$
$\frac{1}{4}$	$\frac{1}{4}$	$\frac{1}{4}$	$\frac{1}{4}$
$\frac{1}{3}$	$\frac{1}{3}$	$\frac{1}{3}$
$\frac{1}{2}$	$\frac{1}{2}$
1

(　　　　　　　　)

서술형　분수와 소수의 크기 비교하기

05 유사 동영상

다음 수를 작은 수부터 차례로 기호를 쓰려고 합니다. 풀이 과정을 쓰고 답을 구하시오.

㉠ 1.375　　㉡ $1\frac{6}{20}$

㉢ 1.5　　㉣ $1\frac{3}{4}$

(　　　　　　　　)

풀이

분수를 간단하게 나타내기

06 유사

기약분수는 모두 몇 개입니까?

$\frac{1}{25}$, $\frac{2}{25}$ …… $\frac{23}{25}$, $\frac{24}{25}$

(　　　　　　　　)

서술형 | 크기가 같은 분수 알아보기

07 $\frac{9}{14}$의 분모에 42를 더했을 때, 분수의 크기가 변하지 않으려면 분자에 얼마를 더해야 하는지 풀이 과정을 쓰고 답을 구하시오.

유사
동영상

(   )

풀이

분수와 소수의 크기 비교하기

08 ┃보기┃ 중에서 수직선에 나타내었을 때 기약분수 ㉠보다 오른쪽에 있는 소수를 모두 찾아 쓰시오.

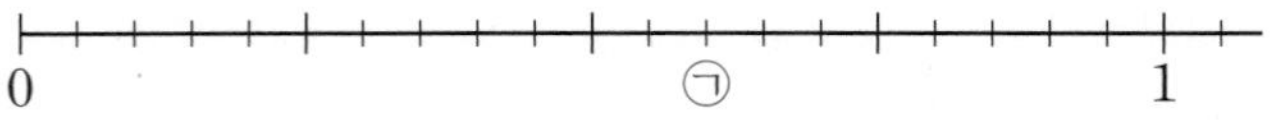

유사

```
├──┼──┼──┼──┼──┼──┼──┼──┼──┼──┤
0                    ㉠                    1
```

┃보기┃
0.5   0.55   0.6   0.65   0.7

(   )

분수의 크기 비교하기

09 4장의 수 카드 중에서 2장을 뽑아 진분수를 만들었을 때 $\frac{1}{2}$보다 큰 진분수를 모두 몇 개 만들 수 있습니까?

유사
동영상

| 2 | | 5 | | 7 | | 8 |

(   )

유사 표시된 문제의 유사 문제가 제공됩니다.
동영상 표시된 문제의 동영상 특강을 볼 수 있어요.
QR 코드를 찍어 보세요.

분모가 같은 분수로 나타내기

10 분모가 다른 두 진분수를 가장 작은 수를 공통분모로 하여
유사 통분한 것입니다. □ 안에 들어갈 수 있는 자연수를 모두
동영상 구하시오.

$$\left(\frac{3}{4}, \frac{5}{\blacktriangle}\right) \Rightarrow \left(\frac{9}{12}, \frac{\square}{12}\right)$$

( )

4 약분과 통분

크기가 같은 분수 알아보기

11 ■는 같은 수입니다. ■에 알맞은 수를 구하시오.
유사
동영상

$$\frac{\blacksquare - 6}{\blacksquare + 6} = \frac{4}{7}$$

( )

서술형 분수의 크기 비교하기

12 □ 안에 들어갈 수 있는 자연수 중에서 가장 작은 수를 구
유사 하는 풀이 과정을 쓰고 답을 구하시오.
동영상

$$\frac{8}{11} > \frac{5}{\square}$$

( )

풀이

13 직사각형은 $\dfrac{(짧은\ 변의\ 길이)}{(긴\ 변의\ 길이)}$ 를 기약분수로 나타낸 값이 $\dfrac{8}{13}$ 이 될 때 가장 아름답게 보인다고 합니다. 그래서 오랜 옛날부터 건축가, 화가, 조각가들은 방이나 신전, 제단, 창문, 그 외 사각형 물건의 길이에 이 방식을 적용해 왔답니다. 다음 직사각형 모양의 종이를 $\dfrac{(세로)}{(가로)} = \dfrac{8}{13}$ 이 되도록 잘랐습니다. 가로가 65 cm일 때 세로는 몇 cm인지 구하시오.

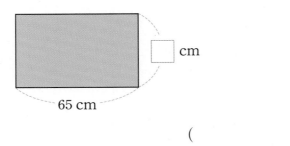

$$\Box\ \text{cm}$$

65 cm

( )

14 다음 식을 만족하는 세 자연수 ㉮, ㉯, ㉰를 구하려고 합니다. ㉮, ㉯, ㉰가 모두 42의 약수일 때 ㉮, ㉯, ㉰가 될 수 있는 경우는 모두 몇 가지입니까? (단, ㉮ > ㉯ > ㉰입니다.)

$$\frac{1}{㉮} + \frac{1}{㉯} + \frac{1}{㉰} = \frac{5}{7}$$

( )

4. 약분과 통분

· 정답은 37쪽

01 □ 안에 알맞은 수를 써넣으시오.

$$\frac{2}{7} = \frac{4}{\boxed{}} = \frac{\boxed{}}{21} = \frac{8}{\boxed{}}$$

02 기약분수로 나타내시오.

$$\boxed{\frac{35}{65}} \Rightarrow ()$$

[03~04] 두 수의 크기를 비교하여 ○ 안에 >, =, < 를 알맞게 써넣으시오.

03 $\frac{5}{9}$ ○ $\frac{7}{10}$

04 0.3 ○ $\frac{2}{5}$

05 $\frac{12}{48}$ 를 약분하려고 할 때 분모와 분자를 나눌 수 <u>없</u>는 수는 어느 것입니까? .... (　　)

① 2 　　② 3 　　③ 4
④ 5 　　⑤ 6

06 왼쪽의 분수와 크기가 같은 분수를 모두 찾아 ○표 하시오.

$$\boxed{\frac{3}{7}} \Rightarrow \boxed{\begin{array}{cccc} \dfrac{15}{35} & \dfrac{9}{14} & \dfrac{12}{21} & \dfrac{18}{42} \end{array}}$$

4

약분과 통분

창의·융합

07 두 퇴적암의 성질을 설명한 것입니다. ○표 한 두 분수를 가장 작은 수를 공통분모로 하여 통분하시오.

역암

· 알갱이의 크기가 $\boxed{\frac{1}{5}}$ cm 이상임.

· 자갈, 모래, 진흙 등이 굳어져서 만들어짐.

이암

· 알갱이의 크기가 $\boxed{\frac{1}{160}}$ cm 이하임.

· 진흙이나 갯벌의 흙과 같이 알갱이의 크기가 매우 작은 것이 굳어져서 만들어짐.

(　　　　　　　　　　　)

서술형

08 $\frac{5}{8}$ 와 $\frac{2}{3}$ 를 50에 가장 가까운 수를 공통분모로 하여 통분하려고 합니다. 풀이 과정을 쓰고 답을 구하시오.

풀이 _____

_____

_____

답 _____

09 글에 나타난 두 수 중 더 큰 수를 찾아 쓰시오.

> — 소중한 물 —
>
> 지구와 지구의 생물은 물이 많은 부분을 차지하고 있습니다. 지구 표면의 $\frac{3}{4}$ 정도는 물이 덮고 있고, 사람의 몸은 0.7 정도가 물로 이루어져 있습니다.
>
>

( )

10 분수 중에서 기약분수가 <u>아닌</u> 것을 찾아 ○표 하고 기약분수로 나타내시오.

> $$\frac{3}{7} \qquad \frac{10}{13} \qquad \frac{15}{18} \qquad \frac{11}{24}$$

( )

창의·융합

11 네 악보의 일부분입니다. 박자의 크기가 큰 것부터 차례로 기호를 쓰시오.

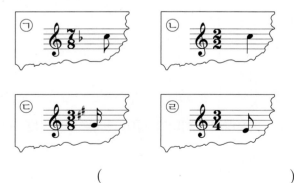

( )

12 승연이가 달리기를 한 거리는 어제가 $2\frac{2}{3}$ km, 오늘이 $2\frac{8}{13}$ km였습니다. 어제와 오늘 중 승연이가 달리기를 더 많이 한 날은 언제입니까?

( )

13 어떤 두 기약분수를 통분하였더니 다음과 같았습니다. 통분하기 전의 두 분수를 구하시오.

> $$2\frac{10}{15}, \quad 4\frac{9}{15}$$

( )

14 $\frac{36}{54}$에 대해 설명한 것입니다. 바르게 말한 사람의 이름을 쓰시오.

> 동준: $\frac{36}{54}$을 약분하여 만들 수 있는 분수는 셀 수 없이 많아.
>
> 수민: $\frac{36}{54}$을 약분한 분수 중 크기가 가장 작은 것은 $\frac{2}{3}$야.
>
> 지석: $\frac{36}{54}$과 $\frac{4}{6}$는 크기가 같아.

( )

서술형

15 분모가 12인 진분수 중에서 기약분수는 모두 몇 개인지 풀이 과정을 쓰고 답을 구하시오.

풀이 _____

_____

_____

답 _____

16 분수와 소수의 크기를 비교하여 작은 수부터 차례로 써 보시오.

$$1\frac{3}{20} \qquad 0.8 \qquad 1\frac{1}{4} \qquad 1.2$$

( )

17 어떤 분수의 분모에서 5를 빼고, 분자에 5를 더한다음 분모와 분자를 각각 4로 나누어 약분하였더니 $\frac{3}{4}$이 되었습니다. 어떤 분수를 구해 보시오.

( )

18 세 사람의 키를 재었더니 현영이는 $1\frac{8}{20}$ m, 지환이는 $1\frac{10}{18}$ m, 성진이는 $1\frac{9}{15}$ m입니다. 키가 가장 작은 사람의 키는 몇 m인지 기약분수로 나타내시오.

( )

서술형

19 $\frac{3}{5}$과 크기가 같은 분수 중에서 분모와 분자의 합이 30보다 크고 50보다 작은 분수는 모두 몇 개인지 풀이 과정을 쓰고 답을 구하시오.

풀이 _____

_____

_____

답 _____

20 □ 안에 들어갈 수 있는 자연수 중 가장 큰 수를 구하시오.

$$\frac{12}{25} > \frac{\square}{10}$$

( )

5 분수의 덧셈과 뺄셈

분수가 언제 생겨났는지 들어 본 적이 있나요?

분수는 지금으로부터 약 3000년 전 고대 이집트에서 처음 생겨난 것으로 알려져 있어요. 나일 강을 중심으로 문명이 발달했던 고대 이집트에서 분수를 사용했던 흔적들이 발견되었기 때문이에요. 고대 이집트 사람들이 사용했던 분수의 모습은 다음과 같이 지금의 분수와는 달랐어요.

〈고대 이집트 분수〉

$$\frac{1}{2} \quad \frac{1}{3} \quad \frac{1}{4} \quad \frac{1}{5} \quad \frac{1}{6} \quad \frac{1}{7} \quad \frac{1}{8} \quad \frac{1}{9} \quad \frac{1}{10} \quad \frac{2}{3}$$

위 분수들을 보면 $\frac{2}{3}$를 제외하고는 모두 분자가 1인 단위분수인데요. 고대 이집트에서는 분수를 물건을 나누는 개념으로 사용했기 때문에 단위분수를 사용한 것으로 알려져 있어요.

이미 배운 내용	이번에 **배울 내용**	앞으로 배울 내용
[4-2 분수의 덧셈과 뺄셈] · 분모가 같은 분수의 덧셈 · 분모가 같은 분수의 뺄셈 **[5-1 약분과 통분]** · 약분, 통분하기	· 분모가 다른 진분수의 덧셈 · 분모가 다른 대분수의 덧셈 · 분모가 다른 진분수의 뺄셈 · 분모가 다른 대분수의 뺄셈	**[5-2 분수의 곱셈]** · 분수의 곱셈

한편, 이집트 분수와 관련된 이집트 신화에는 호루스의 눈이라는 것이 있어요. 호루스의 눈은 모두 여섯 부분으로 되어 있는데 각각의 부분은 다음과 같은 상징과 단위분수를 나타낸다고 해요.

▲ 호루스의 눈

$$\frac{1}{2} \qquad \frac{1}{4} \qquad \frac{1}{8} \qquad \frac{1}{16} \qquad \frac{1}{32} \qquad \frac{1}{64}$$

후각   시각   생각   청각   미각   촉각

호루스의 눈이 나타내는 6개의 단위분수를 모두 더하면 $\frac{63}{64}$이 되는데 호루스의 눈 전체가 1이라고 했을 때 부족한 $\frac{1}{64}$은 신화 속 지혜의 신인 토트의 능력으로 채워진다고 이집트 사람들은 믿었다고 해요.

고대 이집트 분수의 이야기에 대해서 알아보았어요.
지금부터 본격적으로 분수의 덧셈과 뺄셈에 대해서 알아보러 갈까요?

진분수의 덧셈

	정답	생각의 방향

❶ 분모가 다른 진분수의 덧셈은 통분한 다음 분자는 그대로 두고, 분모끼리만 더합니다. (○ , ×)

정답: ×

> 분모가 같은 두 분수의 덧셈은 분모는 그대로 두고 분자끼리만 계산합니다.

❷ $\dfrac{2}{3}+\dfrac{1}{6}=\dfrac{2\times6}{3\times6}+\dfrac{1\times3}{6\times3}=\dfrac{12}{18}+\dfrac{3}{18}=\dfrac{15}{18}=\dfrac{5}{6}$

⇨ 두 분모의 (곱 , 최소공배수)을/를 공통분모로 하여 통분한 후 계산했습니다.

정답: 곱

> 분모끼리 곱하면 공통분모를 구하기 쉽습니다.

❸ $\dfrac{2}{3}+\dfrac{1}{6}=\dfrac{2\times2}{3\times2}+\dfrac{1}{6}=\dfrac{4}{6}+\dfrac{1}{6}=\dfrac{5}{6}$

⇨ 두 분모의 (곱 , 최소공배수)을/를 공통분모로 하여 통분한 후 계산했습니다.

정답: 최소공배수

> 두 분모의 최소공배수를 공통분모로 하면 통분한 후에 계산이 간단해집니다.

❹ $\dfrac{1}{2}+\dfrac{3}{4}=\dfrac{1\times2}{2\times2}+\dfrac{3}{4}=\dfrac{2}{4}+\dfrac{3}{4}=\dfrac{5}{4}=\dfrac{\square}{4}\dfrac{\square}{4}$

정답: 1, 1

❺ $\dfrac{2}{3}+\dfrac{1}{5}=\dfrac{2\times\square}{3\times5}+\dfrac{1\times\square}{5\times3}=\dfrac{\square}{15}+\dfrac{\square}{15}$

$=\dfrac{\square}{15}$

정답: 5, 3, 10, 3, 13

대분수의 덧셈

❶ $1\dfrac{1}{5}+1\dfrac{1}{2}=1\dfrac{2}{10}+1\dfrac{5}{10}=(1+1)+\left(\dfrac{2}{10}+\dfrac{5}{10}\right)$

$=\square+\dfrac{\square}{10}=\square\dfrac{7}{10}$

정답: 2, 7, 2

> 대분수의 덧셈은 통분한 후 자연수는 자연수끼리, 분수는 분수끼리 더하여 계산합니다.

❷ ❶은 자연수는 자연수끼리, 분수는 분수끼리 계산하는 방법입니다. (○ , ×)

정답: ○

❸ $1\dfrac{3}{5}+1\dfrac{1}{2}=\dfrac{8}{5}+\dfrac{\square}{2}=\dfrac{16}{10}+\dfrac{\square}{10}$

$=\dfrac{\square}{10}=\square\dfrac{\square}{10}$

정답: 3, 15, 31, 3, 1

> 대분수의 덧셈은 대분수를 가분수로 나타낸 후에 통분하여 계산합니다.

❹ ❸은 대분수를 [ ]로 나타내어 계산하는 방법입니다.

정답: 가분수

진분수의 뺄셈

생각의 방향 ↗

정답

❶ $\dfrac{3}{4}-\dfrac{1}{2}=\dfrac{2}{2}=1$ (○ , ×)

×

분모가 다른 진분수의 뺄셈은 통분한 후 분자끼리 뺍니다.

❷ $\dfrac{7}{8}$과 $\dfrac{1}{6}$을 두 분모의 곱을 공통분모로 하여 통분한 후 계산하면

$\dfrac{7}{8}-\dfrac{1}{6}=\dfrac{42}{48}-\dfrac{8}{48}=\dfrac{34}{48}=\dfrac{17}{24}$입니다. (○ , ×)

○

❸ $\dfrac{4}{5}-\dfrac{1}{10}=\dfrac{4\times10}{5\times10}-\dfrac{1\times5}{10\times5}=\dfrac{\boxed{}}{50}-\dfrac{\boxed{}}{50}$

$=\dfrac{\boxed{}}{50}=\dfrac{\boxed{}}{10}$

40, 5, 35, 7

통분할 때는 분모와 분자에 각각 0이 아닌 같은 수를 곱하여 분모가 같게 분수를 만듭니다.

❹ $\dfrac{4}{5}-\dfrac{1}{10}=\dfrac{4\times2}{5\times2}-\dfrac{1}{10}=\dfrac{\boxed{}}{10}-\dfrac{\boxed{}}{10}=\dfrac{\boxed{}}{10}$

8, 1, 7

대분수의 뺄셈

❶ $2\dfrac{2}{3}-1\dfrac{1}{4}$을 자연수는 자연수끼리, 분수는 분수끼리 빼면

$2\dfrac{2}{3}-1\dfrac{1}{4}=2\dfrac{8}{12}-1\dfrac{3}{12}=(2-1)+\left(\dfrac{8}{12}-\dfrac{3}{12}\right)$

$=1+\dfrac{5}{12}=1\dfrac{5}{12}$입니다. (○ , ×)

○

❷ 분수 부분끼리 뺄 수 없는 경우에는 자연수 부분에서 (1 , 2)을 받아내림하여 분수로 고쳐서 계산합니다.

1

1과 크기가 같은 분수

$1=\dfrac{2}{2}=\dfrac{3}{3}=\dfrac{4}{4}=\dfrac{5}{5}=\cdots\cdots$

❸ $3\dfrac{1}{2}-1\dfrac{4}{5}=3\dfrac{5}{10}-1\dfrac{8}{10}=2\dfrac{15}{10}-1\dfrac{8}{10}$

$=(\boxed{}-1)+\left(\dfrac{15}{10}-\dfrac{8}{10}\right)=\boxed{}$

2, $1\dfrac{7}{10}$

❹ $3\dfrac{1}{2}-1\dfrac{4}{5}=\dfrac{7}{2}-\dfrac{9}{5}=\dfrac{\boxed{}}{10}-\dfrac{\boxed{}}{10}$

$=\dfrac{17}{10}=\boxed{}$

35, 18, $1\dfrac{7}{10}$

대분수를 가분수로 나타내기

$3\dfrac{1}{2}=3+\dfrac{1}{2}=\dfrac{6}{2}+\dfrac{1}{2}=\dfrac{7}{2}$

$1\dfrac{4}{5}=1+\dfrac{4}{5}=\dfrac{5}{5}+\dfrac{4}{5}=\dfrac{9}{5}$

5

분수의 덧셈과 뺄셈

비법 1 진분수의 덧셈 방법 비교하기

방법	두 분모의 곱을 공통분모로 하여 통분하여 계산하기	두 분모의 최소공배수를 공통분모로 하여 통분하여 계산하기
과정	$\dfrac{1}{4}+\dfrac{5}{6}=\dfrac{1\times6}{4\times6}+\dfrac{5\times4}{6\times4}$ $=\dfrac{6}{24}+\dfrac{20}{24}=\dfrac{26}{24}$ $=1\dfrac{2}{24}=1\dfrac{1}{12}$	$\dfrac{1}{4}+\dfrac{5}{6}=\dfrac{1\times3}{4\times3}+\dfrac{5\times2}{6\times2}$ $=\dfrac{3}{12}+\dfrac{10}{12}=\dfrac{13}{12}$ $=1\dfrac{1}{12}$
장점	분모끼리 곱하면 되므로 공통분모를 구하기 쉽습니다.	분자끼리의 덧셈이 쉽고, 계산한 결과를 약분할 필요가 없거나 간단합니다.
단점	수가 커져서 계산이 복잡하거나 약분을 해야 합니다.	두 분모의 최소공배수를 구하는 과정이 필요합니다.

실수하지 맙시다!

통분을 하지 않고 분모는 분모끼리, 분자는 분자끼리 더하여 계산하는 경우 $\dfrac{1}{3}+\dfrac{1}{2}=\dfrac{1+1}{3+2}=\dfrac{2}{5}$	통분을 할 때 분모에 곱한 수를 분자에도 곱해 주어야 하는데 분자에 곱해 주는 과정을 빠트리거나 다른 수를 곱하는 경우 $\dfrac{1}{3}+\dfrac{1}{2}=\dfrac{1}{3\times2}+\dfrac{1}{2\times3}$ $=\dfrac{1}{6}+\dfrac{1}{6}=\dfrac{2}{6}=\dfrac{1}{3}$

비법 2 분수로 나타낸 시간의 덧셈

• $3\dfrac{4}{5}$ 시간과 25분의 합 구하기

① 몇 분을 몇 시간인지 분수로 나타내기

25분 ⇨ $\dfrac{25}{60}$ 시간 ― ■분은 $\dfrac{■}{60}$ 시간으로 나타낼 수 있습니다.

② $3\dfrac{4}{5}+\dfrac{25}{60}$ 계산하기

$3\dfrac{4}{5}+\dfrac{25}{60}=3\dfrac{48}{60}+\dfrac{25}{60}=3+\dfrac{73}{60}=3+1\dfrac{13}{60}=4\dfrac{13}{60}$ (시간)

⇨ 4시간 13분

교과서 개념

• 분수의 덧셈 (1)

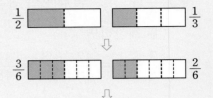

$\dfrac{1}{2}+\dfrac{1}{3}=\dfrac{3}{6}+\dfrac{2}{6}=\dfrac{5}{6}$

두 분수를 통분한 후에 분모는 그대로 쓰고, 분자끼리 더합니다.

• 분수의 덧셈 (2)

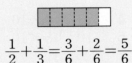

$\dfrac{1}{3}=\dfrac{4}{12}$ $\dfrac{3}{4}=\dfrac{9}{12}$ ⇨ $\dfrac{1}{3}+\dfrac{3}{4}=1\dfrac{1}{12}$

두 분수를 통분하여 계산한 후에 계산 결과가 가분수이면 대분수로 고쳐서 나타냅니다.

• 분수의 덧셈 (3)

$1\dfrac{1}{2}+1\dfrac{2}{3}=1\dfrac{3}{6}+1\dfrac{4}{6}$

$=(1+1)+\left(\dfrac{3}{6}+\dfrac{4}{6}\right)$

$=2+\dfrac{7}{6}=2+1\dfrac{1}{6}=3\dfrac{1}{6}$

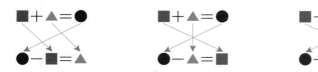

$\blacksquare + \blacktriangle = \bullet$ $\blacksquare + \blacktriangle = \bullet$ $\blacksquare - \blacktriangle = \bullet$

$\bullet - \blacksquare = \blacktriangle$ $\bullet - \blacktriangle = \blacksquare$ $\bullet + \blacktriangle = \blacksquare$

· $\dfrac{1}{4} + \square = \dfrac{3}{5}$

$\Rightarrow \dfrac{3}{5} - \dfrac{1}{4} = \square$

$\square = \dfrac{3}{5} - \dfrac{1}{4} = \dfrac{12}{20} - \dfrac{5}{20}$

$= \dfrac{7}{20}$

· $\square - \dfrac{3}{8} = \dfrac{3}{12}$

$\Rightarrow \dfrac{3}{12} + \dfrac{3}{8} = \square$

$\square = \dfrac{3}{12} + \dfrac{3}{8} = \dfrac{6}{24} + \dfrac{9}{24}$

$= \dfrac{15}{24} = \dfrac{5}{8}$

비법 **4** 수 카드로 만든 분수의 합과 차

· $\boxed{1}$, $\boxed{4}$, $\boxed{9}$ 를 한 번씩 사용하여 만든 가장 큰 대분수와 가장 작은 대분수의 합과 차

① 가장 큰 대분수 ⇨ $9\dfrac{1}{4}$ (진분수, 가장 큰 수), 가장 작은 대분수: $1\dfrac{4}{9}$ (진분수, 가장 작은 수)

② 합: $9\dfrac{1}{4} + 1\dfrac{4}{9} = 9\dfrac{9}{36} + 1\dfrac{16}{36} = (9+1) + \left(\dfrac{9}{36} + \dfrac{16}{36}\right)$

$= 10 + \dfrac{25}{36} = 10\dfrac{25}{36}$

차: $9\dfrac{1}{4} - 1\dfrac{4}{9} = 9\dfrac{9}{36} - 1\dfrac{16}{36} = 8\dfrac{45}{36} - 1\dfrac{16}{36}$

$= (8-1) + \left(\dfrac{45}{36} - \dfrac{16}{36}\right) = 7 + \dfrac{29}{36} = 7\dfrac{29}{36}$

비법 **5** 세 분수의 덧셈과 뺄셈으로 선분의 길이 구하기

· 겹쳐진 부분의 길이 구하기

$\dfrac{4}{9}$ m $\dfrac{2}{3}$ m

가   나   다   라

$\dfrac{4}{5}$ m

(나~다) = (가~다) + (나~라) − (가~라)

$= \dfrac{4}{9} + \dfrac{2}{3} - \dfrac{4}{5} = \dfrac{4}{9} + \dfrac{6}{9} - \dfrac{4}{5}$

$= \dfrac{10}{9} - \dfrac{4}{5} = \dfrac{50}{45} - \dfrac{36}{45} = \dfrac{14}{45}$ (m)

교과서 **개념**

· **분수의 뺄셈 (1)**

$\dfrac{1}{2} - \dfrac{1}{3} = \dfrac{3}{6} - \dfrac{2}{6} = \dfrac{1}{6}$

통분한 후에 분모는 그대로 쓰고, 분자끼리 뺍니다.

· **분수의 뺄셈 (2)**

⑴ 자연수는 자연수끼리, 분수는 분수끼리 계산합니다.

$2\dfrac{7}{10} - 1\dfrac{2}{5}$

$= 2\dfrac{7}{10} - 1\dfrac{4}{10}$

$= (2-1) + \left(\dfrac{7}{10} - \dfrac{4}{10}\right) = 1\dfrac{3}{10}$

⑵ 대분수를 가분수로 나타내어 계산합니다.

$2\dfrac{7}{10} - 1\dfrac{2}{5}$

$= \dfrac{27}{10} - \dfrac{7}{5} = \dfrac{27}{10} - \dfrac{14}{10}$

$= \dfrac{13}{10} = 1\dfrac{3}{10}$

· **분수의 뺄셈 (3)**

⑴ 자연수는 자연수끼리, 분수는 분수끼리 계산합니다. 이때 분수끼리 뺄 수 없을 경우에는 자연수 부분에서 1을 받아내림하여 계산합니다.

$4\dfrac{1}{3} - 1\dfrac{3}{4}$

$= 4\dfrac{4}{12} - 1\dfrac{9}{12} = 3\dfrac{16}{12} - 1\dfrac{9}{12}$

$= (3-1) + \left(\dfrac{16}{12} - \dfrac{9}{12}\right)$

$= 2\dfrac{7}{12}$

⑵ 대분수를 가분수로 나타내어 계산합니다.

$4\dfrac{1}{3} - 1\dfrac{3}{4} = \dfrac{13}{3} - \dfrac{7}{4}$

$= \dfrac{52}{12} - \dfrac{21}{12}$

$= \dfrac{31}{12} = 2\dfrac{7}{12}$

5 분수의 덧셈과 뺄셈

1 받아올림이 없는 진분수의 덧셈하기

$\dfrac{1}{6}+\dfrac{3}{10}$의 계산

방법 1 $\dfrac{1}{6}+\dfrac{3}{10}=\dfrac{10}{60}+\dfrac{18}{60}=\dfrac{28}{60}=\dfrac{7}{15}$

방법 2 $\dfrac{1}{6}+\dfrac{3}{10}=\dfrac{5}{30}+\dfrac{9}{30}=\dfrac{14}{30}=\dfrac{7}{15}$

1-1 ▌보기▐와 같이 계산해 보시오.

┌─ ▌보기▐ ─────────────────────────┐
$\dfrac{2}{9}+\dfrac{1}{3}=\dfrac{2\times3}{9\times3}+\dfrac{1\times9}{3\times9}=\dfrac{6}{27}+\dfrac{9}{27}$
$\qquad\qquad =\dfrac{15}{27}=\dfrac{5}{9}$
└────────────────────────────────┘

$\dfrac{1}{4}+\dfrac{3}{8}=$ _____

1-2 계산을 하시오.

(1) $\dfrac{2}{7}+\dfrac{3}{14}$

(2) $\dfrac{1}{10}+\dfrac{3}{4}$

1-3 계산 결과를 비교하여 ○ 안에 >, =, <를 알맞게 써넣으시오.

$\dfrac{3}{4}+\dfrac{2}{9}$ ○ $\dfrac{11}{12}$

1-4 다음 악보에서 ♩는 $\dfrac{1}{2}$박자, ♪는 $\dfrac{1}{4}$박자를 나타냅니다. □ 안에 있는 두 음표의 박자의 합을 구하시오.

(   )

2 받아올림이 있는 진분수의 덧셈하기

$\dfrac{2}{3}+\dfrac{5}{6}$의 계산

방법 1 $\dfrac{2}{3}+\dfrac{5}{6}=\dfrac{12}{18}+\dfrac{15}{18}=\dfrac{27}{18}=1\dfrac{9}{18}=1\dfrac{1}{2}$

방법 2 $\dfrac{2}{3}+\dfrac{5}{6}=\dfrac{4}{6}+\dfrac{5}{6}=\dfrac{9}{6}=1\dfrac{3}{6}=1\dfrac{1}{2}$

2-1 계산한 값을 찾아 선으로 이어 보시오.

$\boxed{\dfrac{11}{12}+\dfrac{11}{30}}$ ·

$\boxed{\dfrac{7}{10}+\dfrac{5}{6}}$ ·

· $\boxed{1\dfrac{7}{30}}$

· $\boxed{1\dfrac{17}{60}}$

· $\boxed{1\dfrac{8}{15}}$

2-2 빈 곳에 알맞은 수를 써넣으시오.

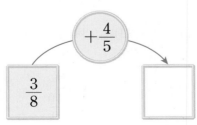

• 정답은 39쪽

2-3 서진이는 김치 부침개를 만들기 위해서 밀가루 $\frac{4}{5}$ kg과 물 $\frac{2}{3}$ kg을 넣고 반죽을 만들었습니다. 만든 부침개 반죽의 무게는 몇 kg입니까?

(   )

2-4 등산로 입구에서부터 약수터를 지나 산 정상까지의 거리는 몇 km입니까?

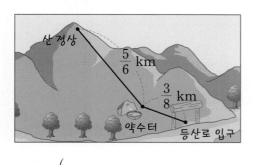

(   )

❸ 대분수의 덧셈하기

$2\frac{3}{4} + 1\frac{4}{5}$의 계산

방법 1 $2\frac{3}{4} + 1\frac{4}{5} = 2\frac{15}{20} + 1\frac{16}{20} = 3 + \frac{31}{20} = 4\frac{11}{20}$

방법 2 $2\frac{3}{4} + 1\frac{4}{5} = \frac{11}{4} + \frac{9}{5} = \frac{55}{20} + \frac{36}{20}$
$= \frac{91}{20} = 4\frac{11}{20}$

3-1 두 분수의 합을 구하시오.

$$2\frac{1}{3}, \quad 1\frac{1}{4}$$

(   )

서술형

3-2 $1\frac{7}{12} + 1\frac{3}{8}$을 2가지 방법으로 계산해 보시오.

방법 1

방법 2

3-3 계산 결과가 더 큰 것의 기호를 쓰시오.

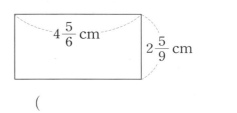
ㄱ $1\frac{2}{9} + 3\frac{4}{5}$ ㄴ $2\frac{3}{4} + 2\frac{7}{12}$

(   )

3-4 직사각형의 가로와 세로의 합은 몇 cm입니까?

(   )

3-5 □ 안에 알맞은 수를 써넣으시오.

$$\square - 2\frac{3}{5} = 1\frac{11}{15}$$

 해결의 창

대분수의 덧셈에서 분수 부분의 합이 가분수이면 대분수로 고친 다음 자연수 부분의 합과 더합니다.

예 $2\frac{3}{4} + 1\frac{4}{5} = 2\frac{15}{20} + 1\frac{16}{20} = (2+1) + (\frac{15}{20} + \frac{16}{20}) = 3 + \frac{31}{20} = 3 + 1\frac{11}{20} = 4\frac{11}{20}$

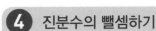

4 진분수의 뺄셈하기

$\dfrac{3}{4}-\dfrac{1}{6}$의 계산

방법 1 $\dfrac{3}{4}-\dfrac{1}{6}=\dfrac{18}{24}-\dfrac{4}{24}=\dfrac{14}{24}=\dfrac{7}{12}$

방법 2 $\dfrac{3}{4}-\dfrac{1}{6}=\dfrac{9}{12}-\dfrac{2}{12}=\dfrac{7}{12}$

4-1 계산을 하시오.

(1) $\dfrac{7}{10}-\dfrac{1}{4}$

(2) $\dfrac{3}{5}-\dfrac{2}{7}$

4-2 □ 안에 알맞은 분수를 써넣으시오.

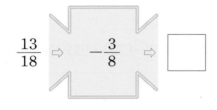

$\dfrac{13}{18}\ \Rightarrow\ -\dfrac{3}{8}\ \Rightarrow\ \boxed{}$

4-3 계산 결과를 비교하여 ○ 안에 >, =, <를 알맞게 써넣으시오.

$$\dfrac{6}{7}-\dfrac{4}{21}\ \bigcirc\ \dfrac{25}{42}-\dfrac{3}{7}$$

5 받아내림이 없는 대분수의 뺄셈하기

$2\dfrac{6}{7}-1\dfrac{2}{5}$의 계산

방법 1 $2\dfrac{6}{7}-1\dfrac{2}{5}=2\dfrac{30}{35}-1\dfrac{14}{35}$

$\qquad\qquad =1+\dfrac{16}{35}=1\dfrac{16}{35}$

방법 2 $2\dfrac{6}{7}-1\dfrac{2}{5}=\dfrac{20}{7}-\dfrac{7}{5}=\dfrac{100}{35}-\dfrac{49}{35}$

$\qquad\qquad =\dfrac{51}{35}=1\dfrac{16}{35}$

5-1 $5\dfrac{8}{15}$보다 $1\dfrac{1}{6}$ 작은 수를 구하시오.

( )

5-2 □ 안에 알맞은 수를 써넣으시오.

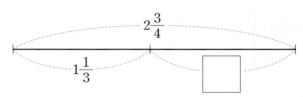

서술형

5-3 영태는 $3\dfrac{5}{14}-1\dfrac{1}{8}$을 다음과 같이 계산했습니다. 잘못 계산한 이유를 쓰고 바른 답을 구하시오.

$$3\dfrac{5}{14}-1\dfrac{1}{8}=(3-1)+\dfrac{5-1}{14-8}$$
$$=2\dfrac{4}{6}=2\dfrac{2}{3}$$

이유 _____

_____

_____

답 _____

창의·융합

5-4 암석과 묽은 염산의 반응을 알아보고 쓴 실험 보고서입니다. 사용하고 남은 묽은 염산이 $3\frac{3}{5}$ mL일 때 사용한 묽은 염산은 몇 mL입니까?

실험 주제	방해석과 묽은 염산의 반응
준비물	방해석 100 g, 샬레, 묽은 염산 $10\frac{17}{20}$ mL, 스포이드
실험 결과	방해석에 묽은 염산을 떨어뜨림. 이산화탄소가 나오는 것을 확인함.

(   )

6 받아내림이 있는 대분수의 뺄셈하기

$4\frac{1}{5}-2\frac{3}{4}$의 계산

방법 1 $4\frac{1}{5}-2\frac{3}{4}=4\frac{4}{20}-2\frac{15}{20}=3\frac{24}{20}-2\frac{15}{20}$

$=1+\frac{9}{20}=1\frac{9}{20}$

방법 2 $4\frac{1}{5}-2\frac{3}{4}=\frac{21}{5}-\frac{11}{4}=\frac{84}{20}-\frac{55}{20}$

$=\frac{29}{20}=1\frac{9}{20}$

6-1 계산을 하시오.

$4\frac{1}{6}-1\frac{2}{7}$ _____

_____

6-2 빈 곳에 알맞은 수를 써넣으시오.

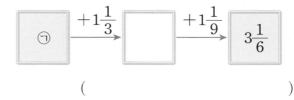

| $4\frac{7}{10}$ | $-2\frac{11}{14}$ | |

6-3 길이가 각각 $4\frac{7}{24}$ m, $6\frac{2}{15}$ m인 색 테이프가 있습니다. 두 색 테이프의 길이의 차는 몇 m입니까?

(   )

6-4 ㉠에 들어갈 수를 구하시오.

$$㉠ \xrightarrow{+1\frac{1}{3}} \square \xrightarrow{+1\frac{1}{9}} 3\frac{1}{6}$$

(   )

서술형

6-5 길이가 $1\frac{1}{3}$ m인 노끈을 $\frac{1}{4}$ m씩 잘라서 2명에게 나누어 주었습니다. 남은 노끈의 길이는 몇 m인지 풀이 과정을 쓰고 답을 구하시오.

풀이 _____

_____

_____

답 _____

5 분수의 덧셈과 뺄셈

해결의 창

통분하여 계산할 때 분모에 곱한 수를 분자에도 곱해 주어야 하는데 이를 빠트려 틀리는 경우가 있으므로 주의해야 합니다.

$\frac{2}{5}-\frac{1}{10}=\cancel{\frac{2}{10}}-\frac{1}{10}=\frac{1}{10}$

$\frac{2}{5}-\frac{1}{10}=\boxed{\frac{4}{10}}-\frac{1}{10}=\frac{3}{10}$

응용 1 분수의 크기를 비교하고 계산하기

❶가장 큰 분수와 두 번째로 큰 분수/의 ❷합을 구하시오.

$$\frac{5}{8} \qquad \frac{3}{5} \qquad \frac{7}{10}$$

( )

해결의 법칙

❶ 분수의 크기를 비교해 봅니다.

❷ 가장 큰 분수와 두 번째로 큰 분수의 합을 구해 봅니다.

예제 1-1 가장 큰 분수와 가장 작은 분수의 차를 구하시오.

$$2\frac{5}{7} \qquad 2\frac{7}{9} \qquad 1\frac{2}{3}$$

( )

예제 1-2 세 사람이 주사위를 던져 나온 눈의 수로 각각 진분수를 만들었습니다. 만든 분수 중 가장 큰 분수와 가장 작은 분수의 차를 구하시오.

진우: ⚃ ⚁   재경: ⚄ ⚅   수민: ⚁ ⚄

( )

• 정답은 41쪽

응용 2 바르게 계산한 값 구하기

❶어떤 수에서 $2\frac{4}{5}$를 빼야 할 것을 잘못하여 더했더니 $8\frac{9}{16}$가 되었습니다./ ❷바르게 계산한 값을 구하시오.

(   )

❶ 어떤 수를 □라 하고 잘못 계산한 식을 만들어 □를 구해 봅니다.
❷ 바른 식을 만들어 계산해 봅니다.

예제 2-1 $3\frac{5}{8}$에서 어떤 수를 빼야 하는데 잘못하여 더했더니 $6\frac{1}{2}$이 되었습니다. 바르게 계산한 값을 구하시오.

(   )

예제 2-2   어떤 수에 $1\frac{8}{15}$을 더해야 할 것을 잘못하여 뺐더니 $3\frac{11}{45}$이 되었습니다. 어떤 수를 구하고 바르게 계산한 값을 구하시오.

어떤 수 (   )
바르게 계산한 값 (   )

예제 2-3   어떤 수에서 $4\frac{3}{7}$을 빼야 할 것을 잘못하여 더했더니 $9\frac{5}{28}$가 되었습니다. 어떤 수를 구하고 바르게 계산한 값을 구하시오.

어떤 수 (   )
바르게 계산한 값 (   )

5

분수의 덧셈과 뺄셈

응용 3 수 카드로 만든 분수의 합과 차

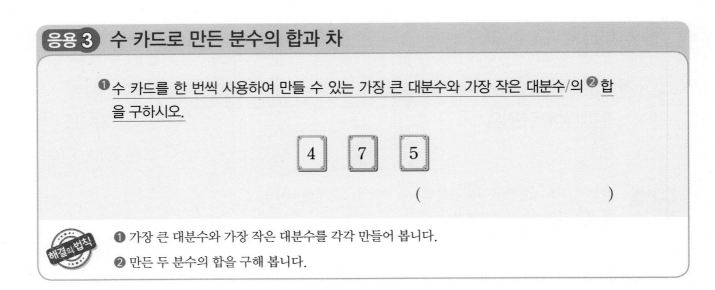

❶ 수 카드를 한 번씩 사용하여 만들 수 있는 가장 큰 대분수와 가장 작은 대분수/의 ❷ 합을 구하시오.

4   7   5

(   )

해결의 법칙
❶ 가장 큰 대분수와 가장 작은 대분수를 각각 만들어 봅니다.
❷ 만든 두 분수의 합을 구해 봅니다.

예제 **3 - 1**   수 카드를 한 번씩 사용하여 만들 수 있는 가장 큰 대분수와 가장 작은 대분수의 차를 구하시오.

3   2   8

(   )

예제 **3 - 2**   수 카드 중에서 2장을 뽑아 진분수를 만들려고 합니다. 만든 두 진분수의 차가 가장 클 때의 값을 구하시오.

4   5   9

(   )

· 정답은 41쪽

응용 4 크기 비교에서 □ 안에 알맞은 수 구하기

❸ □ 안에 들어갈 수 있는 자연수를 모두 구하시오.

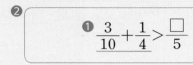

❷ $\dfrac{3}{10} + \dfrac{1}{4} > \dfrac{\square}{5}$

(   )

❶ $\dfrac{3}{10} + \dfrac{1}{4}$을 계산해 봅니다.

❷ ❶에서 구한 분수와 $\dfrac{\square}{5}$를 통분하여 분자의 크기를 비교해 봅니다.

❸ □ 안에 들어갈 수 있는 자연수를 구해 봅니다.

예제 4-1 □ 안에 들어갈 수 있는 자연수 중에서 가장 큰 수를 구하시오.

$$1\dfrac{1}{6} + 2\dfrac{\square}{8} < 3\dfrac{3}{4}$$

(   )

예제 4-2 □ 안에 들어갈 수 있는 자연수는 모두 몇 개입니까?

$$\dfrac{1}{5} - \dfrac{1}{9} < \dfrac{\square}{45} < \dfrac{1}{4} + \dfrac{1}{12}$$

(   )

응용 **5** 전체의 양을 1로 하여 해결하기

❶어떤 일을 하루 동안 제니는 전체의 $\frac{1}{12}$을 할 수 있고, 유진이는 전체의 $\frac{1}{24}$을 할 수 있습니다. 이 일을 두 사람이 함께 한다면 / ❷일을 모두 끝내는 데 며칠이 걸리겠습니까?

(   )

❶ 하루 동안 두 사람이 함께 할 수 있는 일의 양은 전체의 얼마인지 구해 봅니다.

❷ 일을 모두 끝내는 데 며칠이 걸리는지 구해 봅니다.

예제 **5-1** 어떤 일을 하루 동안 다희는 전체의 $\frac{1}{15}$을 할 수 있고, 창진이는 전체의 $\frac{1}{10}$을 할 수 있습니다. 이 일을 두 사람이 함께 한다면 일을 모두 끝내는 데 며칠이 걸리겠습니까?

(   )

예제 **5-2** 리본을 사서 수정이는 전체의 $\frac{1}{9}$을 사용했고, 재민이는 전체의 $\frac{1}{12}$을 사용했습니다. 두 사람이 사용하고 남은 리본의 길이가 87 m라면 처음에 샀던 리본의 길이는 몇 m입니까?

(   )

• 정답은 41쪽

응용 6 분수의 덧셈과 뺄셈의 활용

❶시연이는 $1\frac{1}{3}$시간 동안 독서를 하고, 독서를 한 시간보다 15분 더 많이 피아노를 쳤습니다. / ❷ 시연이가 독서를 하고 피아노를 친 시간/은 모두 ❸ 몇 시간 몇 분입니까?

(   )

❶ 피아노를 친 시간은 몇 시간인지 구해 봅니다.

❷ 독서를 하고 피아노를 친 시간의 합을 구해 봅니다.

❸ 몇 시간 몇 분인지 나타냅니다.

예제 6-1 동욱이네 가족이 바닷가로 여행을 갔습니다. 가는 데에는 $2\frac{1}{6}$시간이 걸렸고, 돌아올 때에는 갈 때보다 30분 더 적게 걸렸습니다. 동욱이네 가족이 바닷가로 가는 데 걸린 시간과 돌아오는 데 걸린 시간은 모두 몇 시간 몇 분입니까?

(   )

예제 6-2 수지는 수학 공부를 $1\frac{2}{5}$시간 동안 한 다음 20분 동안 쉬고 다시 $1\frac{1}{2}$시간 동안 공부를 하였습니다. 수지가 수학 공부를 시작하여 끝날 때까지 걸린 시간은 모두 몇 시간 몇 분입니까?

(   )

응용 **7** 겹쳐진 부분이 있는 길이 구하기

❶ 길이가 각각 $3\frac{8}{15}$ cm인 색 테이프 2장/을 ❷ 겹쳐서 이어 붙였더니 전체 길이가 $6\frac{1}{3}$ cm입니다. 겹쳐진 부분의 길이는 몇 cm입니까?

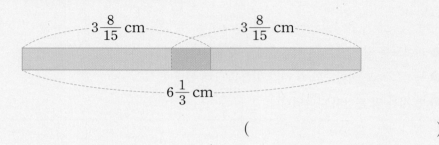

(   )

❶ 색 테이프 2장의 길이의 합을 구해 봅니다.

❷ ❶의 길이에서 겹쳐서 이어 붙인 색 테이프의 길이를 뺍니다.

예제 **7 - 1**   길이가 각각 $5\frac{1}{6}$ cm인 색 테이프 2장을 겹쳐서 이어 붙였더니 전체 길이가 $9\frac{7}{12}$ cm입니다. 겹쳐진 부분의 길이는 몇 cm입니까?

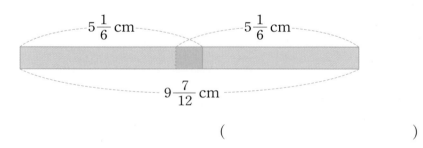

(   )

예제 **7 - 2**   길이가 각각 $2\frac{2}{5}$ cm인 색 테이프 3장을 그림과 같이 $\frac{3}{8}$ cm씩 겹쳐서 이어 붙였습니다. 이어 붙인 색 테이프의 전체 길이는 몇 cm입니까?

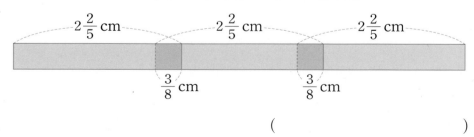

(   )

응용 8 빈 병의 무게 구하기

❶ 물이 가득 들어 있는 그릇의 무게를 재었더니 $1\frac{3}{10}$ kg이었습니다. 물의 반을 덜어낸

다음 무게를 다시 재었더니 $\frac{3}{4}$ kg이었습니다. / ❷ 빈 그릇의 무게는 몇 kg입니까?

(   )

❶ 덜어낸 물의 무게를 구해 봅니다.

❷ 물이 반만 있는 그릇의 무게에서 ❶의 무게를 뺍니다.

예제 8-1   주스가 가득 들어 있는 병의 무게를 재었더니 $2\frac{5}{6}$ kg이었습니다. 민재가 주스의 반을 마셨더니 주스 병의 무게는 $1\frac{13}{18}$ kg이 되었습니다. 빈 병의 무게는 몇 kg입니까?

(   )

예제 8-2   설탕이 가득 들어 있는 병의 무게를 재었더니 $3\frac{7}{9}$ kg이었습니다. 이 설탕의 반을 덜어내고 무게를 다시 재었더니 $2\frac{3}{4}$ kg이었습니다. 처음에 들어 있던 설탕의 무게와 빈 병의 무게를 각각 구하시오.

$3\frac{7}{9}$ kg $2\frac{3}{4}$ kg

설탕의 무게 (   )

빈 병의 무게 (   )

진분수의 덧셈하기

01 창진이는 고슴도치를 키웁니다. 고슴도치는 하루의 $\frac{7}{12}$만
유사 큼은 잠을 자고 $\frac{3}{8}$만큼은 운동을 하고 나머지 시간에는 먹
이를 먹습니다. 고슴도치가 먹이를 먹는 시간은 하루의 몇
분의 몇입니까?

( )

받아내림이 없는 대분수의 뺄셈하기

02 기사를 읽고 파리와 뉴욕 중 시민 1명당 공원의 넓이가 더
유사 넓은 도시는 어디이며, 몇 m² 더 넓은지 구하시오.

녹지 공간은 자연 경관을 보
전하고 공기를 깨끗하게 해
주는 역할을 할 뿐 아니라 시
민들의 휴식 공간이 되기도
한다.

시민 1명당 공원의 넓이는 서울이 $3\frac{1}{5}$ m²로 파리의

$12\frac{1}{2}$ m², 뉴욕의 $20\frac{5}{6}$ m² 등 다른 선진국의 도시에

비해 좁은 편이다.

( ), ( )

받아올림이 있는 진분수의 덧셈하기, 진분수의 뺄셈하기

03 ★은 어떤 분수입니다. 가로와 세로에 있는 세 분수의 합
유사 이 같을 때 ㉠에 알맞은 분수를 구하시오.
동영상

$\frac{1}{6}$	$\frac{7}{8}$	★
		㉠
		$\frac{2}{3}$

( )

유사 표시된 문제의 유사 문제가 제공됩니다.
동영상 표시된 문제의 동영상 특강을 볼 수 있어요.
QR 코드를 찍어 보세요.

서술형 | 대분수의 덧셈하기

04 정문에서 놀이동산으로 가는 길은 동물원을 지나서 가는 방법과 미술관을 지나서 가는 방법이 있습니다. 어느 곳을 지나서 가는 것이 더 가까운지 풀이 과정을 쓰고 답을 구하시오.

유사
동영상

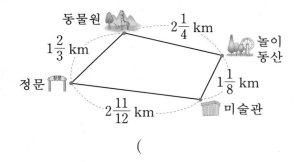

(   )

풀이

대분수의 덧셈하기, 받아내림이 있는 대분수의 뺄셈하기

05 다음 분수 중에서 3개를 골라 오른쪽 식의 □ 안에 알맞게 써넣어 계산 결과가 가장 크게 되는 식을 만들었을 때 그 값을 구하시오.

유사

$$4\frac{2}{3}, \quad 2\frac{5}{6}, \quad 3\frac{11}{18}, \quad 3\frac{8}{15}$$

$$\square+\square-\square$$

(   )

받아내림이 없는 대분수의 뺄셈하기

06 직사각형의 네 변의 길이의 합은 $12\frac{4}{5}$ cm입니다. 가로는 몇 cm입니까?

유사

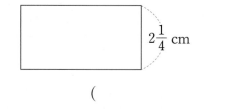

$2\frac{1}{4}$ cm

(   )

5
분수의 덧셈과 뺄셈

서술형 받아내림이 있는 대분수의 뺄셈하기   창의·융합

07 산 위에 올라가면 산 아래에 있을 때보다 시원한 바람이 부는 이유는 산을 50 m 올라갈 때마다 기온이 $\frac{13}{40}$ °C씩 낮아지기 때문입니다. 산 아래의 기온이 $19\frac{2}{5}$ °C일 때, 기온이 $18\frac{17}{40}$ °C인 곳은 산 아래에서 몇 m 올라간 곳인지 풀이 과정을 쓰고 답을 구하시오.

(   )

풀이

받아내림이 있는 대분수의 뺄셈하기   창의·융합

08 우리나라는 2007년부터 길이, 무게 등의 단위를 국제적 기준에 맞는 국제단위계(SI)로 통일하여 나타내기 시작했습니다. 기존에 사용하던 무게 단위 중 근과 관은 다음과 같이 바꾸어 나타낼 수 있습니다.

고기 1근	감자 1관
고기 $\frac{3}{5}$ kg	감자 $3\frac{3}{4}$ kg

고기 7근과 감자 1관의 무게를 각각 국제단위계인 kg으로 나타내면 어느 것이 몇 kg 더 무겁습니까?

(   ), (   )

대분수의 덧셈하기, 받아내림이 없는 대분수의 뺄셈하기

09 주전자에 물이 $2\frac{5}{6}$ L 들어 있습니다. 이 중에서 $1\frac{2}{5}$ L를 사용하고, $\frac{14}{15}$ L를 더 부었습니다. 주전자의 들이가 3 L일 때 주전자에 물을 가득 채우려면 물을 몇 L 더 부어야 합니까?

(   )

유사 표시된 문제의 유사 문제가 제공됩니다.
동영상 표시된 문제의 동영상 특강을 볼 수 있어요.
QR 코드를 찍어 보세요.

받아올림이 없는 진분수의 덧셈하기, 진분수의 뺄셈하기

10 기호 ★에 대하여 다음과 같이 약속을 할 때 $\frac{2}{7}$ ★ $\frac{1}{5}$ 을 계
유사
동영상 산하시오.

가 ★ 나＝가－나＋가

( )

서술형 받아올림이 없는 진분수의 덧셈하기

11 어떤 일을 끝내는 데 주원이 혼자 하면 8일이 걸리고, 채영
유사
동영상 이 혼자 하면 10일이 걸립니다. 어느 날 두 사람이 같이 이
일을 시작하였다면 모두 끝내는 데 적어도 며칠이 걸리는
지 풀이 과정을 쓰고 답을 구하시오.

( )

풀이

받아내림이 있는 대분수의 뺄셈하기

12 우유가 가득 들어 있는 병의 무게를 재어 보니 $2\frac{1}{24}$ kg이
유사
동영상 었습니다. 소연이가 우유의 $\frac{1}{3}$ 을 마셨더니 우유 병의 무

게는 $1\frac{5}{12}$ kg이 되었습니다. 빈 병의 무게는 몇 kg입니까?

( )

5

분수의 덧셈과 뺄셈

창의사고력

13 다음과 같이 $\dfrac{13}{18}$ 을 서로 다른 세 단위분수의 합으로 나타내어 보시오.

> 〈 $\dfrac{5}{6}$ 를 서로 다른 두 단위분수의 합으로 나타내는 방법〉
>
> 분자 5를 분모 6의 약수의 합으로 나타내면 2+3입니다.
>
> $\Rightarrow \dfrac{5}{6} = \dfrac{2+3}{6} = \dfrac{2}{6} + \dfrac{3}{6} = \dfrac{1}{3} + \dfrac{1}{2}$

$\dfrac{13}{18}$ _____

창의사고력

14 고대 그리스의 수학자 디오판토스의 묘비에는 다음과 같은 글이 있습니다. 글을 읽고 디오판토스는 몇 살까지 살았는지 구하시오.

> 디오판토스는 일생의 $\dfrac{1}{6}$ 을 소년으로 보냈고 일생의 $\dfrac{1}{12}$ 을 청년으로 보냈다. 다시 일생의 $\dfrac{1}{7}$ 이 지나서 결혼을 하였으며 결혼한 지 5년 만에 귀한 아들을 얻었다. 그러나 아들은 아버지 일생의 $\dfrac{1}{2}$ 밖에 살지 못했다. 그 후 4년 뒤 아들을 먼저 보내고 슬픔에 빠진 그는 일생을 마쳤다.

(   )

01 계산을 하시오.

(1) $\dfrac{2}{7} + \dfrac{3}{14}$

(2) $\dfrac{3}{4} - \dfrac{1}{10}$

02 대분수를 가분수로 나타내어 계산하시오.

$$6\dfrac{1}{5} - 3\dfrac{1}{3} = \underline{}$$

03 빈 곳에 두 분수의 합을 써넣으시오.

$$\dfrac{5}{6} \qquad \dfrac{7}{9}$$

04 □ 안에 알맞은 분수를 써넣으시오.

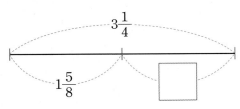

05 계산 결과를 비교하여 ○ 안에 >, =, <를 알맞게 써넣으시오.

$$\dfrac{5}{6} - \dfrac{1}{4} \quad \bigcirc \quad \dfrac{21}{48}$$

06 두 분수의 합과 차를 각각 구하시오.

$$\dfrac{9}{13} \qquad \dfrac{5}{11}$$

합 (   )

차 (   )

07 빈 곳에 알맞은 분수를 써넣으시오.

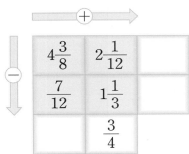

08 과학 만화책을 어제는 전체의 $\dfrac{3}{8}$ 을 읽었고, 오늘은 전체의 $\dfrac{4}{7}$ 를 읽었습니다. 어제와 오늘 읽은 과학 만화책은 전체의 얼마인지 분수로 나타내시오.

(   )

09 공식 축구 골대와 하키 골대의 규격은 다음과 같습니다. 두 골대의 주어진 두 변 중 긴 변의 길이는 어느 것이 몇 m 더 깁니까?

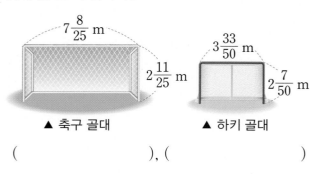

▲ 축구 골대   ▲ 하키 골대

(   ), (   )

10 계산 결과가 1보다 큰 것에 ○표 하시오.

$$\frac{1}{3}+\frac{2}{5} \qquad \frac{3}{4}+\frac{3}{10} \qquad \frac{5}{12}+\frac{1}{6}$$

(   ) (   ) (   )

서술형

11 가장 큰 분수와 가장 작은 분수의 차는 얼마인지 식을 쓰고 답을 구하시오.

$$5\frac{3}{8} \quad 10\frac{2}{5} \quad 9\frac{1}{8} \quad 6\frac{11}{14}$$

식 _____

답 _____

창의·융합

12 처음으로 열린 트라이애슬론 경기에서 수영, 사이클, 달리기를 하는 거리의 합은 몇 km인지 구하시오.

검색 **트라이애슬론 (triathlon)**

수영   사이클   달리기

수영, 사이클, 달리기를 연이어 하는 경기로, 인내심과 체력을 필요로 하므로 철인 3종 경기라고 불린다. 처음으로 트라이애슬론이라는 용어를 사용한 경기는 1970년대 미국에서 열렸고, 수영 $\frac{2}{5}$ km, 사이클 8 km, 달리기 $4\frac{1}{2}$ km를 결합한 경기였다.

(   )

13 냉장고에 우유가 $1\frac{1}{2}$ L 있었습니다. 이 중에서 어머니가 $\frac{2}{7}$ L를 마시고, 동생이 $\frac{5}{14}$ L를 마셨습니다. 남은 우유는 몇 L입니까?

(   )

서술형

14 ㉠부터 ㉣까지의 길이는 몇 cm인지 풀이 과정을 쓰고 답을 구하시오.

$1\frac{1}{6}$ cm

㉠ ㉡ ㉢ ㉣

$3\frac{1}{4}$ cm $2\frac{5}{12}$ cm

풀이 _____

_____

_____

답 _____

창의·융합

15 가에서 나 방향으로 흐르는 강물이 한 시간에 $\frac{5}{8}$ km를 가는 빠르기로 흐릅니다. 이 강물 위로 배가 한 시간에 $30\frac{3}{4}$ km를 가는 빠르기로 나에서 가 방향으로 가고 있습니다. 이 배는 한 시간에 몇 km를 가는 셈입니까?

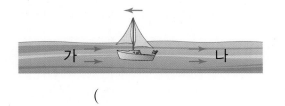

(   )

서술형

16 어떤 수에서 $2\frac{1}{3}$을 빼야 할 것을 잘못하여 더했더니 $8\frac{1}{9}$이 되었습니다. 어떤 수와 $1\frac{3}{4}$의 합은 얼마인지 풀이 과정을 쓰고 답을 구하시오.

풀이 _____

_____

_____

답 _____

17 □ 안에 알맞은 분수를 써넣으시오.

$$1\frac{1}{9} - \frac{2}{3} + \boxed{} = 3\frac{1}{27}$$

18 예은이는 대구에 가기 위해 버스를 $1\frac{5}{6}$시간 타고, 기차를 $2\frac{2}{5}$시간 타고 갔습니다. 예은이가 버스와 기차를 타고 간 시간은 모두 몇 시간 몇 분입니까?

(   )

19 □ 안에 알맞은 자연수 중에서 가장 큰 수를 구하시오.

$$4\frac{5}{6} + 3\frac{3}{8} > 8\frac{\square}{16}$$

(   )

20 물이 가득 들어 있는 병의 무게를 재어보니 $3\frac{5}{9}$ kg이었습니다. 물의 반을 마신 다음 무게를 다시 재었더니 $2\frac{5}{12}$ kg이었습니다. 빈 병의 무게는 몇 kg입니까?

(   )

5

분수의 덧셈과 뺄셈

6 다각형의 둘레와 넓이

축구와 태권도 경기를 본 적이 있나요?

이 두 종목의 경기장의 모양은 직사각형과 정팔각형이랍니다. 다각형의 둘레와 넓이는 어떻게 구할 수 있는지 알아보고 경기장의 둘레와 넓이를 알아볼까요?

축구장은 국제 경기에서 가로는 최소 100 m에서 최대 110 m까지, 세로는 최소 64 m에서 최대 75 m까지의 규격을 사용했었어요. 그래서 국제 경기를 진행할 때 혼란이 있었다고 해요. 2008년이 되어서야 국제 축구 평의회(IFAB)에서 공식 규격을 정하게 되었어요. 공식 규격은 가로는 105 m, 세로는 68 m랍니다.

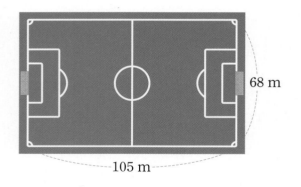

가로 105 m, 세로 68 m인 축구장의 둘레는 $(105+68) \times 2 = 346$ (m), 넓이는 $105 \times 68 = 7140$ (m²)입니다.

이미 배운 내용	이번에 **배울 내용**	앞으로 배울 내용
[4-2 삼각형] • 여러 가지 삼각형 알아보기 **[4-2 사각형]** • 여러 가지 사각형 알아보기	• **정다각형, 사각형의 둘레 구하기** • $1\ cm^2$, $1\ m^2$, $1\ km^2$ **알아보기** • **직사각형의 넓이 구하기** • **평행사변형, 삼각형, 사다리꼴, 마름모의 넓이 구하기**	**[6-1 직육면체의 부피와 겉넓이]** • 직육면체의 부피, 겉넓이 알아보기

태권도장의 모양도 처음에는 축구장과 같은 직사각형 모양이었어요.

처음에는 한 변의 길이가 12 m인 정사각형 모양 ⇨ 둘레: $12 \times 4 = 48$ (m), 넓이: $12 \times 12 = 144$ (m²)이었다가 좀 더 공격적인 경기를 위해 그 크기를 줄여나갔어요. 그러다 현재의 정팔각형 모양이 되었습니다.

현재 태권도 경기장은 한 변의 길이가 3.3 m(즉, 330 cm)인 정팔각형 모양입니다.

< 태권도 경기장의 변화 >

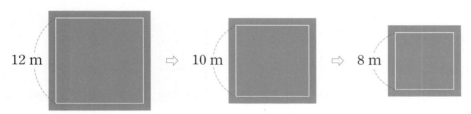

12 m ⇨ 10 m ⇨ 8 m

< 현재 태권도 경기장 >

3.3 m

정팔각형 모양의 경기장이 관심이나 영향이 미치지 못하는 범위를 줄여 대결을 피해 다니는 것을 방지하고, 경기장의 넓이가 줄어들어 관중들에게 더욱 공격적인 경기를 볼 수 있게 만들어 주었습니다.

한 변의 길이가 330 cm인 정팔각형의 둘레는 $330 \times 8 = 2640$ (cm) ⇨ 26.4 m입니다.

삼각형과 사각형의 넓이를 이용하여 정팔각형의 넓이도 구할 수 있을까요?

어떻게 구할 수 있을지 지금부터 알아보러 갈까요?

정다각형의 둘레

❶  2 cm 정오각형의 둘레는
$2+2+2+2+\boxed{}=\boxed{}$ (cm)
입니다.

❷ (정다각형의 둘레)＝(한 변의 길이)×($\boxed{}$의 수)

사각형의 둘레

❶ (직사각형의 둘레)
＝{(가로)＋(세로)}×$\boxed{}$

❷ 5 cm, 3 cm 직사각형의 둘레는
(15 cm , 16 cm)입니다.

❸ 마름모와 정사각형은 네 변의 길이가 모두 같으므로
둘레는 한 변의 길이의 (2배 , 4배)입니다.

❹ 6 cm, 4 cm (평행사변형의 둘레)
＝($\boxed{}$＋$\boxed{}$)×2＝20 (cm)

$1\ cm^2$, 직사각형의 넓이, $1\ m^2$, $1\ km^2$

❶ 한 변의 길이가 1(cm , m)인 정사각형의 넓이를
$1\ cm^2$라 쓰고 1 제곱센티미터라고 읽습니다.

❷ (직사각형의 넓이)＝(가로)×($\boxed{}$)

(정사각형의 넓이)＝(한 변의 길이)×($\boxed{}$)

❸ 한 변의 길이가 1(cm , m)인 정사각형의 넓이를
$1\ m^2$라 쓰고 1 $\boxed{}$라고 읽습니다.

❹ 한 변의 길이가 1(m , km)인 정사각형의 넓이를
$1\ km^2$라 쓰고 1 $\boxed{}$라고 읽습니다.

정답
2, 10
변
2
16 cm
4배
6, 4
cm
세로, 한 변의 길이
m, 제곱미터
km, 제곱킬로미터

🔍 생각의 방향 ↑

정다각형의 각 변의 길이는 모두 같기 때문에 정다각형의 둘레는 한 변의 길이를 변의 수만큼 곱해 줍니다.

(직사각형의 둘레)
＝(가로)×2＋(세로)×2
＝{(가로)＋(세로)}×2

(마름모의 둘레)
＝(한 변의 길이)×4

(평행사변형의 둘레)
＝{(한 변의 길이)
＋(다른 한 변의 길이)}×2

$1\ m^2＝10000\ cm^2$

$1\ km^2＝1000000\ m^2$

평행사변형, 삼각형의 넓이

	정답	생각의 방향

❶ 평행사변형에서 밑변, 높이를 찾아 써넣기

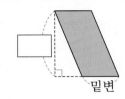 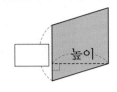

높이, 밑변

평행사변형에서 평행한 두 변을 밑변이라 하고, 두 밑변 사이의 거리를 높이라고 합니다.

❷ 평행사변형의 넓이는 (12 cm², **24 cm²**)입니다.

24 cm²

(평행사변형의 넓이)
＝(밑변의 길이)×(높이)

❸ (삼각형의 넓이)
＝(밑변의 길이)×(▢)÷2
＝10×4÷2＝▢ (cm²)

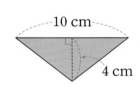

높이, 20

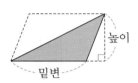

(삼각형의 넓이)
＝(평행사변형의 넓이)÷2
＝(밑변의 길이)×(높이)÷2

❹ 밑변의 길이와 높이가 각각 같은 삼각형의 넓이는 모두 같습니다. (○ , ×)

○

마름모, 사다리꼴의 넓이

❶ 색칠한 마름모를 둘러싼 직사각형의 넓이는 마름모 넓이의 (**2배** , 4배)이므로 마름모의 넓이는 (66 cm² , **33 cm²**)입니다.

2배, 33 cm²

(마름모의 넓이)
＝(한 대각선의 길이)
　×(다른 대각선의 길이)÷2

❷ 사다리꼴에서 구성 요소 찾아 써넣기

 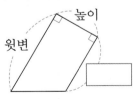

(위에서부터)
윗변, 높이 /
아랫변

❸ 사다리꼴의 넓이를 구하는 식은 (**(6＋9)×5÷2** , (6＋9)×5) cm²입니다.

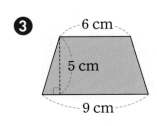

(6＋9)×5÷2

(사다리꼴의 넓이)
＝{(윗변의 길이)＋(아랫변의 길이)}×(높이)÷2

6
다각형의 둘레와 넓이

비법 1 다각형의 둘레를 알 때 변의 길이 구하기

• 정다각형의 변의 길이 구하기

둘레:
30 cm

(정육각형의 둘레)＝(한 변의 길이)×6＝30 (cm)

⇨ (한 변의 길이)＝30÷6＝5 (cm)

(한 변의 길이)＝(정다각형의 둘레)÷(변의 수)

• 직사각형의 가로, 세로 구하기

둘레:
22 cm

4 cm

(직사각형의 둘레)＝{4＋(세로)}×2＝22 (cm)

⇨ 4＋(세로)＝22÷2, (세로)＝22÷2－4＝7 (cm)

(세로)＝(직사각형의 둘레)÷2－(가로)

(가로)＝(직사각형의 둘레)÷2－(세로)

비법 2 넓이의 단위 바꾸어 나타내기

• m^2와 cm^2의 단위 바꾸기

$1\ m^2 = 10000\ cm^2$
$▲\ m^2 = ▲0000\ cm^2$
$4\ m^2 = 40000\ cm^2$
$30\ m^2 = 300000\ cm^2$

• km^2와 m^2의 단위 바꾸기

$1\ km^2 = 1000000\ m^2$
$★\ km^2 = ★000000\ m^2$
$7\ km^2 = 7000000\ m^2$
$24\ km^2 = 24000000\ m^2$

비법 3 넓이가 같은 삼각형 구별하기

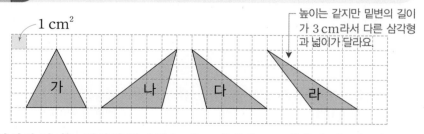

1 cm²

가   나   다   라

높이는 같지만 밑변의 길이
가 3 cm라서 다른 삼각형
과 넓이가 달라요.

삼각형의 넓이는 밑변의 길이와 높이로 정해지므로 삼각형 가, 나, 다는 모양이 달라도 밑변의 길이가 4 cm, 높이가 4 cm로 같으므로 넓이가 서로 같습니다.

교과서 개념

• 정다각형의 둘레

(정다각형의 둘레)
＝(한 변의 길이)×(변의 수)

• 사각형의 둘레

(1) 직사각형과 평행사변형은 마주 보는 변의 길이가 같습니다.

⇩

(직사각형의 둘레)
＝{(가로)＋(세로)}×2

(평행사변형의 둘레)
＝{(한 변의 길이)＋(다른 한 변의 길이)}×2

(2) 마름모와 정사각형은 네 변의 길이가 모두 같습니다.

⇩

(마름모의 둘레)
＝(한 변의 길이)×4

(정사각형의 둘레)
＝(한 변의 길이)×4

• 넓이의 단위

(1) $1\ cm^2$(1 제곱센티미터): 한 변의 길이가 1 cm인 정사각형의 넓이

(2) $1\ m^2$(1 제곱미터): 한 변의 길이가 1 m인 정사각형의 넓이

(3) $1\ km^2$(1 제곱킬로미터): 한 변의 길이가 1 km인 정사각형의 넓이

• 직사각형의 넓이

(1) (직사각형의 넓이)
＝(가로)×(세로)

(2) (정사각형의 넓이)
＝(한 변의 길이)×(한 변의 길이)

교과서 개념

- **삼각형의 높이, 밑변의 길이 구하기**

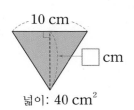

10 cm

□ cm

넓이: 40 cm^2

(삼각형의 넓이)$=10\times\square\div2=40$

$\Rightarrow 10\times\square=40\times2,\ \square=40\times2\div10=8$

(높이)=(넓이)$\times2\div$(밑변의 길이)

(밑변의 길이)=(넓이)$\times2\div$(높이)

- **마름모의 대각선의 길이 구하기**

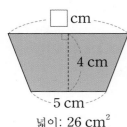

3 cm

□ cm

넓이: 15 cm^2

(마름모의 넓이)$=\square\times3\div2=15$

$\Rightarrow \square\times3=15\times2,\ \square=15\times2\div3=10$

(한 대각선의 길이)

$=$(넓이)$\times2\div$(다른 대각선의 길이)

- **사다리꼴의 윗변의 길이, 아랫변의 길이, 높이 구하기**

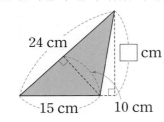

□ cm

4 cm

5 cm

넓이: 26 cm^2

(사다리꼴의 넓이)$=(\square+5)\times4\div2=26$

$\Rightarrow (\square+5)\times4=26\times2,$

$\square=26\times2\div4-5=8$

(윗변의 길이)

$=$(넓이)$\times2\div$(높이)$-$(아랫변의 길이)

비법 **5** 사다리꼴에서 높이를 구한 후에 넓이 구하기

삼각형에서 밑변에 따라 높이가 다르더라도 넓이는 같음을 이용하여 다른 높이를 구할 수 있습니다.

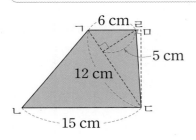

24 cm

□ cm

15 cm

10 cm

(삼각형의 넓이)$=24\times10\div2$

$=15\times\square\div2$

$\Rightarrow 24\times10=15\times\square,$

$\square=24\times10\div15=16$

6 cm

5 cm

12 cm

15 cm

ㄱ ㄹ ㅁ ㄴ ㄷ

(삼각형 ㄱㄷㄹ의 넓이)$=12\times5\div2$

$=30\ (cm^2)$

(선분 ㅁㄷ의 길이)$=30\times2\div6=10\ (cm)$

(사다리꼴의 높이)$=$(선분 ㅁㄷ의 길이)

$=10\ cm$

(사다리꼴의 넓이)$=(6+15)\times10\div2$

$=105\ (cm^2)$

교과서 개념

- **평행사변형의 넓이**

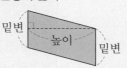

밑변

높이

밑변

(평행사변형의 넓이)

$=$(밑변의 길이)$\times$(높이)

- **삼각형의 넓이**

(삼각형의 넓이)

$=$(밑변의 길이)$\times$(높이)$\div2$

- **마름모의 넓이**

(마름모의 넓이)

$=$(한 대각선의 길이)

$\times$(다른 대각선의 길이)$\div2$

- **사다리꼴의 넓이**

윗변

높이

아랫변

(사다리꼴의 넓이)

$=\{$(윗변의 길이)$+$(아랫변의 길이)$\}$

$\times$(높이)$\div2$

6

다각형의 둘레와 넓이

1 정다각형, 사각형의 둘레 구하기

> (정다각형의 둘레)=(한 변의 길이)×(변의 수)
> (직사각형의 둘레)={(가로)+(세로)}×2
> (평행사변형의 둘레)
> ={(한 변의 길이)+(다른 한 변의 길이)}×2
> (마름모의 둘레)=(한 변의 길이)×4

1-1 한 변의 길이가 8 cm인 정오각형의 둘레는 몇 cm입니까?

(   )

1-2 평행사변형과 마름모의 둘레를 구하시오.

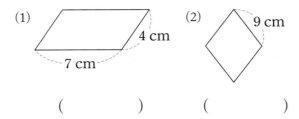

(   )   (   )

창의·융합

1-3 인도의 건축물인 타지마할에 대한 글을 읽고 밑줄 친 연못의 둘레는 약 몇 m인지 구하시오.

> 인도의 타지마할은 유네스코 세계 문화 유산에 등재된 궁전 형태의 묘지이다. 중앙의 연못은 가로 약 300 m, 세로 약 4 m인 직사각형 모양으로, 물에 비쳐 보이는 타지마할의 모습이 매우 아름답다.

(   )

서술형

1-4 직사각형의 둘레가 26 cm이고, 세로가 6 cm입니다. 가로는 몇 cm인지 풀이 과정을 쓰고 답을 구하시오.

풀이 _____

_____

_____

답 _____

2 1 cm² 알아보기, 직사각형의 넓이 구하기

> • 1 cm²: 한 변의 길이가 1 cm인 정사각형의 넓이
>
>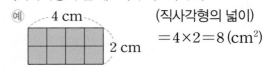
>
> 읽기: 1 제곱센티미터
>
> 쓰기: 1 cm^2
>
> • (직사각형의 넓이)=(가로)×(세로)
>
>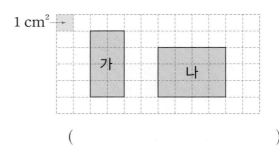
>
> (직사각형의 넓이)
> =4×2=8 (cm²)

2-1 도형 가와 나의 넓이의 차를 구하시오.

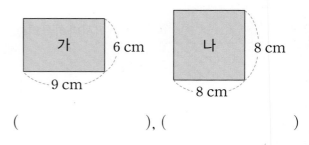

(   )

2-2 직사각형 가와 정사각형 나가 있습니다. 어느 도형의 넓이가 몇 cm² 더 넓습니까?

가 6 cm 9 cm   나 8 cm 8 cm

(   ), (   )

· 정답은 48쪽

2-3 넓이가 60 cm²인 직사각형입니다. □ 안에 알맞은 수를 써넣으시오.

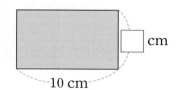

3 1 cm²보다 더 큰 넓이의 단위 알아보기

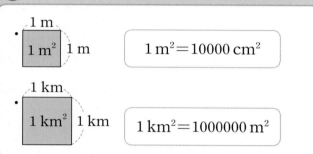

$1\ m^2 = 10000\ cm^2$

$1\ km^2 = 1000000\ m^2$

3-1 □ 안에 알맞은 수를 써넣으시오.

(1) $90000\ cm^2 = \boxed{}\ m^2$

(2) $13\ m^2 = \boxed{}\ cm^2$

(3) $2000000\ m^2 = \boxed{}\ km^2$

(4) $40\ km^2 = \boxed{}\ m^2$

3-2 직사각형의 넓이를 주어진 단위로 나타내시오.

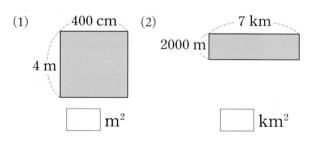

$\boxed{}\ m^2$ 　　　 $\boxed{}\ km^2$

3-3 벽에 가로가 60 cm, 세로가 50 cm인 직사각형의 타일을 7개씩 10줄을 붙였습니다. 타일을 붙인 벽의 넓이는 몇 m²입니까?

(　　　　　　　　)

4 평행사변형의 넓이 구하기

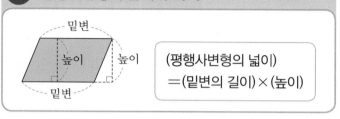

(평행사변형의 넓이)
＝(밑변의 길이)×(높이)

4-1 넓이가 다른 평행사변형을 찾아 기호를 쓰시오.

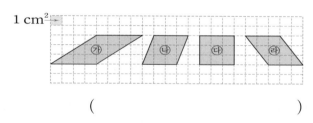

(　　　　　　　　)

4-2 평행사변형 ㉮와 ㉯의 넓이가 같습니다. □ 안에 알맞은 수를 구하시오.

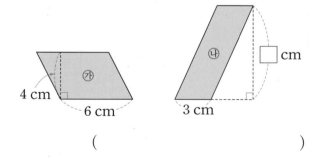

(　　　　　　　　)

해결의 창

정사각형의 둘레와 넓이가 각각 주어졌을 때 한 변의 길이 구하기
· 정사각형의 둘레가 36 cm일 때 ⇨ (한 변의 길이)＝(둘레)÷4＝36÷4＝9 (cm)　　넓이를 4로 나누지 않도록 주의합니다!
· 정사각형의 넓이가 36 cm²일 때 ⇨ (한 변의 길이)×(한 변의 길이)＝36이므로 6×6＝36에서
(한 변의 길이)＝6 cm입니다.

6

다각형의 둘레와 넓이

5 삼각형의 넓이 구하기

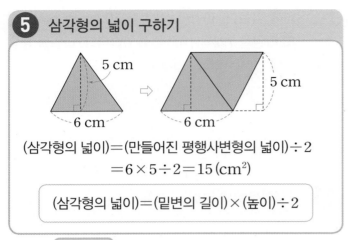

(삼각형의 넓이)=(만들어진 평행사변형의 넓이)÷2
=6×5÷2=15(cm²)

(삼각형의 넓이)=(밑변의 길이)×(높이)÷2

창의·융합

5-1 버뮤다 삼각 지대는 배와 비행기가 흔적도 없이 사라지는 미스터리로 유명합니다. 세계 지도에 표시한 버뮤다 삼각 지대의 넓이를 구하려면 적어도 어느 어느 지역 사이의 거리를 더 알아야 합니까?

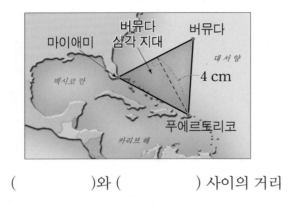

( )와 ( ) 사이의 거리

5-2 삼각형의 넓이는 몇 cm²입니까?

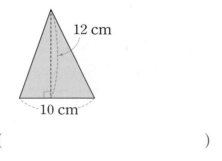

( )

5-3 넓이가 16 cm²인 삼각형입니다. □ 안에 알맞은 수를 써넣으시오.

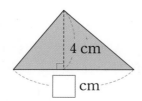

5-4 넓이가 더 넓은 삼각형을 찾아 기호를 쓰시오.

ㄱ 밑변의 길이가 18 cm, 높이가 6 cm인 삼각형
ㄴ 밑변의 길이가 11 cm, 높이가 10 cm인 삼각형

( )

서술형

5-5 □ 안에 알맞은 수는 얼마인지 풀이 과정을 쓰고 답을 구하시오.

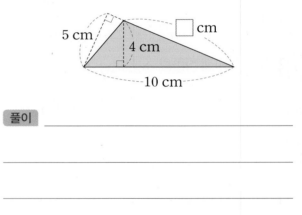

풀이 _____

_____

_____

답 _____

5-6 모눈종이 위에 넓이가 6 cm²인 서로 다른 모양의 삼각형을 2개 그리시오.

6 마름모의 넓이 구하기

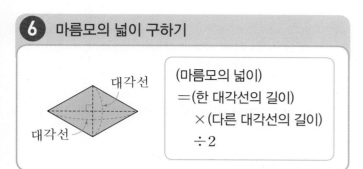

(마름모의 넓이)
＝(한 대각선의 길이)
　　×(다른 대각선의 길이)
　　÷2

6-1 오른쪽 마름모의 넓이는 몇 cm²입니까?

5 cm

8 cm

(　　　　　　　　　)

서술형

6-2 직사각형의 넓이를 이용하여 마름모 ㅁㅂㅅㅇ의 넓이를 구하는 풀이 과정을 쓰고 답을 구하시오.

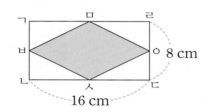

8 cm

16 cm

풀이 _____

_____

_____

답 _____

6-3 마름모의 넓이가 168 cm²일 때, □ 안에 알맞은 수를 써넣으시오.

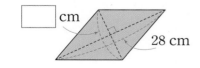

□ cm

28 cm

7 사다리꼴의 넓이 구하기

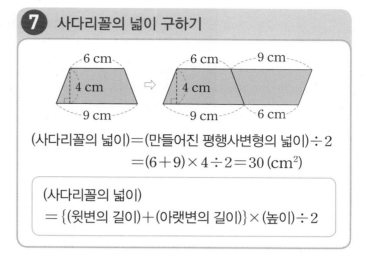

6 cm ⇨ 6 cm 9 cm
4 cm 4 cm
9 cm 9 cm 6 cm

(사다리꼴의 넓이)＝(만들어진 평행사변형의 넓이)÷2
＝(6＋9)×4÷2＝30 (cm²)

(사다리꼴의 넓이)
＝{(윗변의 길이)＋(아랫변의 길이)}×(높이)÷2

7-1 오른쪽 사다리꼴의 넓이는 몇 cm²입니까?

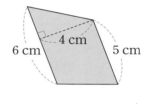

6 cm　4 cm　5 cm

(　　　　　　　　　)

7-2 넓이가 가장 넓은 사다리꼴의 기호를 쓰시오.

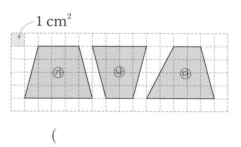

1 cm²

㉮　㉯　㉰

(　　　　　　　　　)

7-3 오른쪽 사다리꼴의 넓이가 35 cm²일 때, □ 안에 알맞은 수를 구하시오.

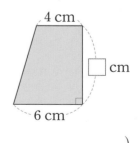

4 cm

□ cm

6 cm

(　　　　　　　　　)

해결의 창 넓이를 알고 한 변의 길이를 구할 때는 ① 모르는 수를 □라 하고 ⇨ ② 넓이를 구하는 식을 만들어 ⇨ ③ □의 값을 구합니다.

6 다각형의 둘레와 넓이

응용 1 정다각형과 둘레가 같은 사각형의 한 변의 길이 구하기

오른쪽 정육각형과 ❷ 둘레가 같은 정사각형의 한 변의 길이는 몇 cm ❶ ⌐8 cm
입니까?

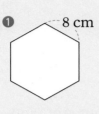

( )

❶ 정육각형의 둘레를 구해 봅니다.

❷ 정사각형의 둘레를 구하는 식을 이용하여 한 변의 길이를 구해 봅니다.

예제 1-1 오른쪽 정구각형과 둘레가 같은 직사각형을 만들었습니다. 6 cm
직사각형의 가로가 18 cm일 때 세로는 몇 cm입니까?

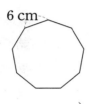

( )

예제 1-2 종이끈으로 다음과 같이 정삼각형을 만들었다가 이 종이끈으로 가로가 세로의
2배인 직사각형을 만들었습니다. 만든 직사각형의 가로는 몇 cm입니까?

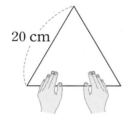 ⇨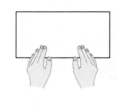

20 cm

( )

응용 2 다른 도형과 넓이가 같은 도형의 둘레 구하기

① 가로가 8 cm, 세로가 18 cm인 직사각형/과 ② 넓이가 같은 정사각형/의 ③ 둘레는 몇 cm입니까?

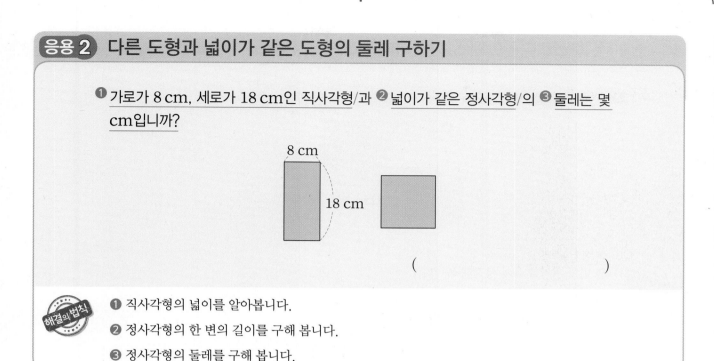

(   )

해결의 법칙!

① 직사각형의 넓이를 알아봅니다.

② 정사각형의 한 변의 길이를 구해 봅니다.

③ 정사각형의 둘레를 구해 봅니다.

예제 **2-1** 밑변의 길이가 25 cm, 높이가 36 cm인 평행사변형과 넓이가 같은 정사각형의 둘레는 몇 cm입니까?

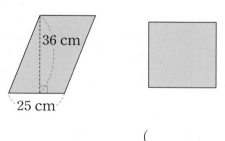

(   )

예제 **2-2** 마름모와 직사각형의 넓이가 같습니다. 직사각형의 둘레는 몇 cm입니까?

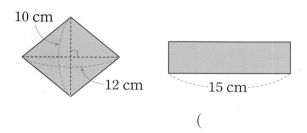

(   )

6 다각형의 둘레와 넓이

응용 3 직각으로 이루어진 도형의 둘레

❷ 도형의 둘레는 몇 cm입니까?

❶

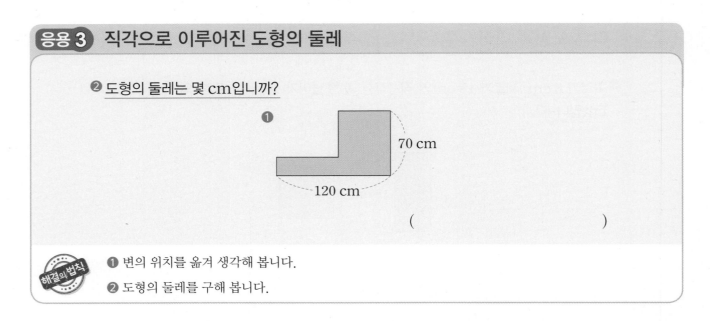

(   )

해결의 법칙

❶ 변의 위치를 옮겨 생각해 봅니다.

❷ 도형의 둘레를 구해 봅니다.

예제 **3 - 1**   도형의 둘레는 몇 cm입니까?

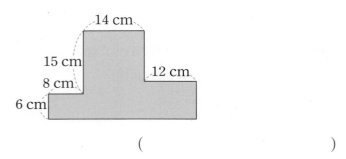

(   )

예제 **3 - 2**   도형의 둘레는 몇 cm입니까?

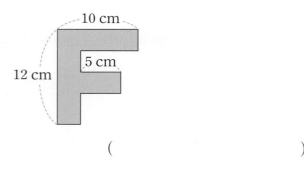

(   )

• 정답은 50쪽

응용 4 삼각형의 넓이를 이용하여 평행사변형의 넓이 구하기

❶삼각형 ㄱㄴㄷ의 넓이가 32 cm^2일 때, ❷평행사변형 ㄱㄴㄹㅂ의 넓이는 몇 cm^2입니까?

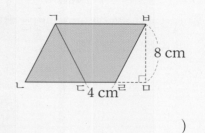

(   )

❶ 선분 ㄴㄷ의 길이를 구해 봅니다.

❷ 평행사변형의 넓이를 구해 봅니다.

예제 4 - 1 삼각형 ㅂㄹㅁ의 넓이가 80 cm^2일 때, 평행사변형 ㄱㄷㅁㅂ의 넓이는 몇 cm^2입니까?

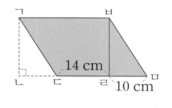

(   )

예제 4 - 2 과속방지턱을 보고 그림으로 나타냈습니다. 그린 모양에서 가장 작은 평행사변형 3개는 크기와 모양이 같습니다. 전체 직사각형의 넓이가 320 cm^2일 때 평행사변형 ㉠과 삼각형 ㉡의 넓이의 차를 구하시오.

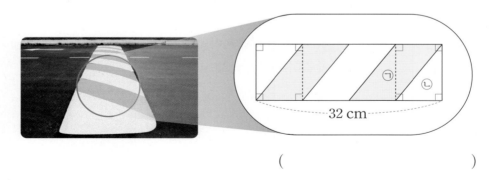

(   )

다각형의 둘레와 넓이

6

응용 5 넓이 관계를 이용하여 사다리꼴의 변의 길이 구하기

❷ 사다리꼴 ㄱㄴㄷㅂ의 넓이는 ❶ 삼각형 ㅂㄷㅁ의 넓이/의 4배입니다. / ❸ □ 안에 알맞은 수를 써넣으시오.

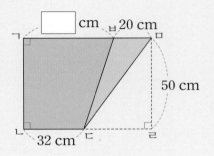

❶ 삼각형 ㅂㄷㅁ의 넓이를 계산해 봅니다.

❷ 사다리꼴 ㄱㄴㄷㅂ의 넓이를 알아봅니다.

❸ 사다리꼴의 넓이를 구하는 식에서 □의 값을 구합니다.

예제 5-1 사다리꼴 ㅂㄷㄹㅁ의 넓이는 삼각형 ㄱㄷㅂ의 넓이의 6배입니다. 변 ㄷㄹ의 길이는 몇 cm입니까?

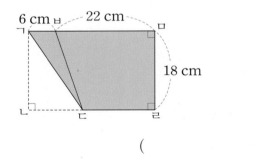

(   )

예제 5-2 사다리꼴 ㄱㄴㄷㄹ에서 사각형 ㄱㄴㅁㄹ과 삼각형 ㄹㅁㄷ의 넓이가 같을 때, 선분 ㄴㅁ의 길이는 몇 cm입니까?

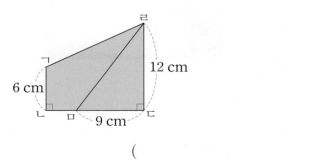

(   )

응용 6 마름모의 넓이 활용하기

❶지름이 8 cm인 원 안에 가장 큰 마름모를 그렸습니다. / ❷색칠한
부분의 넓이는 몇 cm²입니까?

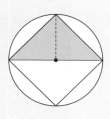

(   )

❶ 마름모의 한 대각선의 길이를 알아봅니다.

❷ 마름모의 넓이를 이용하여 색칠한 부분의 넓이를 구해 봅니다.

예제 **6 - 1**   지름이 12 cm인 원 안에 가장 큰 마름모를 그렸습니다. 색
칠한 부분의 넓이는 몇 cm²입니까?

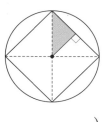

(   )

예제 **6 - 2**   둘레가 40 cm인 직사각형 안에 네 변의 한가운데를
이어 마름모를 그렸습니다. 색칠한 부분의 넓이는 몇
cm²입니까?

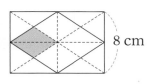
8 cm

(   )

응용 7 높이가 주어지지 않은 사다리꼴의 넓이 구하기

③ 사다리꼴 ㄱㄴㄷㄹ의 넓이는 몇 cm²입니까?

❶, ❷

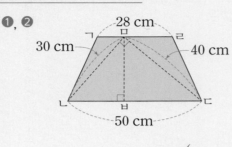

(   )

해결의 법칙
❶ 삼각형 ㅁㄴㄷ의 넓이를 알아봅니다.
❷ 삼각형 ㅁㄴㄷ에서 선분 ㅁㅂ의 길이를 구해 봅니다.
❸ 사다리꼴 ㄱㄴㄷㄹ의 넓이를 구해 봅니다.

예제 7 - 1 사다리꼴 ㄱㄴㄷㄹ의 넓이는 몇 cm²입니까?

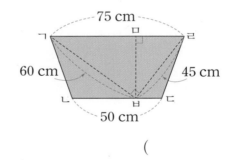

(   )

예제 7 - 2 사다리꼴 ㄱㄴㄷㄹ의 넓이가 39 m²일 때 변 ㄱㄹ의 길이는 몇 m입니까?

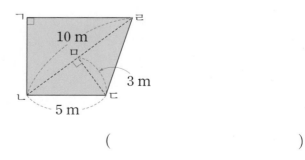

(   )

응용 8 색칠한 부분의 넓이 구하기

오른쪽 도형에서 ③ 색칠한 부분의 넓이는 몇 cm²입니까? ❶, ❷

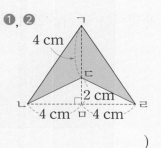

(   )

❶ 삼각형 ㄱㄴㄹ의 넓이를 구해 봅니다.

❷ 삼각형 ㄷㄴㄹ의 넓이를 구해 봅니다.

❸ 색칠한 부분의 넓이를 구해 봅니다.

예제 8 - 1 색칠한 부분의 넓이는 몇 m²입니까?

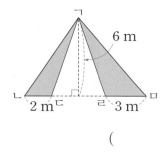

(   )

예제 8 - 2 색칠한 부분의 넓이는 몇 cm²입니까?

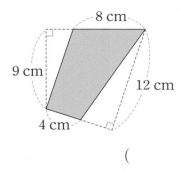

(   )

평행사변형의 넓이 구하기

01 직사각형 ㄱㄴㄷㄹ의 넓이는 24 cm²입니다. 평행사변형
유사 ㄱㄷㅁㄹ의 넓이는 몇 cm²입니까?

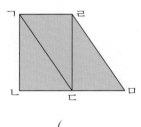

(   )

1 cm² 알아보기

02 넓이가 색칠한 도형의 2배인 것을 찾아 같은 색으로 칠하
유사 시오.

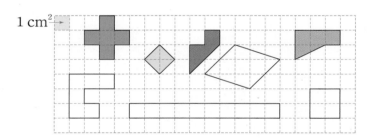

직사각형의 넓이 구하기

창의·융합

03 승수네 집의 설계도입니다. 주방 및 거실의 넓이는 몇 m²
유사 입니까?

(   )

유사 표시된 문제의 유사 문제가 제공됩니다.
동영상 표시된 문제의 동영상 특강을 볼 수 있어요.
QR 코드를 찍어 보세요.

사각형의 둘레 구하기, 정사각형의 넓이 구하기

04
유사

크기가 같은 작은 정사각형 모양의 종이 9장을 겹치지 않게 이어 붙여 다음과 같은 도형을 만들었습니다. 이 도형의 둘레가 680 cm일 때 도형의 넓이는 몇 cm²입니까?

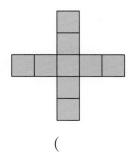

(   )

서술형 1 cm² 보다 더 큰 넓이의 단위 알아보기

05
유사
동영상

가로가 5 m이고, 세로가 6 m인 직사각형 모양의 천장에 가로가 40 cm, 세로가 2 m인 벽지로 서로 겹치지 않게 빈틈없이 도배를 하려고 합니다. 벽지는 적어도 몇 장 필요한지 풀이 과정을 쓰고 답을 구하시오.

(   )

풀이

마름모의 넓이 구하기

06
유사
동영상

그림에서 사각형 ㄱㄴㄷㄹ과 사각형 ㅁㅂㅅㅇ은 정사각형입니다. 사각형 ㅁㅂㅅㅇ의 넓이가 72 cm²일 때, 사각형 ㄱㄴㄷㄹ의 넓이를 구하시오.

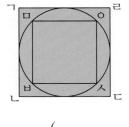

(   )

6
다각형의 둘레와 넓이

삼각형의 넓이 구하기, 사다리꼴의 넓이 구하기

07 다각형의 넓이는 몇 cm²인지 구하시오.
〔유사〕

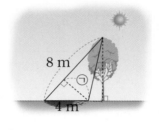

100 cm²

( )

삼각형의 넓이 구하기

〔창의·융합〕

08 해가 움직이면서 키가 6 m인 나무의 그림자가 다음과 같
〔유사〕 이 바뀌었습니다. ㉠과 ㉡의 차는 몇 m입니까?

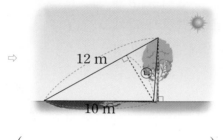

8 m ㉠ 4 m   ⇒   12 m ㉡ 10 m

( )

〔서술형〕 사각형의 둘레 구하기

09 정사각형과 직사각형을 겹치지 않게 붙여서 만든 도형입
〔유사〕 니다. 도형 전체의 넓이가 280 cm²일 때, 이 도형 전체의
〔동영상〕 둘레는 몇 cm인지 풀이 과정을 쓰고 답을 구하시오.

풀이

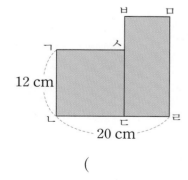

ㄱ ㅅ ㅂ ㅁ
12 cm
ㄴ ㄷ ㄹ
20 cm

( )

유사 표시된 문제의 유사 문제가 제공됩니다.
동영상 표시된 문제의 동영상 특강을 볼 수 있어요.
QR 코드를 찍어 보세요.

서술형 삼각형의 넓이 구하기, 사다리꼴의 넓이 구하기

10 모양과 크기가 같은 두 직각삼각형을 겹쳐 놓았습니다. 색칠한 부분의 넓이가 120 cm²일 때, ㉠은 몇 cm인지 풀이 과정을 쓰고 답을 구하시오.

(유사) (동영상)

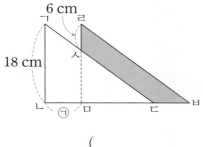

(   )

풀이

정다각형의 둘레 구하기

11 한 변의 길이가 4 cm인 정삼각형 모양의 색종이 5장을 그림과 같이 겹쳐 놓았을 때, 이 도형 전체의 둘레는 몇 cm인지 구하시오.

(유사) (동영상)

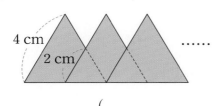

(   )

평행사변형의 넓이 구하기, 사다리꼴의 넓이 구하기

12 그림에서 사다리꼴 ㅂㄷㄹㅁ의 넓이는 평행사변형 ㄱㄴㄷㅂ의 넓이의 3배입니다. 선분 ㄱㅂ의 길이는 몇 cm입니까?

(유사) (동영상)

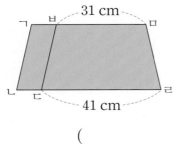

(   )

창의사고력

13 정사각형 모양의 도화지에 화가 몬드리안의 작품과 비슷한 그림을 그렸습니다. 색칠한 칸은 모두 정사각형이고, 노란색과 파란색으로 색칠한 부분의 둘레가 66 cm일 때 도화지의 넓이는 몇 cm²입니까? (단, 선의 두께는 생각하지 않습니다.)

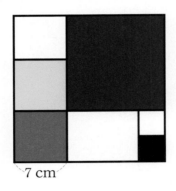

7 cm

(　　　　　　　　　　)

창의사고력

14 지현이는 둘레가 24 cm이면서 넓이가 가장 넓은 직사각형 모양의 컵받침대를 만들려고 합니다. 넓이가 가장 넓은 컵받침대의 넓이는 몇 cm²입니까?

(1) 표의 빈칸에 둘레가 24 cm가 되도록 가로, 세로를 써넣고 그 때의 넓이를 구하여 써넣으시오.

가로(cm)	1	2	3	4	5	6	7	8	……
세로(cm)	11	10	9	8					……
넓이(cm²)	11	20	27						……

(2) 넓이가 가장 넓은 컵 받침대의 넓이는 몇 cm²입니까?

(　　　　　　　　　　)

점수

· 정답은 54~55쪽

01 정육각형의 둘레는 몇 cm입니까?

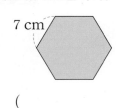

7 cm

(   )

02 평행사변형의 밑변의 길이와 높이를 직접 자로 재어서 넓이를 구하시오.

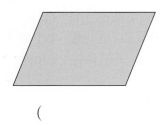

(   )

03 밑변의 길이가 20 cm이고, 높이가 14 cm인 삼각형의 넓이는 몇 cm²입니까?

(   )

04 모눈종이 위에 넓이가 8 cm²인 서로 다른 모양의 마름모를 2개 그리시오.

1 cm²

서술형

05 오른쪽 사다리꼴의 넓이를 2가지 방법으로 구하시오.

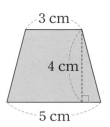

3 cm

4 cm

5 cm

방법 1 _____

_____

방법 2 _____

_____

(   )

창의·융합

06 현태가 그린 포스터입니다. 모양과 크기가 같은 평행사변형 2개로 책 모양을 만들었을 때 책 모양의 넓이는 몇 cm²입니까?

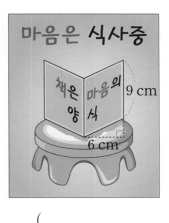

9 cm

6 cm

(   )

07 넓이가 36 m²인 삼각형의 밑변의 길이가 9 m일 때, 높이는 몇 m입니까?

(   )

6

다각형의 둘레와 넓이

08 둘레가 36 cm인 직사각형의 가로가 12 cm일 때 세로는 몇 cm입니까?

( )

서술형

09 직사각형 ㉮와 마름모 ㉯ 중 어느 것의 넓이가 몇 m² 더 넓은지 풀이 과정을 쓰고 답을 구하시오.

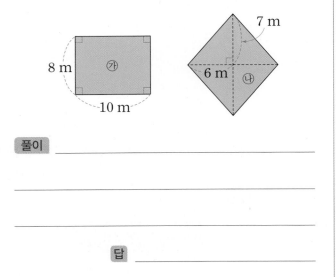

풀이 _____

_____

답 _____

10 그림과 같이 대각선의 길이가 10 cm인 정사각형을 잘라 붙여 삼각형을 만들었습니다. 만들어진 삼각형의 넓이는 몇 cm²입니까?

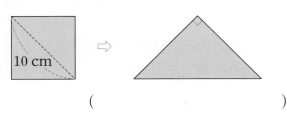

( )

창의·융합

11 직사각형 모양의 편지 봉투입니다. 색칠한 부분의 넓이를 구하시오.

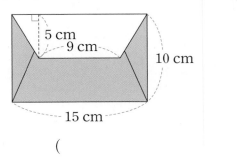

( )

12 한 변의 길이가 6 cm인 정사각형 안에 네 변의 한가운데를 이어 그린 마름모의 넓이는 몇 cm²입니까?

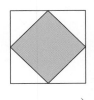

( )

13 그림에서 삼각형 ㄱㄴㄷ과 넓이가 같은 삼각형을 모두 몇 개 찾을 수 있습니까?

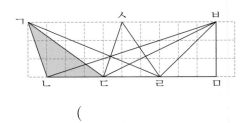

( )

14 한 변의 길이가 8 m인 정사각형 모양의 땅이 있습니다. 이 안에 한 변의 길이가 300 cm인 정사각형 모양의 밭을 만들어 콩을 심었습니다. 콩을 심고 남은 땅의 넓이는 몇 m²입니까?

( )

15 다음 삼각형과 평행사변형의 넓이가 같습니다. 삼각형의 밑변의 길이는 몇 cm입니까?

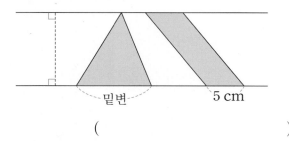

(   )

서술형

16 □ 안에 알맞은 수는 얼마인지 풀이 과정을 쓰고 답을 구하시오.

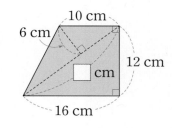

풀이 _____

_____

_____

답 _____

17 모눈종이 위에 둘레가 32 cm이고, 넓이가 55 cm²인 직사각형을 그리시오.

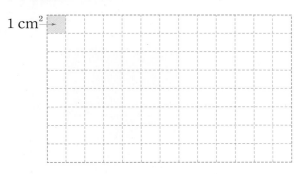

18 직사각형의 네 변의 한가운데를 이어 마름모 ㄱㄴㄷㄹ을 그리고, 마름모의 네 변의 한가운데를 이어 직사각형을 그렸습니다. 색칠한 부분의 넓이가 10 cm²일 때, 마름모 ㄱㄴㄷㄹ의 넓이는 몇 cm²입니까?

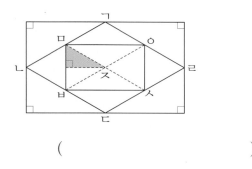

(   )

19 사다리꼴 ㅂㄷㄹㅁ의 넓이는 삼각형 ㅂㄴㄷ의 넓이의 3배입니다. □ 안에 알맞은 수를 구하시오.

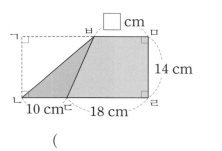

(   )

20 다음과 같이 정사각형 모양의 색종이를 반으로 접은 후 접은 선을 따라 잘랐을 때 생기는 모양 1개의 둘레가 42 cm입니다. 자르기 전 색종이의 넓이는 몇 cm²입니까?

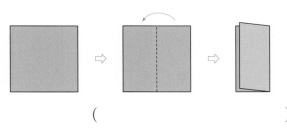

(   )

6

다각형의 둘레와 넓이

숫자 테트리스 게임

주어진 수 카드가 10이므로 수의 합이 10이 되는 테트리스 모양을 그립니다.

5	4	2	0	4
1	5	1	4	3
3	3	5	2	2
3	5	3	1	0
0	5	2	4	1

10

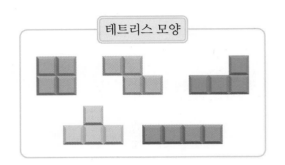

테트리스 모양

10

2	3	2	0	0
5	3	3	3	3
4	5	4	5	2
4	5	2	4	5
3	1	2	0	1

1 2개를 찾아 그려 보세요.

2 1개를 찾아 그려보세요.

3 1개를 찾아 그려보세요.

4 1개를 찾아 그려보세요.

꼼꼼 풀이집

5-1

5~6학년군 수학①

1 자연수의 혼합 계산

STEP 1 기본 유형 익히기

14 ~ 17쪽

1-1 17

1-2 예 괄호 안을 먼저 계산하지 않았습니다.

$74-(25+18)=31$

      43

        31

1-3 $82-(39+17)=26$

1-4 ㉢, ㉡, ㉠   **1-5** 84

2-1

2-2 >   **2-3** 79

2-4 8모둠

2-5 예 복숭아가 한 상자에 15개씩 8상자가 있습니다. 이 복숭아를 한 사람에게 3개씩 나누어 주려고 합니다. 몇 명에게 나누어 줄 수 있습니까? ; 40명

3-1 $37+(14-6)\times7=37+8\times7$
                      $=37+56$
                      $=93$

3-2 34

3-3 >

3-4 136점

4-1 $15+20$에 ○표

4-2 윤호

4-3 $71-56\div8+14=78$

4-4 8

5-1 ㉢, ㉡, ㉣, ㉠

5-2 35

5-3 ㉠

5-4 $72-5\times(2+6)\div4=62$

5-5 예 $7\times4+\square\div9-15=22$,
$28+\square\div9-15=22$,
$28+\square\div9=22+15$, $28+\square\div9=37$,
$\square\div9=37-28$, $\square\div9=9$,
$\square=9\times9$, $\square=81$; 81

1-1 생각 열기 덧셈과 뺄셈이 섞여 있는 계산은 앞에서부터 차례로 계산합니다.

$36+59-78=95-78=\mathbf{17}$

1-2 서술형 가이드 ( )가 있으면 ( ) 안을 먼저 계산해야 함을 알고 이유를 써야 합니다.

채점 기준	
상	잘못된 이유를 쓰고 바르게 계산함.
중	잘못된 이유를 쓰지 못했지만 바르게 계산함.
하	잘못된 이유를 쓰지 못하고 바르게 계산하지 못함.

참고

덧셈, 뺄셈, ( )가 있는 식은 ( ) 안을 먼저 계산하고 덧셈과 뺄셈은 앞에서부터 차례로 계산합니다.

1-3 $82-(39+17)=82-56=\mathbf{26}$

1-4 ㉠ $56-37+24-15=19+24-15$
                        $=43-15=28$
  ㉡ $19+5-16+28=24-16+28$
                        $=8+28=36$
  ㉢ $43-27+8+19=16+8+19$
                        $=24+19=43$
  ➡ $43>36>28$이므로 ㉢, ㉡, ㉠입니다.

1-5 $\square-(43+26)=15$, $\square-69=15$, $\square=15+69$,
$\square=\mathbf{84}$

참고

2-1 $84\div(7\times4)=84\div28=3$

$9\times24\div6=216\div6=36$

$63\div9\times6=7\times6=42$

2-2 $6\times5\div3\times2=30\div3\times2=10\times2=20$,
$42\div7\times8\div3=6\times8\div3=48\div3=16$
  ➡ $20>16$

참고

곱셈과 나눗셈이 섞여 있는 식은 앞에서부터 차례로 계산합니다.

2-3 $36\times4\div6=144\div6=24=㉠$
$121\div11\times5=11\times5=55=㉡$
  ➡ ㉠$+$㉡$=24+55=\mathbf{79}$

2-4 $4 \times 6 \div 3 = 24 \div 3 = 8$(모둠)

2-5 $15 \times 8 \div 3 = 120 \div 3 = \mathbf{40}$

서술형 가이드 식에 알맞은 문제를 만들어야 하므로 '~입니까?'로 끝나야 하는 것에 주의합니다.

채점 기준

상	식을 이용한 문제를 만들고 답도 바르게 구함.
중	식을 이용한 문제를 바르게 만들었지만 계산 실수를 하여 답은 틀림.
하	식을 이용한 문제를 만들지 못하였고, 계산 실수도 하여 답도 틀림.

3-1 덧셈, 뺄셈, 곱셈이 섞여 있는 식에서는 곱셈을 먼저 계산하고, ( )가 있으면 ( ) 안을 가장 먼저 계산합니다.

3-2 생각 열기 덧셈, 뺄셈, 곱셈이 섞여 있는 식의 계산은 곱셈을 먼저 계산합니다.
곱셈을 덧셈과 뺄셈보다 먼저 계산합니다.
$$17 - 13 + 5 \times 6 = 17 - 13 + 30$$
$$= 4 + 30$$
$$= \mathbf{34}$$

3-3 $53 - 5 + 2 \times 7 = 53 - 5 + 14 = 48 + 14 = 62$

$53 - (5 + 2) \times 7 = 53 - 7 \times 7 = 53 - 49 = 4$

$\Rightarrow 62 > 4$

3-4 (점수)=(한 문제의 점수)$\times$(맞힌 문제 수)
$\Rightarrow$ (수학 점수)+(국어 점수)
$$= 4 \times (25 - 6) + 5 \times (20 - 8)$$
$$= 4 \times 19 + 5 \times 12$$
$$= 76 + 60 = \mathbf{136}(\text{점})$$

4-1 $34 - (15 + 20) \div 5 = 34 - 35 \div 5$
$$= 34 - 7$$
$$= \mathbf{27}$$

4-2 미라: $16 + 48 \div 2 - 29 = 16 + 24 - 29$
$$= 40 - 29 = 11$$
윤호: $31 - 9 + 5 \times 5 = 31 - 9 + 25$
$$= 22 + 25 = 47$$

4-3 $71 - 56 \div 8 + 14 = 71 - 7 + 14$
$$= 64 + 14$$
$$= \mathbf{78}$$

4-4 $38 + 72 \div (15 - 9) - 24 = 38 + 72 \div 6 - 24$
$$= 38 + 12 - 24$$
$$= 50 - 24 = 26$$
$\Rightarrow$ 계산 결과가 26이므로 비밀번호는 $2 + 6 = \mathbf{8}$입니다.

5-1 생각 열기 곱셈과 나눗셈을 덧셈과 뺄셈보다 먼저 계산합니다.
( ) $\rightarrow \div \rightarrow \times \rightarrow -$ 의 순서대로 계산합니다.

5-2 $2 \times \{26 - (8 + 13) \div 7\} - 11 = 2 \times (26 - 21 \div 7) - 11$
$$= 2 \times (26 - 3) - 11$$
$$= 2 \times 23 - 11$$
$$= 46 - 11 = \mathbf{35}$$

주의
- 자연수의 혼합 계산 순서
$$(\ ) \rightarrow \{ \ \} \rightarrow \times, \div \rightarrow +, -$$

5-3 ㉠ $26 + 3 \times 4 - 49 \div 7 = 26 + 12 - 7$
$$= 38 - 7 = 31$$
㉡ $38 \div 2 \times 4 - 68 + 19 = 19 \times 4 - 68 + 19$
$$= 76 - 68 + 19$$
$$= 8 + 19 = 27$$
$\Rightarrow 31 > 27$이므로 더 큰 것은 ㉠입니다.

5-4 앞에서부터 차례로 ( )로 묶어 봅니다.
- $(72 - 5) \times 2 + 6 \div 4 = 67 \times 2 + 6 \div 4$
$$= 134 + 6 \div 4 \Rightarrow \times$$
- $72 - (5 \times 2) + 6 \div 4 = 72 - 10 + 6 \div 4 \Rightarrow \times$
- $72 - 5 \times (2 + 6) \div 4 = 72 - 5 \times 8 \div 4$
$$= 72 - 40 \div 4$$
$$= 72 - 10 = 62 \Rightarrow \bigcirc$$
- $72 - 5 \times 2 + (6 \div 4) \Rightarrow \times$
- $72 - (5 \times 2 + 6) \div 4 = 72 - (10 + 6) \div 4$
$$= 72 - 16 \div 4$$
$$= 72 - 4 = 68 \Rightarrow \times$$

5-5 서술형 가이드 곱셈식과 나눗셈식의 관계, 덧셈식과 뺄셈식의 관계를 이용하여 □ 안에 알맞은 수를 구해야 합니다.

채점 기준

상	풀이 과정을 쓰고 답을 바르게 구함.
중	풀이 과정을 쓰지 못했지만 답은 맞음.
하	풀이 과정을 쓰지 못하고, 답도 틀림.

STEP 2 응용 유형 익히기
18 ~ 23쪽

응용 1 160원

예제 1-1 1900원　　**예제 1-2** 1700원

응용 2 91

예제 2-1 61　　**예제 2-2** 361

예제 2-3 24

응용 3 37 cm

예제 3-1 80 cm

예제 3-2 예) $100-(3\times4+4\times4+5\times4)\times2=4$; 4 m

응용 4 19 cm

예제 4-1 54 cm　　**예제 4-2** 88 cm

응용 5 22개

예제 5-1 22개　　**예제 5-2** 20개

응용 6 2

예제 6-1 3　　**예제 6-2** 20

예제 6-3 32

응용 1 **생각 열기** 연필 2자루의 값과 지우개 4개의 값을 2000원에서 빼는 식을 세워 혼합 계산의 순서에 주의하여 답을 구합니다.

(1) (3자루에 1260원 하는 연필 2자루의 값)
 $=1260\div3\times2$

(2) (한 개에 250원 하는 지우개 4개의 값)
 $=250\times4$

(3) (거스름돈)
 $=2000-1260\div3\times2-250\times4$
 $=2000-840-1000$
 $=1160-1000$
 $=\mathbf{160}$(원)

예제 1-1 (한 개에 2000원씩 하는 과자 3개의 값)
 $=2000\times3$
 (4개에 8400원 하는 요구르트 한 개의 값)
 $=8400\div4$
 ⇨ (거스름돈)$=10000-2000\times3-8400\div4$
 $=10000-6000-2100$
 $=4000-2100$
 $=\mathbf{1900}$(원)

예제 1-2 **해법 순서**
 ① 자 2개의 값을 구합니다.
 ② 색연필 3자루의 값을 구합니다.
 ③ 지우개 2개의 값을 구합니다.
 ④ 5000원에서 물건값을 모두 뺍니다.

(한 개에 450원 하는 자 2개의 값)
 $=450\times2$
(4자루에 2080원 하는 색연필 3자루의 값)
 $=2080\div4\times3$
(5개에 2100원 하는 지우개 2개의 값)
 $=2100\div5\times2$
⇨ (거스름돈)
 $=5000-450\times2-2080\div4\times3-2100\div5\times2$
 $=5000-900-1560-840$
 $=4100-1560-840$
 $=2540-840$
 $=\mathbf{1700}$(원)

참고

■개에 ▲원 하는 물건 ★개의 값
⇨ (▲÷■×★)원

응용 2 **생각 열기** 잘못 계산한 식에서 어떤 수를 먼저 구합니다.

(1) 어떤 수를 □라 하면 잘못 계산한 식은
 □$-37+28=73$입니다.
 ⇨ □$-37+28=73$, □$-37=73-28=45$,
 □$=45+37=82$

(2) 어떤 수는 82이므로
 바르게 계산한 식: $82+37-28=119-28$
 $=\mathbf{91}$

예제 2-1 어떤 수를 □라 하면
 잘못 계산한 식: $52-48+$□$=43$, $4+$□$=43$,
 □$=43-4=39$
 바르게 계산한 식: $52-39+48=13+48$
 $=\mathbf{61}$

예제 2-2 **해법 순서**
 ① 잘못 계산한 식을 이용하여 어떤 수를 구합니다.
 ② 구한 어떤 수로 바르게 계산한 값을 구합니다.

 어떤 수를 □라 하면
 잘못 계산한 식: □$\div4-9=13$, □$\div4=13+9$,
 □$\div4=22$, □$=22\times4=88$
 바르게 계산한 식: $88\times4+9=352+9$
 $=\mathbf{361}$

예제 2-3 어떤 수를 □라 하면
 잘못 계산한 식: $(20+$□$)\times4\div6=16$
 $(20+$□$)\times4=16\times6=96$
 $20+$□$=96\div4=24$
 □$=24-20=4$
 바르게 계산한 식: $(20-4)\div4\times6=16\div4\times6$
 $=4\times6=\mathbf{24}$

응용 3 생각 열기 이등변삼각형은 두 변의 길이가 같습니다.

(1) 1 m＝100 cm입니다.

(2) (이등변삼각형 1개를 만드는 데 필요한 끈의 길이)
＝8×2＋5이므로
(이등변삼각형 3개를 만드는 데 필요한 끈의 길이)
＝(8×2＋5)×3입니다.

(3) (남은 끈의 길이)
＝100－(8×2＋5)×3
＝100－(16＋5)×3
＝100－21×3
＝100－63＝**37 (cm)**

참고

• 이등변삼각형: 두 변의 길이가 같습니다.

• 정삼각형: 세 변의 길이가 같습니다.

예제 3-1 (액자 1개에 붙일 때 사용한 색 테이프의 길이)
＝12＋8＋12＋8
(액자 3개에 붙일 때 사용한 색 테이프의 길이)
＝(12＋8＋12＋8)×3
2 m＝200 cm이므로
(남은 색 테이프의 길이)
＝200－(12＋8＋12＋8)×3
＝200－40×3
＝200－120＝**80 (cm)**

참고

(직사각형의 둘레)＝(가로)＋(세로)＋(가로)＋(세로)

예제 3-2 해법 순서

① 세 밭의 모든 변의 길이의 합을 구합니다.

② 두 줄로 울타리를 치므로 사용한 끈의 길이를 구합니다.

③ 100 m에서 사용한 끈의 길이를 뺍니다.

(세 밭의 모든 변의 길이의 합)
＝3×4＋4×4＋5×4

(사용한 끈의 길이)
＝(3×4＋4×4＋5×4)×2

▷ (남은 끈의 길이)
＝100－(3×4＋4×4＋5×4)×2
＝100－(12＋16＋20)×2
＝100－48×2
＝100－96＝**4 (m)**

참고

직사각형: 마주 보는 두 변의 길이가 같습니다.

정사각형: 네 변의 길이가 같습니다.

응용 4 생각 열기 색 테이프 2도막을 붙이면 겹쳐지는 곳은 한 곳입니다.

(1) (길이가 72 cm인 색 테이프를 9등분 한 것 중의 한 도막의 길이)＝72÷9

(2) (길이가 91 cm인 색 테이프를 7등분 한 것 중의 한 도막의 길이)＝91÷7

(3) (두 도막을 붙였으므로 겹쳐지는 곳은 한 곳이고 2 cm입니다.

▷ (이어 붙인 색 테이프의 전체 길이)
＝72÷9＋91÷7－2
＝8＋13－2
＝21－2＝**19 (cm)**

예제 4-1 (길이가 115 cm인 색 테이프를 5등분 한 것 중의 한 도막의 길이)＝115÷5

(길이가 117 cm인 색 테이프를 3등분 한 것 중의 한 도막의 길이)＝117÷3

두 도막을 붙였으므로 겹쳐지는 곳은 한 곳이고 8 cm입니다.

▷ (이어 붙인 색 테이프의 전체 길이)
＝115÷5＋117÷3－8
＝23＋39－8
＝62－8＝**54 (cm)**

예제 4-2 생각 열기 색 테이프를 □개 이어 붙이면 겹쳐진 곳은 (□－1)군데입니다.

(길이가 108 cm인 색 테이프를 3등분 한 것 중의 두 도막의 길이)＝108÷3×2

(길이가 72 cm인 색 테이프를 2등분 한 것 중의 한 도막의 길이)＝72÷2

세 도막을 붙였으므로 겹쳐지는 곳은 2곳이고 각각 10 cm입니다.

▷ (이어 붙인 색 테이프의 전체 길이)
＝108÷3×2＋72÷2－10×2
＝72＋36－20
＝108－20＝**88 (cm)**

응용 5 (1)

정사각형의 수(개)	성냥개비의 수(개)
1	4
2	4＋3
3	4＋3×2
⋮	⋮
□	4＋3×(□－1)

(정사각형 □개를 만들 때 필요한 성냥개비의 수)
＝4＋3×(□－1)

참고

정사각형의 수와 성냥개비의 수 사이의 식을 다르게 구할 수도 있습니다.

정사각형의 수(개)	성냥개비의 수(개)
1	$3+1$
2	$3 \times 2 + 1$
3	$3 \times 3 + 1$
⋮	⋮
□	$3 \times □ + 1$

(정사각형 □개를 만들 때 필요한 성냥개비의 수)
$= 3 \times □ + 1$

(2) (정사각형 7개를 만들 때 필요한 성냥개비의 수)
$= 4 + 3 \times (7-1)$
$= 4 + 3 \times 6$
$= 4 + 18 = \mathbf{22}(개)$

예제 5-1

순서	바둑돌의 수(개)
첫째	4
둘째	$4+2$
셋째	$4 + 2 \times 2$
넷째	$4 + 2 \times 3$
⋮	⋮
□째	$4 + 2 \times (□-1)$

⇨ (10째의 바둑돌의 수)
$= 4 + 2 \times (10-1)$
$= 4 + 2 \times 9$
$= 4 + 18 = \mathbf{22}(개)$

예제 5-2 해법 순서

① 그림을 보고 만든 삼각형의 수와 사용한 성냥개비의 수를 표로 만들어 봅니다.
② 표를 보고 식으로 나타냅니다.
③ 만든 식을 이용하여 성냥개비 41개로 만들 수 있는 삼각형의 수를 구합니다.

삼각형의 수(개)	성냥개비의 수(개)
1	3
2	$3+2$
3	$3 + 2 \times 2$
⋮	⋮
□	$3 + 2 \times (□-1)$

삼각형 □개를 만들 때 필요한 성냥개비의 수를 41개라 하면
$3 + 2 \times (□-1) = 41$
$2 \times (□-1) = 41 - 3$
$2 \times (□-1) = 38$
$□-1 = 38 \div 2$
$□-1 = 19$
$□ = 19 + 1$
$□ = \mathbf{20}$

따라서 성냥개비 41개로 만들 수 있는 삼각형은 **20개**입니다.

응용 6 생각 열기 ■ + ◆ = ♥일 때 ◆ = ♥ − ■이고,
● × ★ = ▲일 때 ★ = ▲ ÷ ●입니다.

(1) $10 + (9 \times □ - 5) \times 2 = 36$
$(9 \times □ - 5) \times 2 = 36 - 10$
$(9 \times □ - 5) \times 2 = 26$

(2) $(9 \times □ - 5) \times 2 = 26$
$9 \times □ - 5 = 26 \div 2$
$9 \times □ - 5 = 13$
$9 \times □ = 13 + 5$
$9 \times □ = 18$
$□ = 18 \div 9$
$□ = \mathbf{2}$

예제 6-1 $33 - (6 + 8 \times □) \div 3 = 23$
$(6 + 8 \times □) \div 3 + 23 = 33$
$(6 + 8 \times □) \div 3 = 33 - 23$
$(6 + 8 \times □) \div 3 = 10$
$6 + 8 \times □ = 10 \times 3$
$6 + 8 \times □ = 30$
$8 \times □ = 30 - 6$
$8 \times □ = 24$
$□ = 24 \div 8$
$□ = \mathbf{3}$

예제 6-2 ・$40 \div ㉠ + 7 = 15$
$40 \div ㉠ = 15 - 7$
$40 \div ㉠ = 8$
$㉠ \times 8 = 40$
$㉠ = 40 \div 8$
$㉠ = 5$

・$30 - (4 + ㉡ \div 3) \times 2 = 12$
$(4 + ㉡ \div 3) \times 2 + 12 = 30$
$(4 + ㉡ \div 3) \times 2 = 30 - 12$

$(4+ⓒ÷3)×2=18$
$4+ⓒ÷3=18÷2$
$4+ⓒ÷3=9$
$ⓒ÷3=9-4$
$ⓒ÷3=5$
$ⓒ=5×3$
$ⓒ=15$
⇨ ㉠+ⓒ=5+15=**20**

예제 6-3 생각 열기 $+, -, ×, ÷, (\ ), \{\ \}$가 섞여 있는 식의 계산 순서는 $(\ )→\{\ \}→×, ÷→+, -$입니다.

$\{25+(□-27)×2\}÷5=7$
$25+(□-27)×2=7×5$
$25+(□-27)×2=35$
$(□-27)×2=35-25$
$(□-27)×2=10$
$□-27=10÷2$
$□-27=5$
$□=5+27$
$□=**32**$

STEP 3 응용 유형 뛰어넘기 24 ～ 28쪽

01 45
02 예 (거스름돈)=(낸 돈)-(카네이션 9송이의 값)
$=20000-1800×9$
$=20000-16200$
$=3800(원)$
; 3800원
03 $78-(48+16)÷2=46$
04 141켤레
05 예 $2×2-1=3, 3×2-1=5, 5×2-1=9……$이므로 앞의 수의 2배보다 1 작은 수가 뒤에 나오는 규칙입니다. ; 129
06 31 m 50 cm
07 예 $6●7=6×7+3=42+3=45$,
$(6●7)●5=45●5=45×5+3$
$=225+3=228$; 228
08 7 kg 900 g
09 10원짜리 동전, 62개
10 예 $(1+2)÷3×5-4=1, (5-4+3)÷2×1=2$
11 273   **12** 36개
13 135   **14** 47700원

01 생각 열기 $(□-9)÷6$을 ☆이라 하면 $41+☆=47$일 때 $☆=47-41, ☆=6$입니다.

$41+(□-9)÷6=47$
$(□-9)÷6=47-41$
$(□-9)÷6=6$
$□-9=6×6$
$□-9=36$
$□=36+9$
$□=**45**$

02 해법 순서
① 카네이션 9송이의 값을 구합니다
② 20000원에서 카네이션 9송이의 값을 뺍니다.

서술형 가이드 카네이션 9송이의 값을 구하는 식을 쓰고 20000원에서 빼는 과정이 들어 있어야 합니다.

채점 기준

상	20000원에서 카네이션 9송이의 값을 빼는 식을 쓰고 답을 바르게 구함.
중	20000원에서 카네이션 9송이의 값을 바르게 썼지만 계산 실수를 하여 답이 틀림.
하	풀이 과정을 쓰지 못하고, 답도 틀림.

참고
(거스름돈)=(낸 돈)-(물건값)

03 생각 열기 $(\quad)$가 있으면 $(\quad)$ 안을 가장 먼저 계산해야 합니다.

$(78-48)+16÷2$ 또는 $78-48+(16÷2)$는 $(\ )$가 없을 때와 계산 결과가 같습니다.
・$78-48+16÷2=78-48+8$
$=30+8=38\ (×)$
・$(78-48+16)÷2=(30+16)÷2$
$=46÷2=23\ (×)$
・$78-(48+16÷2)=78-(48+8)$
$=78-56=22\ (×)$
・$78-(48+16)÷2=78-64÷2$
$=78-32=46\ (○)$

04 해법 순서
① 가 기계가 1시간 동안 만드는 신발의 수를 구합니다.
② 나 기계가 1시간 동안 만드는 신발의 수를 구합니다.
③ 두 기계가 1시간 동안 만드는 신발의 수를 구합니다.

(가 기계가 1시간 동안 만드는 신발의 수)
=(가 기계가 4시간 동안 만드는 신발의 수)÷4
=228÷4
(나 기계가 1시간 동안 만드는 신발의 수)
=(나 기계가 5시간 동안 만드는 신발의 수)÷5
=420÷5
⇨ (두 기계를 한 시간 동안 작동시켜 만들 수 있는 신발의 수)
=228÷4+420÷5
=57+84=**141(켤레)**

05 □=65×2−1=130−1=129

해법 순서
① 수가 놓이는 규칙을 찾습니다.
② 찾은 규칙을 이용하여 □ 안의 수를 구합니다.

서술형 가이드 수가 놓이는 규칙을 논리적으로 설명하고 □ 안의 수를 구해야 합니다.

채점 기준

상	수가 놓이는 규칙을 찾고 □ 안의 수를 바르게 구함.
중	수가 놓이는 규칙을 바르게 찾았으나 □ 안의 수를 구하지 못함.
하	수가 놓이는 규칙을 찾지 못해 □ 안의 수도 구하지 못함.

06 **생각 열기** 2층에서 8층까지는 (8−2+1)개의 층입니다.

1층부터 15층까지의 높이가 67 m 50 cm=6750 cm 이므로 한 층의 높이는 (6750÷15) cm입니다.
영기네 집 바닥부터 미소네 집 천장까지는 (8−2+1)층 이므로 높이는
6750÷15×(8−2+1)
=6750÷15×7
=450×7=3150 (cm)입니다.
⇨ 3150 cm=**31 m 50 cm**

참고
1 m=100 cm입니다.
· 67 m 50 cm=6700 cm+50 cm=6750 cm
· 3150 cm=3100 cm+50 cm=31 m 50 cm

07 **해법 순서**
① 6 ◉ 7을 구합니다.
② ①에서 구한 6 ◉ 7의 값을 이용하여 (6 ◉ 7) ◉ 5의 값을 구합니다.

서술형 가이드 6 ◉ 7을 먼저 계산하고 구한 값을 이용하여 (6 ◉ 7) ◉ 5를 계산하는 풀이 과정이 들어 있어야 합니다.

채점 기준

상	6 ◉ 7을 먼저 계산하고 (6 ◉ 7) ◉ 5를 바르게 구함.
중	6 ◉ 7은 바르게 계산하였으나 (6 ◉ 7) ◉ 5를 계산하는 과정에서 계산 실수를 하여 답이 틀림.
하	6 ◉ 7을 계산하지 못해 (6 ◉ 7) ◉ 5도 계산하지 못해 답이 틀림.

08 돼지고기는 100 g에 (13800÷6)원이므로 산 돼지고기의 무게는 {20700÷(13800÷6)×100} g이고, 양파는 1 kg에 (9500÷5)원이므로 산 양파의 무게는 {13300÷(9500÷5)×1000} g입니다.
⇨ 20700÷(13800÷6)×100
+13300÷(9500÷5)×1000
=900+7000=7900 (g)
⇨ 7900 g=**7 kg 900 g**

09 **생각 열기** 10원짜리 동전과 100원짜리 동전이 각각 어떤 규칙으로 늘어나는지 알아봅니다.

10원짜리 동전: 1 3 5…… ⇨ 2개씩 많아집니다.
+2 +2

100원짜리 동전: 1 2 3…… ⇨ 1개씩 많아집니다.
+1 +1

(63째의 10원짜리 동전의 수)
=1+2×(63−1)
=1+2×62=125(개)
(63째의 100원짜리 동전의 수)=63개
⇨ **10원짜리 동전**이 125−63=**62(개)** 더 많습니다.

다른 풀이

순서	10원짜리 동전의 수(개)	100원짜리 동전의 수(개)
첫째	1	1
둘째	1+2×1	2
셋째	1+2×2	3
⋮	⋮	⋮
□째	1+2×(□−1)	□

63째의
(10원짜리 동전의 수)=1+2×(63−1)=125(개),
(100원짜리 동전의 수)=63개
⇨ 10원짜리 동전이 125−63=62(개) 더 많습니다.

10 생각 열기 1부터 5까지의 자연수와 연산 기호를 모두 사용하여 1 또는 2가 되는 식을 만들려면 ( )를 이용해야 합니다.

계산 결과가 1인 계산식

예 $(1+2) \div 3 \times 5 - 4 = 3 \div 3 \times 5 - 4$
$= 1 \times 5 - 4$
$= 5 - 4 = \mathbf{1}$

계산 결과가 2인 계산식

예 $(5 - 4 + 3) \div 2 \times 1 = (1 + 3) \div 2 \times 1$
$= 4 \div 2 \times 1$
$= 2 \times 1 = \mathbf{2}$

11 해법 순서
① 계산 결과가 가장 큰 식을 쓰고 계산합니다.
② 계산 결과가 가장 작은 식을 쓰고 계산합니다.
③ 두 식의 차를 구합니다.

계산 결과가 가장 크려면 곱하는 수는 가장 커야 하고 빼는 수는 가장 작아야 하므로
$(9 + 11) \times 17 - 4 = 20 \times 17 - 4$
$= 340 - 4 = 336$입니다.

계산 결과가 가장 작으려면 곱하는 수는 가장 작아야 하고 빼는 수는 가장 커야 하므로
$(9 + 11) \times 4 - 17 = 20 \times 4 - 17$
$= 80 - 17 = 63$입니다.

$\Rightarrow 336 - 63 = \mathbf{273}$

참고

$(㉠ + ㉡) \times ㉢ - ㉣$

에서 계산 결과가 가장 크려면 ㉣이 가장 작아야 하고 계산 결과가 가장 작으려면 ㉣이 가장 커야 합니다.

12 생각 열기 한 변에 놓인 흰 바둑돌이 □개인 정사각형 모양일 때 흰 바둑돌의 수는 {(□ − 1) × 4}개입니다.

해법 순서
① 그림을 보고 검은 바둑돌의 수의 규칙을 찾습니다.
② 검은 바둑돌이 64개일 때는 흰 바둑돌의 수를 구합니다.

검은 바둑돌의 수를 알아보면

1	4	9	16	……	64
(1×1)	(2×2)	(3×3)	(4×4)		(8×8)

이므로 검은 바둑돌이 64개일 때는 여덟째 모양입니다.
한 변에 놓인 흰 바둑돌은 검은 바둑돌보다 2개씩 많고, 여덟째 모양에서 검은 바둑돌은 한 변에 8개씩 놓이므로 흰 바둑돌은 한 변에 10개씩 놓입니다.

$\Rightarrow 10 \times 4 - 4 = \mathbf{36}$(개)

다른 풀이

순서	검은 바둑돌의 수(개)	흰 바둑돌의 수(개)
1	1	8
	1 × 1	3 × 4 − 4
2	4	12
	2 × 2	4 × 4 − 4
3	9	16
	3 × 3	5 × 4 − 4
4	16	20
	4 × 4	6 × 4 − 4

검은 바둑돌이 64개일 때는 $8 \times 8 = 64$이므로 여덟째입니다.

$\Rightarrow$ (여덟째의 흰 바둑돌의 수)$= 10 \times 4 - 4 = 36$(개)

13 생각 열기 연산을 하여 수가 커지는 경우는 + 또는 ×를, 수가 작아지는 경우는 ÷ 또는 −를 이용하여 알맞은 규칙을 찾을 수 있습니다.

해법 순서
① 보기를 이용하여 ◎의 연산을 구합니다.
② 구한 연산을 이용하여 3 ◎ 42를 계산합니다.

$2 ◎ 5 = (2 + 5) \times 2 = 14$,
$4 ◎ 3 = (4 + 3) \times 4 = 28$,
$3 ◎ 5 = (3 + 5) \times 3 = 24$,
$10 ◎ 2 = (10 + 2) \times 10 = 120$
따라서 ■ ◎ ▲ = (■ + ▲) × ■입니다.

$\Rightarrow 3 ◎ 42 = (3 + 42) \times 3 = \mathbf{135}$

14 생각 열기 10초에 60원이면 1초에는 6원, 100 g에 1500원이면 1 g에 15원입니다.

해법 순서
① 현진이가 내야 하는 국제 전화의 값을 구합니다.
② 현진이가 내야 하는 국제 우편의 값을 구합니다.
③ 현진이가 내야 하는 요금의 합을 구합니다.

국제 전화는 10초에 60원이므로 1초에 6원이고,
1시간 10분 = 70분 = (60 × 70)초입니다.
$\Rightarrow$ (국제 전화 요금) = 60 × 70 × 6(원)
국제 우편은 100 g에 1500원이므로 1 g에 15원이고,
1 kg 500 g = 1500 g입니다.
$\Rightarrow$ (국제 우편 요금) = 1500 × 15(원)
따라서 현진이가 내야 하는 요금은
$60 \times 70 \times 6 + 1500 \times 15 = 4200 \times 6 + 22500$
$= 25200 + 22500$
$= \mathbf{47700}$(원)입니다.

실력평가

01 $121 \div 11$에 ○표 **02** 27
03 8 **04**
05 750명
06 $500 \times 62 + 100 \times 134 = 44400$; 44400원
07 63 **08** 4
09 $48 + 117 \div 13 - 8 = 49$
10 600원 **11** 37개
12 128 km **13** ㉠, ㉢, ㉡
14 예 $+$, $\div$ **15** 313
16 36 **17** 40
18 예 $(4+5) \times 7 \div 1 - 3 = 60$; 60
19 25 g, 154 g **20** 500원

01 생각 열기 곱셈과 나눗셈을 덧셈보다 먼저 계산하고, 곱셈과 나눗셈은 앞에서부터 차례로 계산합니다.

$$24 + 121 \div 11 \times 4 = 24 + 11 \times 4$$
$$= 24 + 44$$
$$= \mathbf{68}$$

02 생각 열기 덧셈과 나눗셈이 섞여 있는 식은 나눗셈을 먼저 계산합니다.

$$15 + 60 \div 5 = \mathbf{27}$$

03 생각 열기 ( )가 있는 식은 ( ) 안을 먼저 계산합니다.

$$160 \div (12 + 8) = \mathbf{8}$$

04 $7 \times 6 - 4 = 42 - 4 = 38$

$7 \times (6 - 4) = 7 \times 2 = 14$

05 생각 열기 내리는 사람 수는 뺄셈을, 타는 사람 수는 덧셈을 이용하여 식으로 나타냅니다.

$$650 - 250 + 350 = 400 + 350 = \mathbf{750}(명)$$

06 $500 \times 62 + 100 \times 34 = 31000 + 13400 = \mathbf{44400}(원)$

서술형 가이드 500원짜리의 동전의 수와 100원짜리 동전의 수에 각각 500원과 100원을 곱하는 하나의 식으로 써야 합니다.

채점 기준	
상	하나의 식으로 나타내고 답을 바르게 구함.
중	하나의 식으로 바르게 나타내었으나 계산 실수를 하여 답이 틀림.
하	하나의 식으로 나타내지 못하고, 답도 틀림.

07 해법 순서
① 잘못된 계산을 이용하여 어떤 수를 구합니다.
② 어떤 수로 바르게 계산한 값을 구합니다.
어떤 수를 □라 하면
잘못 계산한 식: $\square \times 5 + 7 = 27$, $\square \times 5 = 20$, $\square = 4$
바르게 계산한 식: $(4 + 5) \times 7 = 9 \times 7 = \mathbf{63}$

08 생각 열기 $\square \times 17 - 6 = 62$에서 $\square \times 17$을 ♥라 하면 ♥$= 62 + 6$입니다.

$\square \times 17$을 ♥라 하면 ♥$- 6 = 62$,
♥$= 62 + 6$, ♥$= 68$입니다.
⇨ $\square \times 17 = 68$, $\square = 68 \div 17$, $\square = \mathbf{4}$

09 생각 열기 117을 13으로 나눈 몫을 식으로 나타내면 $117 \div 13$입니다.

$$\mathbf{48 + 117 \div 13 - 8} = 48 + 9 - 8$$
$$= 57 - 8$$
$$= \mathbf{49}$$

10 해법 순서
① 꽁치 8마리의 값을 식으로 나타냅니다.
② 콩나물 2봉지의 값을 식으로 나타냅니다.
③ 10000원에서 ①과 ②의 합을 뺍니다.
$10000 - (850 \times 8 + 1300 \times 2)$
$= 10000 - (6800 + 2600)$
$= 10000 - 9400$
$= \mathbf{600}(원)$

11 생각 열기 처음 정사각형을 1개 만들 때는 성냥개비가 4개, 이후 1개씩 정사각형을 더 만들 때마다 성냥개비는 3개씩 더 필요합니다.

• 정사각형을 1개 만들 때 사용한 성냥개비의 수: 4개
• 정사각형을 1개씩 더 만들 때마다 성냥개비는 3개가 더 필요합니다.
⇨ $4 + 3 \times 11 = 4 + 33 = \mathbf{37}(개)$

12 생각 열기 왔다가 되돌아간 것은 처음 거리를 2배만큼 이동한 것입니다.

갔던 길을 되돌아 집으로 왔으므로 전체 이동한 거리는
(집~숭례문~경복궁~흥인지문) 거리의 2배입니다.

$\Rightarrow (58+2+4) \times 2 = (60+4) \times 2$
$= 64 \times 2 = \mathbf{128} \, (\mathbf{km})$

13 해법 순서
① ㉠을 계산합니다.
② ㉡을 계산합니다.
③ ㉢을 계산합니다.
④ 계산 결과를 비교합니다.

㉠ $11 \times 4 - (20+16) \div 6 = 44 - 36 \div 6$
$= 44 - 6 = 38$

㉡ $(45 \div 9 + 6) \times 3 = (5+6) \times 3$
$= 11 \times 3 = 33$

㉢ $61 - \{33 - (3+8)\} - 4 = 61 - (33-11) - 4$
$= 61 - 22 - 4$
$= 39 - 4 = 35$

$\Rightarrow 38 > 35 > 33$이므로 ㉠ > ㉢ > ㉡입니다.

14 생각 열기 ( ) 안의 식을 ☆이라 하면 ☆ $\times 4 = 20$이므로 ☆ $= 20 \div 4$입니다.

예 $(4 + 4 \div 4) \times 4 = (4+1) \times 4$
$= 5 \times 4 = 20$

15 생각 열기 하나의 식으로 나타내어 계산합니다.

$(315 \div 9 - 17) \times (13+4) + 7$
$= (35 - 17) \times (13+4) + 7$
$= 18 \times 17 + 7$
$= 306 + 7 = \mathbf{313}$

16 생각 열기 간단히 할 수 있는 것부터 간단히 하여 □ 안에 알맞은 수를 구합니다.

$(92 + \square) \div 16 + 36 = 44$
$(92 + \square) \div 16 = 44 - 36$
$(92 + \square) \div 16 = 8$
$92 + \square = 8 \times 16$
$92 + \square = 128$
$\square = 128 - 92$
$\square = \mathbf{36}$

17 해법 순서
① $6 ■ 5$를 먼저 구합니다.
② $(6 ■ 5) ■ 9$를 구합니다.

$6 ■ 5 = (6-5) \times (6+5) = 1 \times 11 = 11$
$(6 ■ 5) ■ 9 = 11 ■ 9 = (11-9) \times (11+9)$
$= 2 \times 20 = \mathbf{40}$

18 곱하는 수를 가장 큰 수로, 더하는 수를 두 번째로 큰 수로 하여 식을 만듭니다.

서술형 가이드 수 카드의 수를 모두 쓰고, $+$, $-$, $\times$, $\div$와 ( )를 모두 사용하여 계산 결과가 60이 되는 식을 써야 합니다.

채점 기준

상	올바른 식으로 나타내고 답을 바르게 구함.
중	올바른 식을 바르게 나타내었으나 계산 실수를 하여 답이 틀림.
하	올바른 식을 쓰지 못하고, 답도 틀림.

19 해법 순서
① 초콜릿 8개를 더 넣었을 때 늘어난 무게를 이용하여 초콜릿 1개의 무게를 구합니다.
② ①에서 구한 초콜릿 1개의 무게를 이용하여 상자만의 무게를 구합니다.

• 초콜릿 1개의 무게:
$(754 - 554) \div 8 = 200 \div 8 = \mathbf{25} \, (\mathbf{g})$

• 상자만의 무게:
$554 - 25 \times 16 = 554 - 400 = \mathbf{154} \, (\mathbf{g})$

참고

(초콜릿 24개의 무게)+(상자의 무게)=754
$-$) (초콜릿 16개의 무게)+(상자의 무게)=554
(초콜릿 8개의 무게)   =200

20 생각 열기 연필 1타는 연필 12자루를 말하고, 순이익금은 물건을 판 금액에서 물건을 사 온 금액을 뺀 것입니다.

해법 순서
① 문구점에서 사 온 연필 12타의 값을 구합니다.
② □를 사용하여 판 연필 12타의 값을 식으로 나타냅니다.
③ 순이익금이 33120원이므로 ①과 ②를 이용하여 식으로 나타내어 □를 구합니다.

혁재네 문구점에서 사 온 연필 12타의 값:
(3240×12)원
연필 한 자루를 판 값을 □원이라 하면 12타의 연필을
판 값: $12 \times 12 \times \square$
순이익이 33120원이므로
$12 \times 12 \times \square - 3240 \times 12 = 33120$
$144 \times \square - 38880 = 33120$
$144 \times \square = 33120 + 38880$
$144 \times \square = 72000$
$\square = 72000 \div 144$
$\square = \mathbf{500}$입니다.

2 약수와 배수

STEP 1 기본 유형 익히기 38 ~ 41쪽

1-1 1, 2, 3, 4, 6, 12
1-2 ㉣ **1-3** 27
1-4 12
2-1 4, 8, 12, 16, 20
2-2

11	12	13	14	15	16	17	18
19	20	21	22	23	24	25	26
27	28	29	30	31	32	33	34
35	36	37	38	39	40	41	42
43	44	45	46	47	48	49	50

2-3 108
2-4 5의 배수입니다.
; 예 10의 배수인 10, 20, 30……은 모두 5의 배수이므로 10의 배수는 모두 5의 배수입니다.
3-1 호식 **3-2** ㉡, ㉢
3-3 예 4, 예 35
3-4 3, 108, 72, 36, 9 **3-5** 8개
4-1 1, 2, 5, 10
4-2 예 16의 약수: 1, 2, 4, 8, 16
36의 약수: 1, 2, 3, 4, 6, 9, 12, 18, 36
⇨ 16과 36의 공약수는 1, 2, 4이므로 3개입니다.
; 3개
4-3 2, 3 ; 6 **4-4** 3, 13 ; 12
4-5 방법 1 예 16의 약수: 1, 2, 4, 8, 16
20의 약수: 1, 2, 4, 5, 10, 20
⇨ 16과 20의 공약수 1, 2, 4 중 가장 큰 수는 4이므로 16과 20의 최대공약수는 4입니다.
방법 2 예
$$\begin{array}{r|rr} 2 & 16 & 20 \\ \hline 2 & 8 & 10 \\ \hline & 4 & 5 \end{array}$$
⇨ 최대공약수: $2\times2=4$
4-6 4개 **4-7** 1, 2, 3, 4, 6, 12
4-8 6개
5-1 12, 24, 36 **5-2** 60
5-3 2, 3 ; 72 **5-4** 2, 5 ; 150
5-5 방법 1 예 $12=2\times2\times3$, $20=2\times2\times5$
⇨ 최소공배수: $2\times2\times3\times5=60$
방법 2 예
$$\begin{array}{r|rr} 2 & 12 & 20 \\ \hline 2 & 6 & 10 \\ \hline & 3 & 5 \end{array}$$
⇨ 최소공배수: $2\times2\times3\times5=60$
5-6 56, 예 56, 112, 168
5-7 24일 후, 48일 후

1-1 생각 열기 약수는 어떤 수를 나누었을 때 나누어떨어지게 하는 수입니다.
$12\div\mathbf{1}=12$, $12\div\mathbf{2}=6$, $12\div\mathbf{3}=4$, $12\div\mathbf{4}=3$, $12\div\mathbf{6}=2$, $12\div\mathbf{12}=1$

1-2 ㉠ $33\div6=5\cdots3$ ㉡ $58\div8=7\cdots2$
㉢ $70\div12=5\cdots10$ ㉣ $64\div16=4$

1-3 $27\div1=27$, $27\div3=9$, $27\div9=3$, $27\div27=1$이므로 1, 3, 9, 27은 모두 **27**의 약수입니다.

1-4 **12**의 약수: 1, 2, 3, 4, 6, 12 ⇨ 6개
16의 약수: 1, 2, 4, 8, 16 ⇨ 5개
21의 약수: 1, 3, 7, 21 ⇨ 4개
25의 약수: 1, 5, 25 ⇨ 3개

2-1 $4\times1=\mathbf{4}$, $4\times2=\mathbf{8}$, $4\times3=\mathbf{12}$, $4\times4=\mathbf{16}$, $4\times5=\mathbf{20}$

2-2 3의 배수: $3\times4=12$, $3\times5=15$, $3\times6=18$, $3\times7=21$, $3\times8=24$……
5의 배수: $5\times3=15$, $5\times4=20$, $5\times5=25$, $5\times6=30$, $5\times7=35$……

2-3 $18\times5=90$, $18\times6=108$
⇨ 90과 108 중에서 100에 더 가까운 수는 **108**입니다.

2-4 서술형 가이드 10의 배수가 5의 배수인 이유를 논리적으로 써야 합니다.

채점 기준

상	답을 바르게 쓰고 이유를 논리적으로 썼음.
중	답을 바르게 썼지만 이유를 논리적으로 쓰지 못함.
하	답도 틀리고 이유도 쓰지 못함.

3-1 35의 약수는 1, 5, 7, 35입니다.

3-2 큰 수를 작은 수로 나누었을 때 나누어떨어지는 것을 찾습니다.
⇨ ㉠ $7\div4=1\cdots3$ ㉡ $24\div3=8$
㉢ $56\div8=7$ ㉣ $70\div9=7\cdots7$

3-3 큰 수를 작은 수로 나누었을 때 나누어떨어지면 두 수는 약수와 배수의 관계입니다.

3-4 약수: 18÷3=6, 18÷9=2
배수: 18×6=**108**, 18×4=**72**, 18×2=**36**

3-5 40이 □의 배수이므로 □는 40의 약수입니다.
40의 약수: 1, 2, 4, 5, 8, 10, 20, 40 ⇨ **8개**

4-1 20의 약수: ①, ②, 4, ⑤, ⑩, 20
30의 약수: ①, ②, 3, ⑤, 6, ⑩, 15, 30
⇨ 20과 30의 공약수: **1, 2, 5, 10**

4-2 서술형 가이드 16과 36의 각각의 약수를 구하고 공약수를 구하는 풀이 과정이 들어 있어야 합니다.

채점 기준	
상	16과 36의 약수를 구하고, 두 수의 공약수의 수를 구해 답을 바르게 구함.
중	16과 36의 약수를 바르게 구했지만 두 수의 공약수의 수를 잘못 구해 답이 틀림.
하	16과 36의 약수를 구하지 못해 답도 틀림.

4-3 최대공약수: 2×3=**6**

4-4 48=2×2×②×②×③, 156=②×②×③×13
⇨ 최대공약수: 2×2×3=**12**

4-5 서술형 가이드 16과 20의 최대공약수를 서로 다른 2가지 방법으로 구하는 풀이 과정이 들어 있어야 합니다.

채점 기준	
상	최대공약수를 서로 다른 2가지 방법으로 구함.
중	최대공약수를 1가지 방법으로만 구함.
하	최대공약수를 어떤 방법으로도 구하지 못함.

4-6 24의 약수: 1, 2, 3, 4, 6, 8, 12, 24
42의 약수: 1, 2, 3, 6, 7, 14, 21, 42
⇨ 24와 42의 공약수는 1, 2, 3, 6이므로 모두 **4개**입니다.

4-7 두 수의 공약수는 두 수의 최대공약수의 약수와 같습니다.
⇨ 12의 약수: 1, 2, 3, 4, 6, 12
따라서 두 수의 공약수는 **1, 2, 3, 4, 6, 12**입니다.

4-8 72와 어떤 수의 공약수는 72와 어떤 수의 최대공약수의 약수와 같습니다.
⇨ 18의 약수는 1, 2, 3, 6, 9, 18이므로 72와 어떤 수의 공약수는 모두 **6개**입니다.

5-1 생각 열기 두 수의 공배수는 두 수의 공통된 배수입니다.
• 4의 배수: 4, 8, ⑫, 16, 20, ㉔, 28, 32, ㊱……
• 6의 배수: 6, ⑫, 18, ㉔, 30, ㊱……
⇨ 공배수: **12, 24, 36**

5-2 15의 배수: 15, 30, 45, ⑥⓪, 75……
20의 배수: 20, 40, ⑥⓪, 80, 100……

5-3 최소공배수: 2×3×3×4=**72**

5-4 30=2×③×⑤, 75=③×⑤×5
⇨ 최소공배수: 3×5×2×5=**150**

5-5 서술형 가이드 12와 20의 최소공배수를 서로 다른 2가지 방법으로 구하는 풀이 과정이 들어 있어야 합니다.

채점 기준	
상	최소공배수를 서로 다른 2가지 방법으로 구함.
중	최소공배수를 1가지 방법으로만 구함.
하	최소공배수를 어떤 방법으로도 구하지 못함.

5-6 2) 8 14
‾‾‾‾‾‾
    4   7
⇨ 최소공배수: 2×4×7=**56**
공배수: 56×1=**56**, 56×2=**112**, 56×3=**168**……

5-7 두 화분에 모두 물을 주는 날은 6과 8의 공배수만큼 지난 날입니다. 6과 8의 공배수는 24, 48, 72……이므로 오늘부터 **24일 후**, **48일 후**, 72일 후……에 두 화분에 모두 물을 주어야 합니다.

STEP 2 응용 유형 익히기   42 ～ 49쪽

응용 **1** 25
예제 **1-1** 28   예제 **1-2** 18
응용 **2** 2400, 9048
예제 **2-1** 2880   예제 **2-2** 9, 4
응용 **3** 24일 후
예제 **3-1** 60일 후
예제 **3-2** 3월 17일
예제 **3-3** 5월 7일
응용 **4** 16
예제 **4-1** 35   예제 **4-2** 24
응용 **5** 47개
예제 **5-1** 22개
예제 **5-2** 71개
예제 **5-3** 70개
응용 **6** 432
예제 **6-1** 480, 600   예제 **6-2** 123개
응용 **7** 7개
예제 **7-1** 7장, 6자루   예제 **7-2** 5개, 3개
응용 **8** 오전 7시 40분
예제 **8-1** 오전 10시 30분   예제 **8-2** 오전 9시 45분

응용 1 생각 열기 어떤 수의 약수에는 1과 자기 자신이 항상 포함됩니다.

(1) 5의 배수: 5, 10, 15, 20, 25, 30, 35……

(2) 5의 배수인 각 수의 약수의 합을 구합니다.

5의 약수 ⇨ 1, 5 ⇨ (약수의 합)=1+5=6

10의 약수 ⇨ 1, 2, 5, 10

⇨ (약수의 합)=1+2+5+10=18

15의 약수 ⇨ 1, 3, 5, 15

⇨ (약수의 합)=1+3+5+15=24

20의 약수 ⇨ 1, 2, 4, 5, 10, 20

⇨ (약수의 합)

=1+2+4+5+10+20

=42

25의 약수 ⇨ 1, 5, 25

⇨ (약수의 합)=1+5+25=31(○)

따라서 어떤 수는 **25**입니다.

예제 1-1 7의 배수: 7, 14, 21, 28, 35, 42……

7의 약수인 각 수의 약수의 합을 구합니다.

7의 약수 ⇨ 1, 7 ⇨ (약수의 합)=1+7=8

14의 약수 ⇨ 1, 2, 7, 14

⇨ (약수의 합)=1+2+7+14=24

21의 약수 ⇨ 1, 3, 7, 21

⇨ (약수의 합)=1+3+7+21=32

28의 약수 ⇨ 1, 2, 4, 7, 14, 28

⇨ (약수의 합)

=1+2+4+7+14+28

=56(○)

따라서 어떤 수는 **28**입니다.

예제 1-2 해법 순서

① 72의 약수를 구합니다.

② 72의 약수인 각 수의 약수의 합을 구합니다.

72의 약수: 1, 2, 3, 4, 6, 8, 9, 12, 18, 24, 36, 72

각 수의 약수의 합을 구합니다.

2의 약수 ⇨ 1, 2

⇨ (약수의 합)=1+2=3

3의 약수 ⇨ 1, 3

⇨ (약수의 합)=1+3=4

4의 약수 ⇨ 1, 2, 4

⇨ (약수의 합)=1+2+4=7

6의 약수 ⇨ 1, 2, 3, 6

⇨ (약수의 합)=1+2+3+6=12

8의 약수 ⇨ 1, 2, 4, 8

⇨ (약수의 합)=1+2+4+8=15

9의 약수 ⇨ 1, 3, 9 ⇨ (약수의 합)=1+3+9=13

12의 약수 ⇨ 1, 2, 3, 4, 6, 12

⇨ (약수의 합)=1+2+3+4+6+12

=28

18의 약수 ⇨ 1, 2, 3, 6, 9, 18

⇨ (약수의 합)=1+2+3+6+9+18

=39(○)

따라서 어떤 수는 **18**입니다.

응용 2 생각 열기 3의 배수는 각 자리 숫자의 합이 3의 배수이고, 4의 배수는 끝 두 자리 수가 00이거나 4의 배수인 수입니다.

(1) 각 자리의 숫자의 합이 3의 배수이면 3의 배수입니다.

2400 ⇨ 2+4+0+0=6 ⇨ 3의 배수,

315 ⇨ 3+1+5=9 ⇨ 3의 배수,

5612 ⇨ 5+6+1+2=14,

782 ⇨ 7+8+2=17,

9048 ⇨ 9+0+4+8=21 ⇨ 3의 배수

따라서 3의 배수는 2400, 315, 9048입니다.

(2) 끝 두 자리 수가 00이거나 4의 배수면 4의 배수입니다.

2400　　315　　5612　　782　　9048

└→ 4의 배수　　└→ 4의 배수　　└→ 4의 배수

따라서 4의 배수는 2400, 5612, 9048입니다.

(3) 3의 배수이면서 4의 배수인 수는 **2400, 9048**입니다.

예제 2-1 생각 열기 5의 배수는 일의 자리 숫자가 0 또는 5인 수이고, 9의 배수는 각 자리 숫자의 합이 9의 배수인 수입니다.

5의 배수는 일의 자리 수가 0 또는 5입니다.

4755　　2034　　120　　946　　2880

└→ 5의 배수　　└→ 5의 배수　　└→ 5의 배수

5의 배수는 4755, 120, 2880입니다.

9의 배수는 각 자리의 숫자의 합이 9의 배수인 수입니다.

4755 ⇨ 4+7+5+5=21,

2034 ⇨ 2+0+3+4=9 ⇨ 9의 배수,

120 ⇨ 1+2+0=3,

946 ⇨ 9+4+6=19,

2880 ⇨ 2+8+8+0=18 ⇨ 9의 배수

9의 배수는 2034, 2880입니다.

따라서 5의 배수도 되고 9의 배수도 되는 수는 **2880**입니다.

예제 **2-2** 3＋■＋2＋▲＝5＋■＋▲

각 자리의 숫자의 합이 9의 배수이어야 하므로

· 5＋■＋▲＝9일 때 ■＋▲＝4입니다.

■＋▲＝4이므로 (■, ▲)는 (0, 4), (1, 3), (2, 2), (3, 1), (4, 0)입니다.

⇨ 3024, 3123, 3222, 3321, 3420 … ①

· 5＋■＋▲＝18일 때 ■＋▲＝13입니다.

■＋▲＝13이므로 (■, ▲)는 (4, 9), (5, 8), (6, 7), (7, 6), (8, 5), (9, 4)입니다.

⇨ 3429, 3528, 3627, 3726, 3825, 3924 … ②

①, ②에서 가장 큰 수는 3924이므로

■＝**9**, ▲＝**4**입니다.

응용 **3** 생각 열기 동시에 가는 날은 두 수의 공배수인 날입니다.

⑴ 6의 배수: 6, 12, 18, 24, 30, 36, 42……

⑵ 8의 배수: 8, 16, 24, 32, 40, 48, 56……

⑶ 6과 8의 공배수: 24, 48……

따라서 다음에 두 사람이 함께 도서관에 가는 날은 **24일 후**입니다.

예제 **3-1** 2) 12 10

6 5 ⇨ 최소공배수: 2×6×5＝60

따라서 다음에 두 사람이 함께 운동을 하는 날은 **60일 후**입니다.

예제 **3-2** 2) 4 6

2 3 ⇨ 최소공배수: 2×2×3＝12

따라서 다음에 두 사람이 함께 미술관에 가는 날은 12일 후이므로 **3월 17일**입니다.

예제 **3-3** 해법 순서

① 9와 12의 최소공배수를 구합니다.

② 4월 1일부터 36일 후의 날을 구합니다.

9와 12의 최소공배수를 구합니다.

9＝3×3, 12＝2×2×3이므로

최소공배수는 3×3×2×2＝36입니다.

4월은 30일까지 있으므로 4월 1일부터 36일 후는

4월 1일 $\xrightarrow{30일 후}$ 5월 1일 $\xrightarrow{6일 후}$ **5월 7일**입니다.

응용 **4** ⑴ 32의 약수: 1, 2, 4, 8, 16, 32

⑵ 48의 약수: 1, 2, 3, 4, 6, 8, 12, 16, 24, 48

⑶ 32의 약수 중 48의 약수인 수는 1, 2, 4, 8, 16이고 이 중 두 자리 수는 **16**입니다.

예제 **4-1** 70의 약수: 1, 2, 5, 7, 10, 14, 35, 70

56의 약수: 1, 2, 4, 7, 8, 14, 28, 56

70의 약수이면서 56의 약수가 아닌 수는 5, 10, 35, 70입니다. 이 중에서 두 자리 수이고 홀수인 수는 **35**입니다.

예제 **4-2** 24의 약수: 1, 2, 3, 4, 6, 8, 12, 24

12의 약수: 1, 2, 3, 4, 6, 12

24의 약수이면서 12의 약수가 아닌 수는 8, 24입니다.

(8의 약수의 합)＝1＋2＋4＋8＝15

(24의 약수의 합)

＝1＋2＋3＋4＋6＋8＋12＋24＝60

⇨ 조건을 모두 만족하는 수는 **24**입니다.

응용 **5** 생각 열기 1부터 ■까지의 자연수 중에서 ▲의 배수의 개수는 ■÷▲의 몫과 같습니다.

⑴ 3의 배수의 개수: 100÷3＝33…1 ⇨ 33개

⑵ 5의 배수의 개수: 100÷5＝20 ⇨ 20개

⑶ 3과 5의 최소공배수는 15이고, 15의 배수는 100÷15＝6…10이므로 6개입니다.

따라서 1부터 100까지의 자연수 중에서 3의 배수이거나 5의 배수인 수는 33＋20－6＝**47**(개)입니다.

예제 **5-1** 8의 배수의 개수: 100÷8＝12…4 ⇨ 12개

9의 배수의 개수: 100÷9＝11…1 ⇨ 11개

8과 9의 최소공배수인 72의 배수의 개수:

100÷72＝1…28 ⇨ 1개

➡ 12＋11－1＝**22**(개)

예제 **5-2** 4의 배수의 개수: 200÷4＝50 ⇨ 50개

7의 배수의 개수: 200÷7＝28…4 ⇨ 28개

4와 7의 최소공배수인 28의 배수의 개수:

200÷28＝7…4 ⇨ 7개

➡ 50＋28－7＝**71**(개)

예제 **5-3** 생각 열기 10부터 150까지의 수 중에서 3의 배수의 개수는 1부터 150까지의 수 중에서 3의 배수의 개수에서 1부터 9까지의 수 중에서 3의 배수의 개수를 뺍니다.

1부터 150까지의 3의 배수의 개수:

150÷3＝50 ⇨ 50개

1부터 9까지의 3의 배수의 개수:

9÷3＝3 ⇨ 3개

10부터 150까지의 3의 배수의 개수: 50－3＝47(개)

1부터 150까지의 4의 배수의 개수:

150÷4＝37…2 ⇨ 37개

1부터 9까지의 4의 배수의 개수:

9÷4＝2…1 ⇨ 2개

10부터 150까지의 4의 배수의 개수: 37－2＝35(개)

3과 4의 최소공배수인 12의 배수의 개수:

150÷12＝12…6 ⇨ 12개

➡ 47＋35－12＝**70**(개)

응용 6 (1) 3) 27 36
　　　　 3) 9 12
　　　　　　 3 4 ⇨ 최소공배수: $3 \times 3 \times 3 \times 4 = 108$

(2) 27과 36의 공배수는 최소공배수의 배수와 같으므로 108, 216, 324, 432, 540……이고 이 중에서 400과 500 사이의 수는 **432**입니다.

> **참고**
> 27로 나누어떨어지고 ⇨ 27의 배수
> 36으로 나누어떨어지고 ⇨ 36의 배수
> 즉, 27과 36의 공배수입니다.

예제 6-1 2) 20 24
　　　　　 2) 10 12
　　　　　　　 5 6 ⇨ 최소공배수: $2 \times 2 \times 5 \times 6 = 120$

120의 배수 중 400과 700 사이의 수는 **480, 600**입니다.

예제 6-2 2) 6 10
　　　　　　 3 5 ⇨ 최소공배수: $2 \times 3 \times 5 = 30$

(쌀의 개수) -3은 6과 10의 공배수이므로 쌀의 개수는 30의 배수보다 3 큰 수입니다.
　⇨ 30의 배수: 30, 60, 90, 120, 150……
　⇨ 30의 배수보다 3 큰 수는 33, 63, 93, 123, 153……이고, 이 중 140보다 작은 세 자리 수는 123이므로 쌀의 개수는 **123개**입니다.

응용 7 **생각 열기** 최대한 많은 사람들에게 똑같이 나누어 주려면 두 수의 최대공약수를 이용합니다.

(1) $24 = 2 \times 2 \times 2 \times 3$, $60 = 2 \times 2 \times 3 \times 5$
　⇨ 최대공약수: $2 \times 2 \times 3 = 12$

(2) 농구공: $24 \div 12 = 2$(개), 축구공: $60 \div 12 = 5$(개)

(3) (한 사람에게 나누어 줄 수 있는 농구공과 축구공의 수) $= 2 + 5 = 7$(개)

예제 7-1 연필의 수: $4 \times 12 = 48$(자루)
　　　　　 2) 56 48
　　　　　 2) 28 24
　　　　　 2) 14 12
　　　　　　　 7 6 ⇨ 최대공약수: $2 \times 2 \times 2 = 8$

최대 8명에게 나누어 줄 수 있으므로
(한 사람에게 나누어 줄 수 있는 색종이 수)
$= 56 \div 8 = 7$(장)
(한 사람에게 나누어 줄 수 있는 연필 수)
$= 48 \div 8 = 6$(자루)

예제 7-2 쿠키는 2개가 남았으므로 처음 나누어 주려고 했던 쿠키는 $82 - 2 = 80$(개)이고,

사탕은 3개가 모자라므로 처음에 나누어 주려고 했던 사탕은 $45 + 3 = 48$(개)입니다.
8) 80 48
2) 10 6
　　 5 3 ⇨ 최대공약수: $8 \times 2 = 16$
최대 16명에게 나누어 줄 수 있으므로
(한 사람에게 나누어 주려고 했던 쿠키의 수)
$= 80 \div 16 = 5$(개)
(한 사람에게 나누어 주려고 했던 사탕의 수)
$= 48 \div 16 = 3$(개)

응용 8 (1) 5) 10 15
　　　　　　 2 3 ⇨ 최소공배수: $5 \times 2 \times 3 = 30$
두 버스가 동시에 출발하는 시각의 간격은 30분입니다.

(2) 네 번째로 버스가 동시에 출발하는 것은 30, 60, 90……이므로 90분 후입니다.

(3) 90분 후는 1시간 30분 후이므로
(네 번째로 동시에 출발하는 시각)
$=$ 오전 6시 10분 $+$ 1시간 30분
$=$ **오전 7시 40분**

예제 8-1 5) 25 20
　　　　　　 5 4 ⇨ 최소공배수: $5 \times 5 \times 4 = 100$
두 버스가 동시에 출발하는 시각의 간격은 100분이므로 네 번째로 버스가 동시에 출발하는 것은 100, 200, 300……이므로 300분 후입니다.
300분 후는 5시간 후이므로
(네 번째로 동시에 출발하는 시각)
$=$ 오전 5시 30분 $+$ 5시간 $=$ **오전 10시 30분**

예제 8-2 **해법 순서**
① ㉠ 기차와 ㉡ 기차의 출발 시각의 간격의 최소공배수를 구합니다.
② 최소공배수의 3배인 시간을 구합니다.
③ ②에서 구한 시간을 몇 시 몇 분으로 고쳐서 답을 구합니다.

오전 6시에 처음 두 기차가 동시에 출발하고, ㉠ 기차는 15분마다, ㉡ 기차는 25분마다 출발합니다.
5) 15 25
　　 3 5 ⇨ 최소공배수: $5 \times 3 \times 5 = 75$
두 기차가 동시에 출발하는 시각의 간격은 75분이므로 네 번째로 기차가 동시에 출발하는 것은 75, 150, 225……이므로 225분 후입니다.
225분 후는 3시간 45분 후이므로
(네 번째로 동시에 출발하는 시각)
$=$ 오전 6시 $+$ 3시간 45분 $=$ **오전 9시 45분**

STEP 3 응용 유형 뛰어넘기
50 ~ 54쪽

01 > **02** 144

03 0, 4, 8

04 국보, 사적, 중요무형문화재

05 45, 60

06 ⒜ 30=2×3×5, 45=3×3×5이므로
30과 45의 최소공배수는 3×5×2×3=90입니다.
90분=1시간 30분 후에 다음번 기차가 동시에 출발합
니다. ⇨ 오전 8시+1시간 30분=오전 9시 30분
; 오전 9시 30분

07 5개

08 ⒜
$$\begin{array}{r} 2)\underline{\ 54\quad 42\ } \\ 3)\underline{\ 27\quad 21\ } \\ 9\quad 7 \end{array}$$
⇨ 최소공배수: 2×3×9×7=378
⇨ ㉯ 톱니바퀴가 돌아야 하는 횟수:
378÷42=9(바퀴)
⇨ 9÷3=3(분) ; 3분 후

09 ⒜ □는 12로 나누면 11이 남고, 15로 나누면 14가 남
으므로 (□+1)은 12로 나누어도 나누어떨어지고, 15
로 나누어도 나누어떨어집니다. 따라서 (□+1)은 12
와 15의 공배수입니다.
$$\begin{array}{r} 3)\underline{\ 12\quad 15\ } \\ 4\quad 5 \end{array}$$
⇨ 최소공배수: 3×4×5=60
12와 15의 최소공배수는 60이므로 (□+1)은 60의 배
수입니다.
따라서 □+1은 60, 120, 180……이므로
□는 59, 119, 179……입니다.
□ 안에 들어갈 수 있는 가장 작은 세 자리 수는 119입
니다. ; 119

10 147 **11** 5월 10일, 5월 22일

12 6개 **13** 24년 후

14 12, 24, 36, 72

01 해법 순서
① 36과 54의 최대공약수를 구합니다.
② 60과 48의 최대공약수를 구합니다.
③ ①과 ②에서 구한 최대공약수의 크기를 비교합니다.
$$\begin{array}{r} 2)\underline{\ 36\quad 54\ } \\ 3)\underline{\ 18\quad 27\ } \\ 3)\underline{\ 6\quad 9\ } \\ 2\quad 3 \end{array}$$
⇨ 최대공약수: 2×3×3=18

$$\begin{array}{r} 2)\underline{\ 60\quad 48\ } \\ 2)\underline{\ 30\quad 24\ } \\ 3)\underline{\ 15\quad 12\ } \\ 5\quad 4 \end{array}$$
⇨ 최대공약수: 2×2×3=12
따라서 18>12입니다.

02
$$\begin{array}{r} 2)\underline{\ 12\quad 16\ } \\ 2)\underline{\ 6\quad 8\ } \\ 3\quad 4 \end{array}$$
⇨ 최소공배수: 2×2×3×4=48
12와 16의 공배수는 최소공배수인 48의 배수이므로
48, 96, 144, 192, 240……입니다.
공배수 중에서 100보다 크고 200보다 작은 수는 144,
192이고 이 중에서 일의 자리 숫자와 십의 자리 숫자가
같은 것은 **144**입니다.

03 생각 열기 4의 배수는 끝의 두 자리 수가 00이거나 4의 배
수인 수입니다.

4의 배수는 끝의 두 자리 수가 00 또는 4의 배수인 수입
니다. 십의 자리 숫자가 2이면서 4의 배수인 두 자리 수
는 20, 24, 28이므로 □ 안에 들어갈 수 있는 숫자는 **0,
4, 8**입니다.

04 각 자리 숫자의 합이 3의 배수인 수를 찾아봅니다.
국보: 3+1+5=9 (3의 배수),
사적: 4+8+6=18 (3의 배수),
중요무형문화재: 1+2+0=3 (3의 배수)
⇨ **국보, 사적, 중요무형문화재**

05 생각 열기 두 수의 최대공약수가 15일 때 두 수는 15×■,
15×▲이고 이때 ■와 ▲는 공약수가 1뿐인 수입니다.

최대공약수가 15이므로 다음과 같이 쓸 수 있습니다.
$$\begin{array}{r} 15)\underline{\ ㉠\quad ㉡\ } \\ 3\quad 4 \end{array}$$
⇨ ㉠=15×3=45, ㉡=15×4=60

06 해법 순서
① 30과 45의 최소공배수를 구합니다.
② 구한 최소공배수를 몇 시간 몇 분으로 나타냅니다.
③ 동시에 출발한 시각에 ②에서 구한 시간을 더합니다.

서술형 가이드 30과 45의 최소공배수를 구하는 과정이 있
어야 합니다.

채점 기준	
상	30과 45의 최소공배수를 구해 다음번에 동시에 출발하는 시각을 바르게 구함.
중	30과 45의 최소공배수를 바르게 구했지만 시간 계산을 잘못하여 답이 틀림.
하	30과 45의 최소공배수를 구하지 못해 답도 틀림.

07 생각 열기 □는 24의 약수일 수도 있고, 24의 배수일 수도 있습니다.

- □가 24의 약수일 때: 1, 2, 3, 4, 6, 8, 12, 24
- □가 24의 배수일 때: 24, 48, 72, 96, 120……
- ⇨ □ 안에 들어갈 수 있는 두 자리 수는 12, 24, 48, 72, 96으로 모두 **5개**입니다.

08 해법 순서
① 54와 42의 최소공배수를 구합니다.
② 최소공배수만큼 톱니가 맞물릴 때 ㉯ 바퀴가 몇 바퀴 도는지 구합니다.
③ ㉯ 바퀴는 1분에 3바퀴를 회전하므로 ②에서 구한 바퀴만큼 회전하는 데 걸리는 시간을 구합니다.

서술형 가이드 54와 42의 최소공배수를 구하는 과정이 있어야 합니다.

채점 기준	
상	54와 42의 최소공배수를 구해 답을 바르게 구함.
중	54와 42의 최소공배수를 바르게 구했지만 ㉯ 바퀴가 도는 데 걸리는 시간을 구하지 못하여 답이 틀림.
하	54와 42의 최소공배수를 구하지 못하여 답도 틀림.

09 생각 열기 어떤 수를 ■로 나누었을 때 나머지가 (■−1)이면 (어떤 수+1)은 ■의 배수입니다.

서술형 가이드 (□+1)이 12와 15의 공배수임을 알고 12와 15의 공배수를 구하는 과정이 있어야 합니다.

채점 기준	
상	(□+1)이 12와 15의 공배수임을 알고 12와 15의 공배수를 구하여 답을 바르게 구함.
중	(□+1)이 12와 15의 공배수임을 알고 12와 15의 공배수를 구했으나 □가 가장 작은 세 자리 수임을 몰라 답이 틀림.
하	문제를 이해하지 못하여 풀이 과정을 쓰지 못하고 답도 틀림.

10
$$2)\ \underline{㉠\quad ㉡}$$
$$\ \ 2\quad 5$$
㉠과 ㉡의 최대공약수는 ■×▲이고 ■×▲=21이므로
㉠=2×■×▲=2×21=42,
㉡=■×5×▲=■×▲×5
$$=21×5=105$$
⇨ ㉠+㉡=42+105=**147**

11 생각 열기 4월은 30일까지 있습니다.

$$2)\ \underline{4\quad 6}$$
$$\ \ 2\quad 3 \Rightarrow 최소공배수: 2×2×3=12$$

4월 4일 $\xrightarrow{+12일}$ 4월 16일 $\xrightarrow{+12일}$ 4월 28일 $\xrightarrow{+12일}$

5월 10일 $\xrightarrow{+12일}$ **5월 22일**

12 생각 열기 가장 큰 정사각형을 그리려면 모눈의 가로 칸 수와 세로 칸 수의 최대공약수를 이용합니다.

해법 순서
① 가로 칸 수와 세로 칸 수를 세어 봅니다.
② ①에서 구한 두 수의 최대공약수를 구합니다.
③ 가로와 세로에 각각 그릴 수 있는 정사각형의 수를 구합니다.
④ 모눈 전체에 그릴 수 있는 정사각형의 수를 구합니다.

가장 큰 정사각형의 한 변은 모눈종이의 가로 칸의 수와 세로 칸의 수의 최대공약수입니다. 가로는 12칸, 세로는 8칸이므로 정사각형의 한 변은 12와 8의 최대공약수인 4칸입니다. 한 변이 4칸인 정사각형은 가로 방향으로 12÷4=3(개), 세로 방향으로 8÷4=2(개) 그릴 수 있으므로 모두 3×2=**6(개)** 그릴 수 있습니다.

13 생각 열기 세 수의 최소공배수는 두 수의 최소공배수를 구하고, 그 수와 나머지 한 수의 최소공배수를 구합니다.

8과 6의 최소공배수를 구한 다음, 이 수와 4의 최소공배수를 구합니다.

$$2)\ \underline{8\quad 6}$$
$$\ \ 4\quad 3 \Rightarrow 8과 6의 최소공배수: 2×4×3=24$$

$$2)\ \underline{24\quad 4}$$
$$2)\ \underline{12\quad 2}$$
$$\ \ 6\quad 1$$

⇨ 8, 6, 4의 최소공배수: 2×2×6×1=24
따라서 세 가전제품을 동시에 사게 되는 것은 **24년 후**입니다.

14 생각 열기 어떤 두 수를 A=■×▲, B=■×●라 하면 두 수의 최대공약수는 ■이고, 최소공배수는 ■×▲×●입니다. 따라서 네 수는 ■, ■×▲, ■×●, ■×▲×●이므로 ■의 배수입니다. (단, ▲와 ●는 공약수가 1뿐인 수입니다.)

최대공약수는 공통된 약수이므로 두 수의 약수이고, 최소공배수는 최대공약수의 배수입니다. 따라서 두 수와 최소공배수는 모두 최대공약수의 배수이므로 수 카드를 사용하여 어떤 수의 배수를 4개 만들 수 있는 경우를 찾습니다. 이런 경우를 만족하는 4개의 수는 **12, 24, 36, 72**입니다.
⇨ 24와 36의 최대공약수는 12이고 최소공배수는 72입니다.

실력평가

01 (1) 1, 2, 7, 14 (2) 1, 5, 25
02 (1) 5, 10, 15, 20 (2) 9, 18, 27, 36
03 1 　　　　　**04** ( ) ( ) (○)
05 (1) $2 \times 5 \times 3 \times 2 \times 2 = 120$ (2) $2 \times 3 \times 3 \times 7 \times 2 = 252$
06 6
07 예 4의 배수: 4, 8, 12, 16, 20……
10의 배수: 10, 20, 30……
4와 10의 최소공배수는 20이므로 공배수는 20, 40,
60……입니다. ; 20, 40, 60
08 45, 90 　　　　　**09** (1) 4, 160 (2) 8, 80
10 예 만들 수 있는 가장 큰 두 자리 수: 64
$64 = 1 \times 64$, $64 = 2 \times 32$, $64 = 4 \times 16$, $64 = 8 \times 8$이
므로 64의 약수는 1, 2, 4, 8, 16, 32, 64로 7개입니다.
; 7개
11 ㉢ 　　　　　**12** 28
13 36 　　　　　**14** 8
15 예 $27 = 3 \times 3 \times 3$, $36 = 2 \times 2 \times 3 \times 3$이므로 27과 36
의 최대공약수는 $3 \times 3 = 9$이므로 9명의 학생들에게 나
누어 줄 수 있습니다.
(연필)$= 27 \div 9 = 3$(자루), (지우개)$= 36 \div 9 = 4$(개)
; 3자루, 4개
16 16개 　　　　　**17** 4월 29일
18 15장 　　　**19** 9 　　　　　**20** 36

---

01 (1) $14 \div 1 = 14$, $14 \div 2 = 7$, $14 \div 7 = 2$, $14 \div 14 = 1$
(2) $25 \div 1 = 25$, $25 \div 5 = 5$, $25 \div 25 = 1$

02 (1) $5 \times 1 = 5$, $5 \times 2 = 10$, $5 \times 3 = 15$, $5 \times 4 = 20$
(2) $9 \times 1 = 9$, $9 \times 2 = 18$, $9 \times 3 = 27$, $9 \times 4 = 36$

03 생각 열기 1과 자기 자신은 모든 수의 약수입니다.

> 참고
> 어떤 수는 자기 자신의 약수이기도 하고 배수이기도 합
> 니다.

모든 자연수를 1로 나누면 항상 나누어떨어지므로 **1**은
모든 자연수의 약수입니다.

04 $21 \div 8 = 2 \cdots 5$, $20 \div 6 = 3 \cdots 2$, $45 \div 5 = 9$

05 (1) 가$=$②$\times 3 \times$⑤ ⇨ 최소공배수:
　　나$=$②$\times 2 \times 2 \times$⑤ 　$2 \times 5 \times 3 \times 2 \times 2 = 120$
(2) 가$=2 \times$③$\times 3 \times 7$ ⇨ 최소공배수:
　　나$=2 \times$②$\times 3$ 　$2 \times 3 \times 3 \times 7 \times 2 = 252$

06 2) 24　18
　　3) 12　 9
　　　　4　 3　 ⇨ 최대공약수: $2 \times 3 = 6$

07 서술형 가이드 4와 10의 최소공배수를 구해 4와 10의 공
배수를 구하는 과정이 들어가야 합니다.

채점 기준	
상	4와 10의 최소공배수를 구해 답을 바르게 구함.
중	4와 10의 최소공배수를 바르게 구했으나 답이 틀림.
하	4와 10의 최소공배수를 구하지 못해 답도 틀림.

08 생각 열기 5의 배수는 일의 자리 숫자가 0 또는 5인 수
이고, 9의 배수는 각 자리의 숫자의 합이 9의 배수인 수
입니다.

□는 5와 9의 배수이므로 5와 9의 공배수입니다.
5와 9의 최소공배수는 45이므로 5와 9의 공배수는 45,
90, 135……입니다. 따라서 주어진 수 중에서 □ 안에
공통으로 들어갈 수 있는 수는 **45**와 **90**입니다.

09 (1) 2) 20　32
　　　2) 10　16
　　　　　5　 8　 ⇨ 최대공약수: $2 \times 2 = 4$
　　　　　　　　　　최소공배수: $2 \times 2 \times 5 \times 8 = 160$
(2) 2) 40　16
　　2) 20　 8
　　2) 10　 4
　　　　5　 2　 ⇨ 최대공약수: $2 \times 2 \times 2 = 8$
　　　　　　　　　최소공배수: $2 \times 2 \times 2 \times 5 \times 2 = 80$

10 해법 순서
① 수 카드 2장으로 만들 수 있는 가장 큰 두 자리 수를
　만듭니다.
② ①에서 만든 수의 약수를 구합니다.
③ 약수의 수를 셉니다.

서술형 가이드 만들 수 있는 가장 큰 두 자리 수를 구하고
그 수의 약수를 구하는 과정이 들어가야 합니다.

채점 기준	
상	가장 큰 두 자리 수를 만들고 약수를 구해 답을 바르게 구함.
중	가장 큰 두 자리 수를 바르게 만들었으나 약수를 구하는 과정에서 실수를 하여 답이 틀림.
하	만들 수 있는 가장 큰 두 자리 수를 몰라 풀이를 쓰지 못하고 답도 틀림.

11 어떤 두 수의 공배수는 두 수의 최소공배수의 배수이므로 11의 배수가 아닌 것을 찾습니다.

⊙ $11 \times 11 = 121$

ⓛ $11 \times 8 = 88$

ⓒ $11 \times 11 + 9 = 130$

ⓔ $11 \times 15 = 165$

12 27의 약수: 1, 3, 9, 27

⇨ $1 + 3 + 9 = 13 \ (\times)$

28의 약수: 1, 2, 4, 7, 14, 28

⇨ $1 + 2 + 4 + 7 + 14 = 28 \ (○)$

> 참고
>
> 완전수: 자기 자신을 제외한 약수를 모두 더했을 때 자기 자신이 되는 수
>
> ⓔ 6, 28, 496, 8128……

13 8의 약수: 1, 2, 4, 8 ⇨ 4개

20의 약수: 1, 2, 4, 5, 10, 20 ⇨ 6개

36의 약수: 1, 2, 3, 4, 6, 9, 12, 18, 36 ⇨ 9개

49의 약수: 1, 7, 49 ⇨ 3개

> 주의
>
> 수가 크다고 해서 항상 약수의 수가 많은 것은 아닙니다.

14 생각 열기 9의 배수는 각 자리의 숫자의 합이 9의 배수인 수입니다.

9의 배수는 각 자리 숫자의 합이 9의 배수가 되어야 합니다.

$6 + 4 + 9 + \square = 19 + \square$에서 $19 + \square = 27, 36$……이고, $\square = 8, 17$……입니다.

따라서 □ 안에 알맞은 숫자는 **8**입니다.

15 해법 순서

① 27과 36의 최대공약수를 구합니다.

② 한 사람에게 나누어 주는 연필의 수를 구합니다.

③ 한 사람에게 나누어 주는 지우개의 수를 구합니다.

서술형 가이드 27과 36의 최대공약수를 구하는 과정이 들어가야 합니다.

채점 기준	
상	27과 36의 최대공약수를 구해 한 사람에게 주는 연필의 수와 지우개의 수를 바르게 구함.
중	27과 36의 최대공약수는 바르게 구했지만 연필의 수와 지우개의 수 중 한 가지만 바르게 구함.
하	27과 36의 최대공약수를 구하지 못해 풀이를 쓰지 못하고 답도 틀림.

16 생각 열기 두 사람이 모두 밟고 지나간 계단은 2와 3의 공배수인 계단입니다.

두 사람이 모두 밟고 지나간 계단은 2와 3의 공배수인 6의 배수 번째 계단입니다.

⇨ $100 \div 6 = 16\cdots4$이므로 **16개**입니다.

17 해법 순서

① 6과 8의 최소공배수를 구합니다.

② 4월은 30일까지 있음에 주의하여 함께 수영장 가는 날을 구합니다.

$$\begin{array}{r} 2)\underline{6 \quad\ 8} \\ 3 \quad\ 4 \end{array}$$

⇨ 최소공배수: $2 \times 3 \times 4 = 24$

따라서 4월 5일 $\xrightarrow{24일\ 후}$ 4월 29일에 함께 갑니다.

18

$$\begin{array}{r} 2)\underline{18 \quad\ 30} \\ 3)\underline{9 \quad\ 15} \\ 3 \quad\ 5 \end{array}$$ ⇨ 최소공배수: $2 \times 3 \times 3 \times 5 = 90$

한 변이 90 cm인 정사각형 모양을 만들 수 있습니다.

가로: $90 \div 18 = 5$(장), 세로: $90 \div 30 = 3$(장)

⇨ (필요한 타일 수)$= 5 \times 3 = $**15(장)**

> 참고
>
> • 직사각형 모양의 타일을 붙여 가능한 작은 정사각형 만들기 ⇨ 최소공배수 이용
>
> • 직사각형 모양의 종이를 오려 가능한 큰 정사각형으로 자르기 ⇨ 최대공약수 이용

19 생각 열기 어떤 수로 (30−3)과 (50−5)를 나누면 나누어떨어지므로 어떤 수는 (30−3)과 (50−5)의 공약수입니다.

$30 - 3 = 27$과 $50 - 5 = 45$의 공약수를 구합니다.

$$\begin{array}{r} 3)\underline{27 \quad\ 45} \\ 3)\underline{9 \quad\ 15} \\ 3 \quad\ 5 \end{array}$$ ⇨ 최대공약수: $3 \times 3 = 9$

즉, 어떤 수는 9의 약수인 1, 3, 9 중에서 3과 5보다 큰 수인 **9**입니다.

> 참고
>
> 어떤 수로 ■를 나누었을 때 나머지가 5이면 어떤 수는 5보다 큰 수입니다.

20 어떤 수를 $4 \times \square$라 하면

$$\begin{array}{r} 4)\underline{4 \times \square \quad\ 20} \\ \square \quad\ 5 \end{array}$$

$4 \times \square \times 5 = 180, \square = 9$

⇨ (어떤 수)$= 4 \times 9 = $**36**

3 규칙과 대응

STEP 1 기본 유형 익히기

64 ~ 67쪽

1-1

1-2 (1) 20 (2) 60　　　**1-3** 25개

1-4 예 사각형의 수를 2배 하면 삼각형의 수와 같습니다.

1-5 10배

1-6 예 바구니 한 개에 사과가 10개씩 들어 있으므로 사과의 수는 바구니의 수의 10배이므로 바구니가 8개이면 사과의 수는 8×10=80(개)입니다.
; 80개

1-7 예 자전거 바퀴의 수는 자전거의 수의 2배입니다.

2-1 3, 4, 5

2-2 예 (도화지의 수)+1=(누름 못의 수)

2-3 예 □+1=△

2-4 240, 320

2-5 예 ○×80=△

2-6 3, 4, 5, 6

2-7 예 □+1=△

2-8 +, −

2-9 예 ○+10=◇이므로 ○=20일 때
20+10=◇, ◇=30입니다.
따라서 ○=20일 때, ◇=30입니다.; 30

2-10 (왼쪽에서부터) 12, 13, 14, 6, 7

3-1 300, 600, 900, 1200

3-2 예 □×300=△　　**3-3** 15000원

3-4 예 △×20=□　　**3-5** 12상자

3-6 예 ○×4=☆

3-7 예 주차 시간을 □, 주차 요금을 △라 하면
3000×□=△이므로 주차 요금이 15000원일 때
3000×□=15000, □=15000÷3000, □=5이므로 5시간 동안 자동차를 세웠습니다.
; 5시간

3-8 10번

1-1 사각형은 1개씩, 삼각형은 2개씩 늘어나고 있습니다.

1-2 (삼각형의 수)=(사각형의 수)×2
(1) (삼각형의 수)=10×2=**20**(개)
(2) (삼각형의 수)=30×2=**60**(개)

1-3 (삼각형의 수)=(사각형의 수)×2이므로
(사각형의 수)=(삼각형의 수)÷2입니다.

1-4 여러 가지로 답할 수 있습니다.
삼각형의 수를 2로 나누면 사각형의 수와 같습니다. 등

1-5 생각 열기 그림에서 변하는 것은 바구니의 수와 사과의 수이므로 두 양 사이의 대응 관계를 생각해 봅니다.

바구니 한 개에 사과가 10개씩 들어 있으므로 사과의 수는 바구니의 수의 **10배**입니다.

1-6 서술형 가이드 두 양 사이의 대응 관계를 말이나 식으로 설명하는 풀이 과정이 들어 있어야 합니다.

채점 기준	
상	사과의 수와 바구니의 수 사이의 대응 관계를 이용하여 답을 바르게 구함.
중	사과의 수와 바구니의 수 사이의 대응 관계를 설명하지 못하였으나 답은 맞음.
하	사과의 수와 바구니의 수 사이의 대응 관계를 설명하지 못하여 답도 틀림.

1-7 자전거의 수가 1씩 늘어날 때마다 자전거 바퀴의 수는 2씩 늘어납니다.
⇨ 자전거 바퀴의 수는 자전거의 수의 2배입니다.

2-1

도화지의 수(장)	1	2	3	4	……
누름 못의 수(개)	2	3	4	5	……

도화지의 수가 1씩 늘어날 때마다 누름 못의 수는 1씩 늘어납니다.

2-2 (누름 못의 수)−1=(도화지의 수)라고 나타낼 수도 있습니다.

2-3 △−1=□라고 나타낼 수도 있습니다.

2-4

이동 시간(시간)	이동 거리(km)
1	80
2	160
3	**240**
4	**320**
⋮	⋮

이동 시간이 1시간 늘어날 때마다 이동 거리는 80 km씩 늘어납니다.

2-5 생각 열기 수가 커지는 경우는 덧셈이나 곱셈, 수가 작아지는 경우는 뺄셈이나 나눗셈을 이용하여 대응 관계를 식으로 나타내어 봅니다.
△÷80=○라고 나타낼 수도 있습니다.

2-6

색 테이프를 자른 횟수(회)	1	2	3	4	5
색 테이프 도막의 수(도막)	2	3	4	5	6

색 테이프 도막의 수는 색 테이프를 자른 횟수보다 1 큽니다.

2-7 '색 테이프를 자른 횟수는 색 테이프 도막의 수보다 1 작습니다.'라고 할 수도 있으므로 △−1=□도 답이 될 수 있습니다.

2-8 ◇는 ○보다 10 큽니다. ⇨ ○+10=◇
○는 ◇보다 10 작습니다. ⇨ ◇−10=○

> 참고
> 덧셈식과 뺄셈식의 관계
> ★+▲=● ➔ ●−▲=★
> ➔ ●−★=▲

2-9 서술형 가이드 ○와 ◇의 대응 관계식을 이용하여 ○=20일 때의 ◇의 값을 구하는 풀이 과정이 들어 있어야 합니다.

채점 기준	
상	○와 ◇의 대응 관계식을 이용하여 ○=20일 때의 ◇의 값을 바르게 구함.
중	○와 ◇의 대응 관계식을 이용하여 ○=20일 때의 ◇의 값을 구하려 했으나 계산 실수를 하여 ◇의 값을 잘못 구함.
하	○와 ◇의 대응 관계식을 이용하지 못해 풀이를 쓰지 못하고 ◇의 값도 틀림.

2-10

□	3	4	5	6	7
☆	12	13	14	15	16

☆은 □보다 9 큽니다. ⇨ □+9=☆
3+9=12, 4+9=13, 5+9=14,
15−9=6, 16−9=7

3-1

연필의 수(자루)	1	2	3	4
판매 금액(원)	300	600	900	1200

연필의 수가 1자루씩 늘어날 때마다 판매 금액은 300원씩 늘어납니다.

3-2 △는 □의 300배입니다. ⇨ □×300=△

3-3 50×300=**15000(원)**

3-4 초콜릿의 수는 상자의 수의 20배입니다.
⇨ (상자의 수)×20=(초콜릿의 수)
⇨ △×20=□

3-5 △×20=240이고, △=240÷20=12이므로 초콜릿 240개는 **12상자**입니다.

3-6 학생의 수는 모둠의 수의 4배입니다.
⇨ (모둠의 수)×4=(학생의 수)

3-7 서술형 가이드 주차 요금과 주차 시간과의 대응 관계를 이용하여 답을 구하는 풀이 과정이 들어 있어야 합니다.

채점 기준	
상	주차 요금과 주차 시간과의 대응 관계를 식으로 나타내고 답을 바르게 구함.
중	주차 요금과 주차 시간과의 대응 관계를 식으로 바르게 나타내었지만 답을 구하는 과정에서 계산 실수를 하여 답이 틀림.
하	주차 요금과 주차 시간과의 대응 관계를 이해하지 못해 풀이를 쓰지 못하고 답도 틀림.

3-8 (한 번에 탈 수 있는 사람의 수)=8×5=40(명)이므로 탈 수 있는 사람의 수는 운행 횟수의 40배입니다.
따라서 운행 횟수를 □, 탈 수 있는 사람의 수를 △라 하면 △=40×□입니다.
400=40×□, □=400÷40, □=10이므로 적어도 **10번** 운행해야 합니다.

STEP 2 응용 유형 익히기 〔68~73쪽〕

응용 1 8, 16 ; 예 □×2=○

예제 1-1 5, 9, 13 ; 예 △+4=☆

예제 1-2 예 언니의 나이를 ●, 윤지의 나이를 ◆라 할 때, 언니의 나이는 윤지의 나이보다 5살 더 많습니다.
; 예

◆	11	12	13	14	15
●	16	17	18	19	20

응용 2 12, 16, 20 ; 28개

예제 2-1 9, 12, 15 ; 27개 **예제 2-2** 61개

응용 3 17, 18, 19 ; 27살

예제 3-1 44, 45, 46 ; 10살

예제 3-2 37, 38, 39 ; 47살

응용 4 오후 2시, 오후 3시, 오후 4시 ; 오전 6시

예제 4-1 오전 7시 **예제 4-2** 오전 9시

응용 5 6, 8 ; 20개

예제 5-1 3, 6, 9, 12 ; 60개 **예제 5-2** 56개

응용 6 33

예제 6-1 56 **예제 6-2** 12

응용 1 생각 열기 □=2일 때 ○=4, □=6일 때 ○=12, □=10일 때 ○=20임을 이용합니다.

(1) □=2일 때 ○=4, □=6일 때 ○=12, □=10일 때 ○=20이므로 ○는 □의 2배입니다.

(2) ○는 □의 2배이므로 □=4일 때 ○=8이고, □=8일 때 ○=16입니다.

(3) ○는 □의 2배이므로 □×2=○ 또는 □는 ○의 반이므로 ○÷2=□입니다.

예제 1-1 3+4=7, 7+4=11이므로 ☆은 △보다 4 큽니다.
⇨ 1+4=5, 5+4=9, 9+4=13
⇨ △+4=☆ 또는 ☆−4=△

예제 1-2 생활 속에서 두 수의 대응 관계가 ◆+5=●가 되는 예를 찾습니다.

응용 2 생각 열기 정사각형의 수가 1개씩 늘어날 때마다 성냥개비의 수는 4개씩 늘어납니다.

(1) 정사각형의 수를 □, 성냥개비의 수를 △라 할 때, 두 양 사이의 대응 관계를 식으로 나타내면 △=□×4입니다.

(2) 3×4=12, 4×4=16, 5×4=20

(3) □=7일 때 △=□×4=7×4=28이므로 정사각형 7개를 만들려면 성냥개비는 **28개** 필요합니다.

예제 2-1 정삼각형의 수를 □, 성냥개비의 수를 △라 할 때, 두 양 사이의 대응 관계를 식으로 나타내면 △=□×3입니다.
□=3일 때 △=3×3=**9**,
□=4일 때 △=4×3=**12**,
□=5일 때 △=5×3=**15**입니다.
따라서 □=9일 때 △=□×3=9×3=27이므로 정삼각형 9개를 만들려면 성냥개비는 **27개** 필요합니다.

예제 2-2

정사각형의 수(개)	1	2	3	4	5	6
성냥개비의 수(개)	4	7	10	13	16	19

정사각형의 수가 1씩 늘어날 때마다 성냥개비의 수는 3씩 늘어납니다.
정사각형의 수를 □, 성냥개비의 수를 △라 하면 △=□×3+1입니다.
⇨ 정사각형의 수가 20일 때, 필요한 성냥개비의 수는 20×3+1=60+1=**61(개)**입니다.

응용 3 생각 열기 나이는 해마다 1살씩 늘어납니다.

(1) 15−12=3(살)이므로 재호의 나이는 누나의 나이보다 3살 적습니다.

(2)

재호의 나이(살)	12	13	14	15	16
누나의 나이(살)	15	16	**17**	**18**	**19**

+3

재호의 나이를 □, 누나의 나이를 △라 할 때, 두 양 사이의 대응 관계를 식으로 나타내면 △=□+3입니다.
□=14일 때 △=14+3=17,
□=15일 때 △=15+3=18,
□=16일 때 △=16+3=19입니다.

(3) △=□+3에서 △=30일 때 30=□+3, □=30−3=**27(살)**입니다.

참고
나이는 누구나 1살씩 많아지므로 두 사람의 나이의 차는 항상 똑같습니다.

예제 3-1 생각 열기 아버지와 어머니의 나이 차는 항상 같습니다.

아버지의 나이(살)	48	49	50	51	52
어머니의 나이(살)	42	43	**44**	**45**	**46**

−6

어머니의 나이는 48−42=6(살)이므로 아버지의 나이보다 6살 적습니다.
아버지의 나이를 □, 어머니의 나이를 △라 할 때, 두 양 사이의 대응 관계를 식으로 나타내면 △=□−6입니다.
□=50일 때 △=50−6=44,
□=51일 때 △=51−6=45,
□=52일 때 △=52−6=46입니다.
따라서 □=16일 때 △=16−6=10(살)입니다.

예제 3-2 생각 열기 연도도 1씩 커지고, 나이도 1씩 커집니다.

연도(년)	2018	2019	2020	2021	2022
삼촌의 나이(살)	35	36	**37**	**38**	**39**

−1983

2018−35=1983이므로 연도를 □, 삼촌의 나이를 △라 할 때, 두 양 사이의 대응 관계를 식으로 나타내면 △=□−1983입니다.
□=2020일 때 △=2020−1983=37,
□=2021일 때 △=2021−1983=38,
□=2022일 때 △=2022−1983=39입니다.
따라서 □=2030일 때 △=2030−1983=**47(살)**입니다.

응용 4 **생각 열기** 시계를 보고 두 도시의 시각의 차이를 알아봅니다.

(1) 오후 6시−오후 1시=5시간이므로 두바이의 시각은 서울의 시각보다 5시간 느립니다.

(2)
서울의 시각	오후 6시	오후 7시	오후 8시	오후 9시
두바이의 시각	오후 1시	**오후 2시**	**오후 3시**	**오후 4시**

서울의 시각을 □, 두바이의 시각을 △라 할 때, 두 시각 사이의 대응 관계를 식으로 나타내면 △=□−5입니다.

□=7일 때 △=7−5, △=2이고,
□=8일 때 △=8−5, △=3이고,
□=9일 때 △=9−5, △=4입니다.

(3) □=11일 때 △=11−5=6이므로 두바이는 **오전 6시**입니다.

주의

시간이 빠르고 느리다는 표현에 주의합니다. 예를 들어 서울이 오후 6시일 때 두바이는 오후 1시이므로 서울은 두바이보다 시간이 빠른 것이고, 두바이는 서울보다 시간이 느린 것입니다.

예제 4-1 서울이 오후 5시일 때, 방콕은 오후 3시이므로 방콕의 시각은 서울의 시각보다 2시간 느립니다.
서울의 시각을 ☆, 방콕의 시각을 △라 할 때, ☆−2=△입니다.
⇨ 오전 9시−2시간=**오전 7시**

예제 4-2 서울이 오후 4시일 때, 베이징은 오후 3시이므로 베이징의 시각은 서울의 시각보다 1시간 느립니다.
서울의 시각을 ☆, 베이징의 시각을 ◇라 할 때, ☆−1=◇입니다.
⇨ 오전 10시−1시간=**오전 9시**

응용 5 **생각 열기** 바둑돌의 수가 몇 개씩 늘어나는지 알아봅니다.

(1) 순서가 1씩 늘어날 때마다 바둑돌의 수는 2씩 늘어납니다.

(2)
배열 순서	1	2	3	4	……
바둑돌의 수(개)	2	4	**6**	8	……

바둑돌의 수는 순서의 2배입니다.
⇨ 배열 순서를 □, 바둑돌의 수를 △라 하면 □×2=△입니다.

(3) 10×2=20(개)

예제 5-1
배열 순서	1	2	3	4	……
바둑돌의 수(개)	**3**	**6**	**9**	**12**	……

배열 순서가 1씩 늘어날 때마다 바둑돌의 수는 3씩 늘어납니다.
배열 순서(□)와 바둑돌의 수(△) 사이의 대응 관계를 식으로 나타내면 □×3=△입니다.
⇨ □=20일 때, 20×3=△, △=**60**입니다.

예제 5-2 배열 순서와 축구공의 수 사이의 대응 관계를 알아보면
첫 번째 축구공의 수: 1×1−1=0,
두 번째 축구공의 수: 2×2−2=2,
세 번째 축구공의 수: 3×3−3=6,
네 번째 축구공의 수: 4×4−4=12
⇨ 순서(□)와 축구공의 수(△) 사이의 대응 관계는 □×□−□=△이므로 8번째에 놓을 축구공은 8×8−8=**56(개)**입니다.

참고

순서(□)와 농구공의 수(☆) 사이의 대응 관계는 □=☆이므로 8번째에 놓을 농구공은 8개입니다.

응용 6 **생각 열기** 지호가 말하는 수와 은지가 답하는 수 사이의 규칙을 알아봅니다.

(1)
지호가 말한 수	2	5	8
은지가 답한 수	9	12	15

2+7=9, 5+7=12, 8+7=15이므로 은지가 답한 수는 지호가 말한 수보다 7 큽니다. 지호가 말한 수를 ○, 은지가 답한 수를 ◇라 할 때 ○와 ◇ 사이의 대응 관계를 식으로 나타내면 ○+7=◇입니다.

(2) ○=26일 때 ◇=26+7=**33**입니다.

예제 6-1
예나가 말한 수	4	7	9
민호가 답한 수	13	16	18

4+9=13, 7+9=16, 9+9=18이므로 민호는 예나가 말한 수보다 9 큰 수를 답하는 규칙입니다.
따라서 예나가 47이라고 하면 민호는 47+9=**56**이라고 답해야 합니다.

예제 6-2
경규가 말한 수	3	5	9
채미가 답한 수	24	40	72

3×8=24, 5×8=40, 9×8=72이므로 채미는 경규가 말한 수에 8을 곱한 값을 답하는 규칙입니다.
따라서 □×8=96, □=96÷8, □=**12**입니다.

STEP 3 응용 유형 뛰어넘기

74 ~ 78쪽

01 (1) 예 □+2003=△ (2) 2030년

02 (1) 오후 6시, 오후 9시

(2) 예 □+2=△

03 예 색 테이프의 수는 겹쳐진 부분의 수보다 1 크므로 색 테이프가 7번 겹쳐졌다면 7+1=8(장)을 이어 붙인 것입니다.

⇨ 5×8−1×7=40−7=33 (cm)

; 33 cm

04 30개　　　　　**05** 20판

06 예 시간이 1분 늘어날 때마다 횟수는 6회씩 늘어납니다. (윗몸일으키기 횟수)=6×(시간)이므로 10분 동안한 횟수는 6×10=60(회)입니다.

; 60회

07 37개　　　　　**08** 25자루

09 6

10 예 리본을 자른 횟수는 리본 도막의 수보다 1 작습니다. 각각의 리본을 자른 횟수는

63÷7=9(도막)에서 9−1=8(회),

49÷7=7(도막)에서 7−1=6(회)입니다.

⇨ 8+6=14(회); 14회

11 166

12 오후 2시　　　　　**13** 흰색, 45개

---

01 (1) 상훈이의 나이에 2003을 더하면 연도입니다.

⇨ (상훈이의 나이)+2003=(연도)

(2) 27+2003=**2030(년)**

02 생각 열기 영화는 오후 1시에 시작하여 오후 3시에 끝나므로 2시간 동안 상영하는 것이고 끝나는 시각은 시작한 시각보다 2시간 후입니다.

(1)

영화 상영 시간표

시작 시각	끝난 시각
오전 10시	오후 12시
오후 1시	오후 3시
오후 4시	**오후 6시**
오후 7시	**오후 9시**

영화가 오전 10시에 시작하여 오후 12시에 끝나므로 상영 시간은 2시간입니다.

(2) 상영 시간이 2시간이므로 끝난 시각(△)은 시작 시각(□)보다 2 큰 수입니다. ⇨ □+2=△

---

03 해법 순서

① 그림을 보고 이어 붙인 색 테이프의 수와 겹쳐진 부분의 수 사이의 대응 관계를 알아봅니다.

② 이어 붙인 색 테이프의 길이를 구합니다.

서술형 가이드 색 테이프의 수와 겹쳐진 부분의 수 사이의 대응 관계를 이용하는 풀이 과정이 있어야 합니다.

채점 기준

상	색 테이프의 수와 겹쳐진 부분의 수 사이의 대응 관계를 이용하여 답을 바르게 구함.
중	색 테이프의 수와 겹쳐진 부분의 수 사이의 대응 관계를 바르게 알고 있으나 풀이 과정에서 계산 실수를 하여 답이 틀림.
하	색 테이프의 수와 겹쳐진 부분의 수 사이의 대응 관계를 몰라 풀이를 쓰지 못하고 답도 틀림.

참고

• 색 테이프 7장을 겹쳐지게 이어 붙이면 색 테이프는 6번 겹쳐집니다.

• 색 테이프가 7번 겹쳐지면 이어 붙인 색 테이프는 8장입니다.

---

04 생각 열기 층수와 사용한 면봉의 수 사이의 대응 관계를 알기 위해 표를 이용하는 것이 좋습니다.

층수(층)	1	2	3	4	5	6
면봉의 수(개)	3	6	9	12	15	18

층수가 1씩 늘어날 때마다 면봉의 수는 3씩 늘어납니다.

⇨ 면봉의 수는 층수의 3배입니다.

⇨ 층수가 10일 때, 면봉의 수는 10×3=**30(개)**입니다.

---

05 생각 열기 6 kg=6000 g입니다.

피자의 수(판)	1	2	3	4	5	6
밀가루의 양(g)	300	600	900	1200	1500	1800

피자의 수를 □, 밀가루의 양을 △라 하면

□×300=△입니다. 6 kg=6000 g이고

20×300=6000이므로 밀가루 6 kg으로 피자를 **20판**만들 수 있습니다.

참고

문제를 읽고 난 후 대응 관계가 있는 두 양이 무엇인지 알아야 합니다.

⇨ 대응하는 두 양은 피자의 수와 필요한 밀가루의 양입니다.

06 해법 순서

① 표를 보고 시간과 윗몸일으키기의 횟수 사이의 대응 관계를 알아봅니다.
② ①에서 발견한 대응 관계를 식으로 나타냅니다.
③ 식으로 표현한 대응 관계를 이용하여 답을 구합니다.

서술형 가이드 시간과 윗몸일으키기 횟수 사이의 대응 관계를 이용하는 풀이 과정이 있어야 합니다.

채점 기준

상	표를 보고 시간과 윗몸일으키기의 횟수 사이의 대응 관계를 이용하여 답을 바르게 구함.
중	표를 보고 시간과 윗몸일으키기의 횟수 사이의 대응 관계를 바르게 알고 있으나 풀이 과정에서 계산 실수를 하여 답이 틀림.
하	표를 보고 시간과 윗몸일으키기의 횟수 사이의 대응 관계를 몰라 풀이를 쓰지 못하고 답도 틀림.

07 해법 순서

① 표를 보고 오각형의 수와 성냥개비의 수 사이의 대응 관계를 알아봅니다.
② ①에서 발견한 대응 관계를 식으로 나타냅니다.
③ 식으로 표현한 대응 관계를 이용하여 답을 구합니다.

오각형의 수(개)	1	2	3	4	5	6
성냥개비의 수(개)	5	9	13	17	21	25

오각형의 수가 1씩 늘어날 때마다 성냥개비의 수는 4씩 늘어납니다.
⇨ (성냥개비의 수)$=1+4\times$(오각형의 수)이므로 오각형의 수가 9일 때, 성냥개비의 수는 $1+4\times9=$**37(개)**입니다.

참고

오각형의 수와 성냥개비의 수 사이의 대응 관계는 여러 가지로 나타낼 수 있습니다.
⇨ (성냥개비의 수)$=\{$(오각형의 수)$-1\}\times4+5$

08 생각 열기 연필을 낱개로는 팔지 않으므로 연필 묶음의 수와 묶음의 값을 이용하여 대응 관계를 알아봅니다.

묶음의 수	1	2	3	4	5	6
가격(원)	1800	3600	5400	7200	9000	10800

10000원으로 연필 5묶음까지 살 수 있습니다.
⇨ $5\times5=$**25(자루)**

주의

연필을 낱개로 팔지 않고 묶음으로 파는 것에 주의합니다.

09 생각 열기 마법 상자에 수를 넣었을 때 수가 작아졌으므로 우선 덧셈과 곱셈은 아닙니다. 뺄셈과 나눗셈도 단순 계산으로는 바뀌어 나온 수가 되지 않으므로 스스로 규칙을 여러 가지 만들어 비교해 봅니다.

31에서 $3-1=2$, 83에서 $8-3=5$, 91에서 $9-1=8$, 52에서 $5-2=3$입니다.
따라서 대응 규칙은 수를 넣으면
(십의 자리 숫자)$-$(일의 자리 숫자)가 나오므로 60을 넣으면 $6-0=$**6**이 나옵니다.

10 해법 순서

① 자른 도막의 수와 자른 횟수 사이의 대응 관계를 알아봅니다.
② 7 cm짜리 리본이 각각 몇 도막이 되는지 알아보고 몇 번 잘라야 하는지 알아봅니다.
③ 모두 몇 번 잘라야 하는지 답을 구합니다.

서술형 가이드 자른 도막의 수와 자른 횟수 사이의 대응 관계를 이용하는 풀이 과정이 있어야 합니다.

채점 기준

상	자른 도막의 수와 자른 횟수 사이의 대응 관계를 이용하여 답을 바르게 구함.
중	자른 도막의 수와 자른 횟수 사이의 대응 관계를 바르게 알고 있으나 답을 잘못 구함.
하	자른 도막의 수와 자른 횟수 사이의 대응 관계를 몰라 풀이를 쓰지 못하고 답도 틀림.

11 해법 순서

① 표를 보고 ○와 △ 사이의 대응 관계를 알아봅니다.
② ①에서 구한 대응 관계를 이용하여 ○=15일 때 △의 값을 구합니다.
③ 표를 보고 ○와 ☆ 사이의 대응 관계를 알아봅니다.
④ ③에서 구한 대응 관계를 이용하여 ○=15일 때 ☆의 값을 구합니다.
⑤ △$+$☆을 구합니다.

○$\times9=$△이므로 ○=15일 때, $15\times9=$△, △$=135$입니다.
○$+16=$☆이므로 ○=15일 때, $15+16=$☆, ☆$=31$입니다.
⇨ △$+$☆$=135+31=$**166**

12 생각 열기 그림에서 런던이 오전 9시일 때 뉴욕은 오전 4시이므로 뉴욕은 런던보다 5시간이 느립니다.

런던이 오전 9시일 때, 뉴욕은 오전 4시이므로 뉴욕의 시각은 런던의 시각보다 5시간 느립니다.
⇨ 오후 7시-5시간$=$**오후 2시**

13 생각 열기 그림에서 바둑돌의 색이 바뀌고 있고, 바둑돌의 수는 $1+\{($순서 수$)+1\}\times4$입니다.

순서(번째)	1	2	3	4
바둑돌의 색	검	흰	검	흰
바둑돌의 수(개)	9	13	17	21

바둑돌의 색은 홀수 번째에 검은색, 짝수 번째에 흰색이고, 순서가 1씩 늘어날 때마다 바둑돌의 수는 4씩 늘어납니다.

□번째 바둑돌의 수를 △개라 하면

$\triangle = 1 + (\square+1)\times4 = 1+\square\times4+4$
$= 5+\square\times4$입니다.

⇨ 10번째에는 **흰색** 바둑돌이 $5+10\times4 =$ **45(개)** 놓입니다.

> 참고
> 바둑돌의 색의 규칙과 수의 규칙을 각각 찾아야 합니다.

실력평가

79 ~ 81쪽

01 4, 6, 8, 10
02 예 △는 □보다 2 큽니다.
03 3, 4, 5, 6
04 14회
05
06 성우
07 예 상자 한 개에 야구공이 12개씩 들어 있으므로 야구공의 수는 상자의 수의 12배입니다.
　　⇨ 상자의 수를 □, 야구공의 수를 △라 하면
　　　△$=12\times\square$이므로 상자가 10개일 때 야구공은
　　　$12\times10=120$(개)입니다.; 120개
08 17, 30
09 예 ○$\times4=$□
10 예 △$\times6=$□
11 예 ○$\times2=$△, △$\div2=$○
12 예 $45-$☆$=$□
13 예 ○$\times4=$△; 80
14 45개
15 예 세발자전거의 수를 △, 세발자전거 바퀴의 수를 □라 할 때 세발자전거 바퀴의 수는 세발자전거의 수의 3배입니다.
　　예 다리가 3개인 의자의 수를 △, 의자 다리의 수를 □라 할 때 의자 다리의 수는 의자의 수의 3배입니다.
16 25개
17 420명
18 9개
19 14
20 검은색

01 생각 열기 닭의 다리는 2개입니다.

닭의 수(마리)	1	2	3	4	5
다리의 수(개)	2	**4**	**6**	8	**10**

닭의 수가 1씩 늘어날 때마다 다리의 수는 2씩 늘어납니다.
⇨ 다리의 수는 닭의 수의 2배입니다.

02 '□는 △보다 2 작습니다.'라고 할 수도 있습니다.

03

나무 막대를 자른 횟수(회)	1	2	3	4	5
나무 막대 도막의 수(개)	2	**3**	**4**	**5**	**6**

나무 막대 도막의 수는 나무 막대를 자른 횟수보다 1 큽니다.

04 1회 자르면 2도막, 2회 자르면 3도막, 3회 자르면 4도막 ……이므로 **14회** 잘라야 15도막이 됩니다.

05

○	2	3	4	
☆	7	8	9	$+5$

☆은 ○보다 5 큽니다.
⇨ ○$+5=$☆ 또는 ☆$-5=$○

○	6	7	8	
☆	12	14	16	$\times2$

☆은 ○의 2배입니다.
⇨ ○$\times2=$☆ 또는 ☆$\div2=$○

06 생각 열기 △와 ○, □와 ○ 각각의 대응 관계를 알아봅니다.

□는 △의 2배가 아닙니다.

07 서술형 가이드 상자의 수와 야구공의 수 사이의 대응 관계를 말이나 식으로 설명하는 풀이 과정이 들어 있어야 합니다.

채점 기준	
상	상자의 수와 야구공의 수 사이의 대응 관계를 이용하여 답을 바르게 구함.
중	상자의 수와 야구공의 수 사이의 대응 관계를 바르게 알고 있으나 풀이 과정에서 계산 실수를 하여 답이 틀림.
하	상자의 수와 야구공의 수 사이의 대응 관계를 몰라 풀이를 쓰지 못하고 답도 틀림.

08 오른쪽 수는 왼쪽 수에 5를 더하는 규칙입니다.
⇨ $12+5=$**17**, $25+5=$**30**

09 생각 열기 한 층 더 쌓을 때마다 이쑤시개가 4개씩 더 필요합니다.

이쑤시개의 수는 만든 탑의 층수의 4배입니다.
$\Rightarrow \bigcirc \times 4 = \square$ 또는 $\square \div 4 = \bigcirc$

10 $10 \times 6 = 60$, $8 \times 6 = 48$이므로 지구에서 잰 몸무게($\square$)는 달에서 잰 몸무게($\triangle$)의 6배입니다. $\Rightarrow \triangle \times 6 = \square$

11 $\triangle$는 $\bigcirc$의 2배입니다. $\Rightarrow \bigcirc \times 2 = \triangle$ 또는 $\triangle \div 2 = \bigcirc$

12 $\not\approx + \square = 45 \Rightarrow 45 - \not\approx = \square$ 또는 $45 - \square = \not\approx$

13 $9 \times 4 = 36$, $10 \times 4 = 40$, $11 \times 4 = 44$……이므로 $\bigcirc$와 $\triangle$의 대응 관계를 식으로 나타내면 $\bigcirc \times 4 = \triangle$입니다. 따라서 $\bigcirc = 20$일 때, $20 \times 4 = \triangle$, $\triangle = 80$입니다.

서술형 가이드 대응 관계를 식으로 나타내고 $\bigcirc = 20$일 때의 $\triangle$의 값을 구해야 합니다.

채점 기준	
상	대응 관계를 식으로 나타내고 $\bigcirc = 20$일 때의 $\triangle$를 바르게 구함.
중	대응 관계를 식으로 나타낸 것과 $\bigcirc = 20$일 때의 $\triangle$의 값 중 하나만 바르게 구함.
하	대응 관계를 식으로 나타내지 못하고 $\bigcirc = 20$일 때의 $\triangle$의 값도 구하지 못함.

14 해법 순서
① 그림을 보고 순서와 바둑돌의 수를 표로 나타내어 봅니다.
② ①에서 만든 표를 보고 두 양 사이의 대응 관계를 알아봅니다.
③ 15번째에 놓이는 바둑돌의 수를 구합니다.

순서	1	2	3
바둑돌의 개수(개)	3	6	9

순서가 1씩 늘어날 때마다 바둑돌의 수는 3씩 늘어납니다. 순서($\square$)와 바둑돌의 수($\triangle$) 사이의 대응 관계를 식으로 나타내면 $\square \times 3 = \triangle$입니다.
$\Rightarrow \square = 15$일 때, $15 \times 3 = \triangle$, $\triangle = 45$입니다.

15 서술형 가이드 대응 관계가 $\triangle \times 3 = \square$인 예를 일상 생활에서 찾아 써야 합니다.

채점 기준	
상	대응 관계가 $\triangle \times 3 = \square$인 예를 2가지 모두 바르게 씀.
중	대응 관계가 $\triangle \times 3 = \square$인 예를 1가지만 바르게 씀.
하	대응 관계가 $\triangle \times 3 = \square$인 예를 모두 쓰지 못함.

16

정삼각형의 수(개)	1	2	3	4	5	6
성냥개비의 수(개)	3	5	7	9	11	13

정삼각형의 수가 1씩 늘어날 때마다 성냥개비의 수는 2씩 늘어납니다.
정삼각형의 수를 $\square$, 성냥개비의 수를 $\triangle$라 하면 $\triangle = 1 + \square \times 2$입니다.
$\Rightarrow$ 정삼각형의 수가 12일 때, 성냥개비의 수는 $1 + 12 \times 2 = 25$(개)입니다.

17 해법 순서
① 전철 한 칸에 탈 수 있는 사람 수를 구합니다.
② 전철 한 칸에 앉을 수 있는 사람 수와 칸 수의 대응 관계를 알아봅니다.
③ 답을 구합니다.

의자 1줄에 7명씩 앉을 수 있고 전철 한 칸에는 의자가 6줄 있으므로
(전철 한 칸에 앉을 수 있는 사람 수)$= 6 \times 7 = 42$(명)이므로 전철 한 대에 앉을 수 있는 사람 수는 칸 수의 42배입니다. $\Rightarrow 10 \times 42 = 420$(명)

18 생각 열기 처음 식탁에는 8명이 앉지만 식탁을 1개씩 더 붙일수록 4명이 더 앉을 수 있습니다.

식탁의 수(개)	1	2	3	4
의자의 수(명)	8	12	16	20

식탁의 수가 1씩 늘어날 때마다 의자의 수는 4씩 늘어납니다. 따라서 식탁의 수를 $\bigcirc$, 의자의 수를 $\triangle$라 하면 $\triangle = 4 + \bigcirc \times 4$입니다.
$\Rightarrow$ 40명이 앉으려면 $40 = 4 + \bigcirc \times 4$, $36 = \bigcirc \times 4$, $\bigcirc = 9$(개)입니다.

19 $27 \rightarrow (2 + 7) \times 2 = 18$, $10 \rightarrow (1 + 0) \times 2 = 2$,
$11 \rightarrow (1 + 1) \times 2 = 4$, $14 \rightarrow (1 + 4) \times 2 = 10$
$\Rightarrow 43 \rightarrow (4 + 3) \times 2 = 14$

20 생각 열기 바둑돌의 색에 대한 대응 관계와 바둑돌 수에 대한 대응 관계를 각각 알아봅니다.

흰 바둑돌과 검은 바둑돌이 순서대로
1개 → 2개 → 3개 → 4개 → 5개 → ……로 늘어나므로
$\left[\begin{array}{l} 1 + 2 + 3 + \cdots\cdots + 13 = 91(\text{개}) \\ (\text{흰}) \ (\text{검}) \ (\text{흰}) \quad\quad (\text{흰}) \\ 1 + 2 + 3 + \cdots\cdots + 13 + 14 = 105(\text{개}) \\ \quad\quad\quad\quad\quad\quad\quad\quad (\text{검}) \end{array} \right.$
$\Rightarrow$ 100번째는 91번째와 105번째 사이에 있으므로 100번째에 놓을 바둑돌은 **검은색**입니다.

4 약분과 통분

STEP 1 기본 유형 익히기

88 ～ 91쪽

1-1 예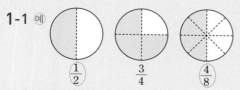

$\frac{1}{2}$ $\frac{3}{4}$ $\frac{4}{8}$

1-2 (1) 9 (2) 32 (3) 5 (4) 4

1-3 $\frac{6}{8}$, $\frac{9}{12}$에 ○표   **1-4** ㉢

1-5 다연, 윤아 ; 예 분모와 분자를 각각 0이 아닌 같은 수로 나누어 크기가 같은 분수를 만들었습니다.

1-6 10개

2-1 4, $\frac{3}{4}$ **2-2** ③

2-3 $\frac{3}{12}$, $\frac{2}{8}$, $\frac{1}{4}$ **2-4** $\frac{24}{30}$

2-5 18과 45의 최대공약수: 9 ; $\frac{18}{45} = \frac{18 \div 9}{45 \div 9} = \frac{2}{5}$

2-6 3개   **2-7** $\frac{1}{8}$, $\frac{3}{8}$, $\frac{5}{8}$, $\frac{7}{8}$

3-1 (1) 16, 18 (2) 14, 15

3-2 (1) $\frac{18}{24}$, $\frac{20}{24}$ (2) $\frac{20}{45}$, $\frac{18}{45}$

3-3 (1) $\frac{27}{30}$, $\frac{4}{30}$ (2) $1\frac{9}{24}$, $1\frac{22}{24}$

3-4 ⟨교차선⟩   **3-5** $\frac{8}{60}$, $\frac{25}{60}$

3-6 예 공통분모가 될 수 있는 수는 4와 14의 공배수이므로 최소공배수 28의 배수입니다.
   ⇨ 28, 56, 84, 112……
   이 중 100보다 작은 수는 28, 56, 84입니다.
   ; 28, 56, 84

4-1 (1) < (2) >

4-2 >, <, < ; $\frac{2}{5}$, $\frac{3}{10}$, $\frac{1}{4}$

4-3 (위에서부터) $\frac{2}{3}$, $\frac{1}{2}$, $\frac{2}{3}$

4-4 예 $\frac{11}{12} = \frac{33}{36}$, $\frac{8}{9} = \frac{32}{36}$이므로 $\frac{11}{12} > \frac{8}{9}$입니다.
   따라서 주하네 집에서 서점까지가 더 멉니다. ; 서점

4-5 $\frac{10}{11}$에 ○표, $\frac{5}{7}$에 △표

5-1 (1) < (2) > (3) < (4) >

5-2 1.2, 0.3

1-1 $\frac{1}{2}$과 $\frac{4}{8}$는 색칠한 부분의 크기가 같으므로 크기가 같은 분수입니다.

1-2 (1) $\frac{3}{7} = \frac{3 \times 3}{7 \times 3} = \frac{9}{21}$

(2) $\frac{5}{8} = \frac{5 \times 4}{8 \times 4} = \frac{20}{32}$

(3) $\frac{10}{25} = \frac{10 \div 5}{25 \div 5} = \frac{2}{5}$

(4) $\frac{24}{42} = \frac{24 \div 6}{42 \div 6} = \frac{4}{7}$

1-3 $\frac{3}{4} = \frac{3 \times 2}{4 \times 2} = \frac{3 \times 3}{4 \times 3} = \frac{3 \times 4}{4 \times 4} = \frac{3 \times 5}{4 \times 5} = \cdots\cdots$

⇨ $\frac{3}{4} = \frac{6}{8} = \frac{9}{12} = \frac{12}{16} = \frac{15}{20} = \cdots\cdots$

1-4 ㉠ $\frac{4}{9} = \frac{4 \times 3}{9 \times 3} = \frac{12}{27}$

㉡ $\frac{21}{42} = \frac{21 \div 21}{42 \div 21} = \frac{1}{2}$

㉢ $\frac{6}{7} = \frac{6 \times 5}{7 \times 5} = \frac{30}{35}$

㉣ $\frac{35}{40} = \frac{35 \div 5}{40 \div 5} = \frac{7}{8}$

1-5 다연: $\frac{2}{6} = \frac{2 \div 2}{6 \div 2} = \frac{1}{3}$

정국: $\frac{4}{12} = \frac{4 \times 3}{12 \times 3} = \frac{12}{36}$

윤아: $\frac{8}{10} = \frac{8 \div 2}{10 \div 2} = \frac{4}{5}$

> **서술형 가이드** 크기가 같은 분수를 만드는 방법을 설명할 때 반드시 0이 아닌 같은 수를 곱하거나 0이 아닌 같은 수로 나누어야 한다는 내용이 들어 있어야 합니다.

채점 기준

상	답을 구하고, 분모와 분자를 각각 0이 아닌 같은 수로 나누어 크기가 같은 분수를 만듦을 설명함.
중	답을 구하고, 분모와 분자를 각각 같은 수로 나누는 것을 알았으나 0이 아닌 수로 나누어야 함을 설명하지 않음.
하	답을 구하지 못하고 다른 방법으로 설명함.

1-6 $9 \times 2 = 18$, $9 \times 11 = 99$이므로

$\frac{5}{9}$의 분모와 분자에 각각 2, 3 …… 11을 곱하면

$\frac{10}{18}$, $\frac{15}{27}$ …… $\frac{55}{99}$입니다.

따라서 분모가 두 자리 수인 분수는 모두 **10개**입니다.

2-1 분모와 분자를 각각 4로 나눕니다.

2-2 생각 열기 분모와 분자를 모두 나눌 수 있는 수는 분모와 분자의 공약수입니다.

분모와 분자의 공약수가 아닌 수를 찾아야 하므로 분모와 분자의 최대공약수의 약수가 아닌 수를 찾습니다.

72와 54의 최대공약수: 18

72와 54의 공약수: 1, 2, 3, 6, 9, 18

⇨ 분모와 분자를 나눌 수 없는 수는 ③ 8입니다.

2-3 분수를 분모와 분자의 공약수로 나눕니다.

6과 24의 공약수는 1, 2, 3, 6입니다.

$$\frac{6 \div 2}{24 \div 2} = \frac{3}{12}$$

$$\frac{6 \div 3}{24 \div 3} = \frac{2}{8}$$

$$\frac{6 \div 6}{24 \div 6} = \frac{1}{4}$$

2-4 생각 열기 분모가 30에서 약분하여 5가 되려면 분모와 분자를 각각 6으로 나눈 것입니다.

$$\frac{\square}{30} = \frac{\square \div 6}{30 \div 6} = \frac{4}{5}$$ 이므로

$\square \div 6 = 4$, $\square = 4 \times 6 = 24$ 입니다.

따라서 $\dfrac{24}{30}$ 입니다.

2-5 생각 열기 분모와 분자를 두 수의 최대공약수로 나누면 한번에 기약분수로 나타낼 수 있습니다.

$$\begin{array}{r} 3)\ \underline{18\quad 45} \\ 3)\ \underline{6\quad 15} \\ 2\quad 5 \end{array}$$

⇨ 최대공약수: $3 \times 3 = 9$

2-6 생각 열기 분모와 분자의 공약수가 1뿐인 분수를 찾습니다.

$$\frac{5}{9}, \frac{7}{10}, \frac{13}{40} ⇨ \textbf{3개}$$

2-7 평행사변형 모양에 적힌 수는 8입니다.

8을 분모로 하는 진분수 $\dfrac{1}{8}, \dfrac{2}{8}, \dfrac{3}{8}, \dfrac{4}{8}, \dfrac{5}{8}, \dfrac{6}{8}, \dfrac{7}{8}$ 중

기약분수는 $\dfrac{\mathbf{1}}{\mathbf{8}}, \dfrac{\mathbf{3}}{\mathbf{8}}, \dfrac{\mathbf{5}}{\mathbf{8}}, \dfrac{\mathbf{7}}{\mathbf{8}}$ 입니다.

3-1 (1) $\left(\dfrac{2}{3}, \dfrac{3}{4}\right) ⇨ \left(\dfrac{2 \times 8}{3 \times 8}, \dfrac{3 \times 6}{4 \times 6}\right) ⇨ \left(\dfrac{\mathbf{16}}{\mathbf{24}}, \dfrac{\mathbf{18}}{\mathbf{24}}\right)$

(2) $\left(\dfrac{7}{18}, \dfrac{5}{12}\right) ⇨ \left(\dfrac{7 \times 2}{18 \times 2}, \dfrac{5 \times 3}{12 \times 3}\right) ⇨ \left(\dfrac{\mathbf{14}}{\mathbf{36}}, \dfrac{\mathbf{15}}{\mathbf{36}}\right)$

3-2 (1) $\left(\dfrac{3}{4}, \dfrac{5}{6}\right) ⇨ \left(\dfrac{3 \times 6}{4 \times 6}, \dfrac{5 \times 4}{6 \times 4}\right) ⇨ \left(\dfrac{\mathbf{18}}{\mathbf{24}}, \dfrac{\mathbf{20}}{\mathbf{24}}\right)$

(2) $\left(\dfrac{4}{9}, \dfrac{2}{5}\right) ⇨ \left(\dfrac{4 \times 5}{9 \times 5}, \dfrac{2 \times 9}{5 \times 9}\right) ⇨ \left(\dfrac{\mathbf{20}}{\mathbf{45}}, \dfrac{\mathbf{18}}{\mathbf{45}}\right)$

3-3 (1) $\begin{array}{r} 5)\ \underline{10\quad 15} \\ 2\quad 3 \end{array}$

⇨ 최소공배수: $5 \times 2 \times 3 = 30$

$$\left(\frac{9}{10}, \frac{2}{15}\right) ⇨ \left(\frac{9 \times 3}{10 \times 3}, \frac{2 \times 2}{15 \times 2}\right) ⇨ \left(\frac{\mathbf{27}}{\mathbf{30}}, \frac{\mathbf{4}}{\mathbf{30}}\right)$$

(2) $\begin{array}{r} 2)\ \underline{8\quad 12} \\ 2)\ \underline{4\quad 6} \\ 2\quad 3 \end{array}$

⇨ 최소공배수: $2 \times 2 \times 2 \times 3 = 24$

$$\left(1\frac{3}{8}, 1\frac{11}{12}\right) ⇨ \left(1\frac{3 \times 3}{8 \times 3}, 1\frac{11 \times 2}{12 \times 2}\right)$$

$$⇨ \left(1\frac{\mathbf{9}}{\mathbf{24}}, 1\frac{\mathbf{22}}{\mathbf{24}}\right)$$

3-4 $\left(\dfrac{3}{20}, \dfrac{7}{30}\right) ⇨ \left(\dfrac{3 \times 3}{20 \times 3}, \dfrac{7 \times 2}{30 \times 2}\right) ⇨ \left(\dfrac{\mathbf{9}}{\mathbf{60}}, \dfrac{\mathbf{14}}{\mathbf{60}}\right)$

$\left(\dfrac{1}{3}, \dfrac{4}{15}\right) ⇨ \left(\dfrac{1 \times 15}{3 \times 15}, \dfrac{4 \times 3}{15 \times 3}\right) ⇨ \left(\dfrac{\mathbf{15}}{\mathbf{45}}, \dfrac{\mathbf{12}}{\mathbf{45}}\right)$

3-5 가장 작은 공통분모는 분모 15와 12의 최소공배수인 60입니다.

$$\left(\frac{2}{15}, \frac{5}{12}\right) ⇨ \left(\frac{2 \times 4}{15 \times 4}, \frac{5 \times 5}{12 \times 5}\right) ⇨ \left(\frac{\mathbf{8}}{\mathbf{60}}, \frac{\mathbf{25}}{\mathbf{60}}\right)$$

3-6 서술형 가이드 두 분모의 공배수를 구하는 내용이 풀이 과정에 들어 있어야 합니다.

채점 기준	
상	두 분모의 공배수를 구하고 이 중 100보다 작은 수를 바르게 구함.
중	두 분모의 공배수를 구하였으나 이 중 100보다 작은 수를 구하지 못함.
하	두 분모의 공배수를 구하지 못함.

4-1 (1) $\left(\dfrac{5}{7}, \dfrac{7}{9}\right) ⇨ \left(\dfrac{45}{63}, \dfrac{49}{63}\right) ⇨ \dfrac{5}{7} < \dfrac{7}{9}$

(2) $\left(\dfrac{5}{12}, \dfrac{3}{8}\right) ⇨ \left(\dfrac{10}{24}, \dfrac{9}{24}\right) ⇨ \dfrac{5}{12} > \dfrac{3}{8}$

4-2 $\left(\dfrac{3}{10}, \dfrac{1}{4}\right) ⇨ \left(\dfrac{6}{20}, \dfrac{5}{20}\right) ⇨ \dfrac{3}{10} > \dfrac{1}{4}$

$\left(\dfrac{1}{4}, \dfrac{2}{5}\right) ⇨ \left(\dfrac{5}{20}, \dfrac{8}{20}\right) ⇨ \dfrac{1}{4} < \dfrac{2}{5}$

$\left(\dfrac{3}{10}, \dfrac{2}{5}\right) ⇨ \left(\dfrac{3}{10}, \dfrac{4}{10}\right) ⇨ \dfrac{3}{10} < \dfrac{2}{5}$

따라서 $\dfrac{2}{5} > \dfrac{3}{10} > \dfrac{1}{4}$ 입니다.

4-3 $\left(\dfrac{5}{14}, \dfrac{1}{2}\right) \Rightarrow \left(\dfrac{5}{14}, \dfrac{7}{14}\right) \Rightarrow \dfrac{5}{14} < \dfrac{1}{2}$

$\left(\dfrac{2}{3}, \dfrac{3}{5}\right) \Rightarrow \left(\dfrac{10}{15}, \dfrac{9}{15}\right) \Rightarrow \dfrac{2}{3} > \dfrac{3}{5}$

$\left(\dfrac{1}{2}, \dfrac{2}{3}\right) \Rightarrow \left(\dfrac{3}{6}, \dfrac{4}{6}\right) \Rightarrow \dfrac{1}{2} < \dfrac{2}{3}$

4-4 [서술형 가이드] 두 거리를 통분하여 크기를 비교하는 내용이 풀이 과정에 들어 있어야 합니다.

채점 기준	
상	서점과 시청까지의 거리를 비교하여 어디가 더 먼지 바르게 구함.
중	서점과 시청까지의 거리를 비교하였으나 어디가 더 먼지 잘못 구함.
하	서점과 시청까지의 거리를 바르게 비교하지 못함.

4-5 $\left(\dfrac{4}{5}, \dfrac{10}{11}\right) \Rightarrow \left(\dfrac{44}{55}, \dfrac{50}{55}\right) \Rightarrow \dfrac{4}{5} < \dfrac{10}{11}$

$\left(\dfrac{4}{5}, \dfrac{5}{7}\right) \Rightarrow \left(\dfrac{28}{35}, \dfrac{25}{35}\right) \Rightarrow \dfrac{4}{5} > \dfrac{5}{7}$

$\Rightarrow \dfrac{5}{7} < \dfrac{4}{5} < \dfrac{10}{11}$

5-1 (1) $\dfrac{1}{4} = \dfrac{25}{100} = 0.25$이므로

$0.25 < 0.3 \Rightarrow \dfrac{1}{4} < 0.3$입니다.

(2) $0.7 = \dfrac{7}{10} = \dfrac{14}{20}$이므로

$\dfrac{14}{20} > \dfrac{13}{20} \Rightarrow 0.7 > \dfrac{13}{20}$입니다.

(3) $\dfrac{1}{5} = \dfrac{2}{10} = 0.2$이므로

$0.19 < 0.2 \Rightarrow 0.19 < \dfrac{1}{5}$입니다.

(4) $1\dfrac{3}{4} = 1\dfrac{75}{100} = 1.75$이므로

$1.75 > 1.68 \Rightarrow 1\dfrac{3}{4} > 1.68$입니다.

5-2 [생각 열기] 분수를 소수로 나타내거나 소수를 분수로 나타내어 크기를 비교합니다.

$\dfrac{7}{10} = 0.7$, $\dfrac{3}{5} = \dfrac{6}{10} = 0.6$이므로

$0.3 < 0.6 < 0.7 < 1.2$입니다.

따라서 가장 큰 수는 **1.2**이고, 가장 작은 수는 **0.3**입니다.

STEP 2 응용 유형 익히기

92 ~ 99쪽

응용 **1** $\dfrac{12}{16}$

예제 **1-1** $\dfrac{6}{18}$ 　　예제 **1-2** $\dfrac{25}{35}$

예제 **1-3** 9

응용 **2** 4개

예제 **2-1** 6개 　　예제 **2-2** 3개

예제 **2-3** $\dfrac{2}{4}$

응용 **3** $\dfrac{99}{180}$, $\dfrac{84}{180}$

예제 **3-1** $\dfrac{45}{216}$, $\dfrac{84}{216}$ 　　예제 **3-2** $\dfrac{105}{120}$, $\dfrac{66}{120}$

응용 **4** 훈정

예제 **4-1** ⓒ 　　예제 **4-2** 소연, 지성, 민호

응용 **5** 1, 2

예제 **5-1** 1, 2, 3, 4, 5 　　예제 **5-2** 1개

응용 **6** 0.125

예제 **6-1** 0.8 　　예제 **6-2** 0.625

응용 **7** $\dfrac{13}{21}$

예제 **7-1** $\dfrac{39}{56}$ 　　예제 **7-2** $\dfrac{12}{47}$

예제 **7-3** $\dfrac{13}{17}$

응용 **8** $\dfrac{7}{24}$, $\dfrac{8}{24}$

예제 **8-1** 6개 　　예제 **8-2** $\dfrac{11}{20}$, $\dfrac{13}{20}$

응용 **1** (1) $\dfrac{3}{4}$의 분모와 분자에 각각 0이 아닌 같은 수를 곱하여 크기가 같은 분수를 만들면

$\dfrac{3}{4} = \dfrac{6}{8} = \dfrac{9}{12} = \dfrac{12}{16} = \cdots\cdots$입니다.

(2) 분모와 분자의 합을 구해 보면

$3+4=7$, $6+8=14$, $9+12=21$,

$12+16=28 \cdots\cdots$ 입니다.

(3) 분모와 분자의 합이 28인 수는 $\dfrac{12}{16}$입니다.

참고

$\dfrac{\blacktriangle}{\blacksquare} = \dfrac{\blacktriangle \times 2}{\blacksquare \times 2} = \dfrac{\blacktriangle \times 3}{\blacksquare \times 3} = \cdots\cdots$의 분모와 분자의 합은

$\blacksquare + \blacktriangle$, $\blacksquare \times 2 + \blacktriangle \times 2 = (\blacksquare + \blacktriangle) \times 2$,

$\blacksquare \times 3 + \blacktriangle \times 3 = (\blacksquare + \blacktriangle) \times 3 \cdots\cdots$입니다.

예제 1-1 $\frac{1}{3}$의 분모와 분자에 각각 0이 아닌 같은 수를 곱하여

크기가 같은 분수를 만들면

$$\frac{1}{3}=\frac{2}{6}=\frac{3}{9}=\frac{4}{12}=\frac{5}{15}=\frac{6}{18}=\cdots\cdots$$입니다.

이 중에서 분모와 분자의 합이 24인 분수는 $\frac{6}{18}$입니다.

> **다른 풀이**
>
> $\frac{1}{3}$의 분모와 분자의 합은 $3+1=4$이고 $24=4\times6$
>
> 이므로 구하려는 분수는 $\frac{1}{3}$의 분모와 분자에 각각 6을
>
> 곱하면 됩니다.
>
> $\Rightarrow \frac{1}{3}=\frac{1\times6}{3\times6}=\frac{6}{18}$

예제 1-2 $\frac{5}{7}$의 분모와 분자에 각각 0이 아닌 같은 수를 곱하여

크기가 같은 분수를 만들면

$$\frac{5}{7}=\frac{10}{14}=\frac{15}{21}=\frac{20}{28}=\frac{25}{35}=\cdots\cdots$$입니다.

이 중에서 분모와 분자의 차가 10인 수는 $\frac{25}{35}$입니다.

> **다른 풀이**
>
> $\frac{5}{7}$의 분모와 분자의 차는 $7-5=2$이고 $10=2\times5$이
>
> 므로 구하려는 분수는 $\frac{5}{7}$의 분모와 분자에 각각 5를
>
> 곱하면 됩니다.
>
> $\Rightarrow \frac{5}{7}=\frac{5\times5}{7\times5}=\frac{25}{35}$

예제 1-3 생각 열기 $\frac{4}{5}$와 크기가 같은 분수 중에서 분모와 분자

의 합이 81인 분수를 구해 봅니다.

$\frac{\triangle}{\blacksquare}$는 $\frac{4}{5}$와 크기가 같고, 분모와 분자의 합이

$\blacksquare+\triangle=81$인 분수입니다.

$\frac{4}{5}$의 분모와 분자의 합은 $5+4=9$이고 $81=9\times9$

이므로 $\frac{\triangle}{\blacksquare}$는 $\frac{4}{5}$의 분모와 분자에 각각 9를 곱한 분

수입니다.

$\Rightarrow \frac{\triangle}{\blacksquare}=\frac{4\times9}{5\times9}=\frac{36}{45}$

따라서 ■는 45, ▲는 36이므로

$\blacksquare-\triangle=45-36=9$입니다.

응용 2 (1) 분모가 10인 진분수는 $\frac{1}{10}$, $\frac{2}{10}$, $\frac{3}{10}$, $\frac{4}{10}$, $\frac{5}{10}$,

$\frac{6}{10}$, $\frac{7}{10}$, $\frac{8}{10}$, $\frac{9}{10}$입니다.

(2) 분자 1, 2, 3, 4, 5, 6, 7, 8, 9 중에서 분모 10과
공약수가 1뿐인 수는 1, 3, 7, 9입니다.

(3) 기약분수: $\frac{1}{10}$, $\frac{3}{10}$, $\frac{7}{10}$, $\frac{9}{10}$ ⇨ **4개**

예제 2-1 분모가 9인 진분수는 $\frac{1}{9}$, $\frac{2}{9}$, $\frac{3}{9}$, $\frac{4}{9}$, $\frac{5}{9}$, $\frac{6}{9}$, $\frac{7}{9}$, $\frac{8}{9}$

입니다. 9보다 작은 수 중에서 9와 공약수가 1뿐인

수는 1, 2, 4, 5, 7, 8입니다.

따라서 분모가 9인 진분수 중에서 기약분수는

$\frac{1}{9}$, $\frac{2}{9}$, $\frac{4}{9}$, $\frac{5}{9}$, $\frac{7}{9}$, $\frac{8}{9}$로 모두 **6개**입니다.

예제 2-2 분모가 8인 진분수는 $\frac{1}{8}$, $\frac{2}{8}$, $\frac{3}{8}$, $\frac{4}{8}$, $\frac{5}{8}$, $\frac{6}{8}$, $\frac{7}{8}$입니

다. 8보다 작은 수 중에서 8과 공약수가 1뿐인 수는

1, 3, 5, 7입니다.

따라서 분모가 8인 진분수 중에서 기약분수가 아닌

수는 $\frac{2}{8}$, $\frac{4}{8}$, $\frac{6}{8}$으로 모두 **3개**입니다.

예제 2-3 분모가 3보다 크고 6보다 작은 진분수는 분모가 4, 5

인 진분수입니다.

$\Rightarrow \frac{1}{4}$, $\frac{2}{4}$, $\frac{3}{4}$, $\frac{1}{5}$, $\frac{2}{5}$, $\frac{3}{5}$, $\frac{4}{5}$

이 중에서 기약분수가 아닌 수는 $\frac{2}{4}$입니다.

응용 3 (1) 두 분모의 최소공배수를 구하면

$$5\,)\,\underline{20\quad15}$$
$$\quad\ \ 4\quad\ \ 3$$

⇨ 최소공배수: $5\times4\times3=60$입니다.

(2) 공통분모가 될 수 있는 수
⇨ 60의 배수: 60, 120, 180, 240……
이 중 150과 200 사이의 수는 180입니다.

(3) $\frac{11}{20}=\frac{11\times9}{20\times9}=\frac{\mathbf{99}}{\mathbf{180}}$,

$\frac{7}{15}=\frac{7\times12}{15\times12}=\frac{\mathbf{84}}{\mathbf{180}}$

예제 3-1 해법 순서

① 분모 24와 18의 공배수를 구합니다.

② ①의 수 중에서 200과 250 사이의 수를 찾아 그
수를 공통분모로 하여 통분합니다.

생각 열기 두 분모의 공배수 중에서 주어진 범위 안의

수를 찾아봅니다.

2) 24 18
3) 12 9
    4   3

⇨ 최소공배수: $2 \times 3 \times 4 \times 3 = 72$

72의 배수: 72, 144, 216, 288······이 공통분모가
될 수 있습니다.

이 중 200과 250 사이의 수는 216입니다.

$$⇨ \frac{5}{24} = \frac{5 \times 9}{24 \times 9} = \frac{45}{216},$$

$$\frac{7}{18} = \frac{7 \times 12}{18 \times 12} = \frac{84}{216}$$

예제 3-2 8과 20의 최소공배수는 40입니다. 40의 배수 40,
80, 120, 160······ 중에서 130에 가장 가까운 수는
120이므로 공통분모가 120이 되도록 통분합니다.

$$\left(\frac{7}{8}, \frac{11}{20}\right) ⇨ \left(\frac{7 \times 15}{8 \times 15}, \frac{11 \times 6}{20 \times 6}\right)$$

$$⇨ \left(\frac{105}{120}, \frac{66}{120}\right)$$

응용 4 (1) $\left(1\frac{1}{8}, 1\frac{3}{10}\right) ⇨ \left(1\frac{5}{40}, 1\frac{12}{40}\right) ⇨ 1\frac{1}{8} < 1\frac{3}{10}$

⇨ 현수 < 태진

$\left(1\frac{3}{10}, 1\frac{5}{16}\right) ⇨ \left(1\frac{24}{80}, 1\frac{25}{80}\right) ⇨ 1\frac{3}{10} < 1\frac{5}{16}$

⇨ 태진 < 훈정

(2) 현수 < 태진 < 훈정이므로 가장 멀리 뛴 사람은
훈정입니다.

예제 4-1 **생각 열기** 통분하여 두 분수씩 크기를 비교하거나 세
분수를 한꺼번에 비교해 봅니다.

$\left(1\frac{3}{8}, 1\frac{7}{10}\right) ⇨ \left(1\frac{15}{40}, 1\frac{28}{40}\right) ⇨ 1\frac{3}{8} < 1\frac{7}{10}$

$\left(1\frac{7}{10}, 1\frac{5}{12}\right) ⇨ \left(1\frac{42}{60}, 1\frac{25}{60}\right) ⇨ 1\frac{7}{10} > 1\frac{5}{12}$

⇨ ㉠ < ㉡, ㉡ > ㉢이므로 가장 멀리 뛴 방법은 ㉡입
니다.

예제 4-2 $\left(\frac{7}{8}, \frac{5}{6}\right) ⇨ \left(\frac{21}{24}, \frac{20}{24}\right) ⇨ \frac{7}{8} > \frac{5}{6}$

$\left(\frac{5}{6}, \frac{3}{4}\right) ⇨ \left(\frac{20}{24}, \frac{18}{24}\right) ⇨ \frac{5}{6} > \frac{3}{4}$

$⇨ \frac{7}{8} > \frac{5}{6} > \frac{3}{4}$

따라서 피자를 많이 먹은 사람부터 쓰면 **소연, 지성,
민호**입니다.

참고

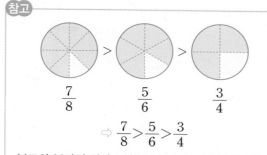

$$⇨ \frac{7}{8} > \frac{5}{6} > \frac{3}{4}$$

분모와 분자의 차가 1인 분수는 분모가 클수록 큰 분
수입니다.

응용 5 (1) 16과 4의 최소공배수는 16이므로 16을 공통분모
로 하여 통분하면

$\frac{11}{16} > \frac{\square \times 4}{4 \times 4}$에서 $\frac{11}{16} > \frac{\square \times 4}{16}$입니다.

(2) 분자의 크기를 비교하면 $11 > \square \times 4$이므로 □ 안
에 들어갈 수 있는 수는 **1, 2**입니다.

예제 5-1 **해법 순서**

① $\frac{14}{15}$와 $\frac{\square}{6}$를 통분합니다.

② 분자의 크기를 비교해 봅니다.

15와 6의 최소공배수는 30이므로 30을 공통분모로
하여 통분하면

$\frac{14 \times 2}{15 \times 2} > \frac{\square \times 5}{6 \times 5}$에서 $\frac{28}{30} > \frac{\square \times 5}{30}$입니다.

분자의 크기를 비교하면 $28 > \square \times 5$이므로 □ 안에
들어갈 수 있는 수는 **1, 2, 3, 4, 5**입니다.

예제 5-2 **생각 열기** 두 분수씩 크기를 비교하여 □ 안에 공통
으로 들어가는 수를 찾아봅니다.

· $\frac{1}{2} < \frac{\square}{8}$에서 $\frac{4}{8} < \frac{\square}{8}$이므로

분자의 크기를 비교하면 $4 < \square$입니다.

⇨ $\square = 5, 6, 7, 8$······

· $\frac{\square}{8} < \frac{7}{10}$에서 $\frac{\square \times 5}{40} < \frac{28}{40}$이므로

분자의 크기를 비교하면 $\square \times 5 < 28$입니다.

⇨ $\square = 1, 2, 3, 4, 5$

따라서 □ 안에 공통으로 들어갈 수 있는 수는 5이므
로 **1개**입니다.

응용 6 **생각 열기** 분수를 소수로 나타낼 때는 먼저 분모가
10, 100, 1000······인 크기가 같은 분수로 바꾸어야
합니다.

(1) 수 카드로 만들 수 있는 진분수는 $\frac{1}{4}, \frac{1}{8}, \frac{4}{8}$입니다.

(2) 두 분수씩 크기를 비교합니다.

분자가 같을 때는 분모가 작을수록 큰 분수입니다.

$\left(\dfrac{1}{4}, \dfrac{1}{8}\right) \Rightarrow \dfrac{1}{4} > \dfrac{1}{8}$

$\left(\dfrac{1}{8}, \dfrac{4}{8}\right) \Rightarrow \dfrac{1}{8} < \dfrac{4}{8}$

$\left(\dfrac{1}{4}, \dfrac{4}{8}\right) \Rightarrow \left(\dfrac{2}{8}, \dfrac{4}{8}\right) \Rightarrow \dfrac{1}{4} < \dfrac{4}{8}$

따라서 $\dfrac{1}{8} < \dfrac{1}{4} < \dfrac{4}{8}$입니다.

(3) $\dfrac{1}{8} = \dfrac{1 \times 125}{8 \times 125} = \dfrac{125}{1000} = \mathbf{0.125}$

예제 **6-1** 생각 열기 3장의 수 카드로 서로 다른 진분수를 3가지 만들 수 있습니다.

만들 수 있는 진분수는 $\dfrac{3}{4}, \dfrac{3}{5}, \dfrac{4}{5}$입니다.

$\left(\dfrac{3}{4}, \dfrac{3}{5}\right) \Rightarrow \dfrac{3}{4} > \dfrac{3}{5}$

$\left(\dfrac{3}{5}, \dfrac{4}{5}\right) \Rightarrow \dfrac{3}{5} < \dfrac{4}{5}$

$\left(\dfrac{3}{4}, \dfrac{4}{5}\right) \Rightarrow \left(\dfrac{15}{20}, \dfrac{16}{20}\right) \Rightarrow \dfrac{3}{4} < \dfrac{4}{5}$

따라서 $\dfrac{3}{5} < \dfrac{3}{4} < \dfrac{4}{5}$이므로 가장 큰 분수는 $\dfrac{4}{5}$이고

$\dfrac{4}{5} = \dfrac{4 \times 2}{5 \times 2} = \dfrac{8}{10} = \mathbf{0.8}$입니다.

예제 **6-2** 만들 수 있는 진분수는 $\dfrac{2}{5}, \dfrac{2}{8}, \dfrac{5}{8}$입니다.

$\dfrac{1}{2}$보다 크려면 (분자)×2>(분모)이므로 $\dfrac{1}{2}$보다 큰

분수는 5×2>8에서 $\dfrac{5}{8}$입니다.

$\Rightarrow \dfrac{5}{8} = \dfrac{5 \times 125}{8 \times 125} = \dfrac{625}{1000} = \mathbf{0.625}$

응용 **7** (1) 약분하기 전의 분수: $\dfrac{6}{7} = \dfrac{6 \times 3}{7 \times 3} = \dfrac{18}{21}$

(2) 분자에 5를 더하기 전의 분수:

$\dfrac{18}{21} \Rightarrow \dfrac{18-5}{21} = \dfrac{13}{21}$

(3) 어떤 분수는 $\dfrac{\mathbf{13}}{\mathbf{21}}$입니다.

예제 **7-1** 생각 열기 과정을 거꾸로 생각하여 계산할 때는 곱셈은 나눗셈으로, 뺄셈은 덧셈으로 바꾸어 계산해 봅니다.

약분하기 전의 분수를 구하면

$\dfrac{5}{8} = \dfrac{5 \times 7}{8 \times 7} = \dfrac{35}{56}$입니다.

분자에서 4를 빼기 전의 분수를 구하면

$\dfrac{35}{56} \Rightarrow \dfrac{35+4}{56} = \dfrac{39}{56}$입니다.

따라서 어떤 분수는 $\dfrac{\mathbf{39}}{\mathbf{56}}$입니다.

예제 **7-2** 약분하기 전의 분수를 구하면

$\dfrac{2}{9} = \dfrac{2 \times 6}{9 \times 6} = \dfrac{12}{54}$입니다.

분모에 7을 더하기 전의 분수를 구하면

$\dfrac{12}{54} \Rightarrow \dfrac{12}{54-7} = \dfrac{12}{47}$입니다.

따라서 어떤 분수는 $\dfrac{\mathbf{12}}{\mathbf{47}}$입니다.

예제 **7-3** 약분하기 전의 분수를 구하면

$\dfrac{2}{5} = \dfrac{2 \times 4}{5 \times 4} = \dfrac{8}{20}$입니다.

분모에 3을 더하고, 분자에서 5를 빼기 전의 분수를 구하면

$\dfrac{8}{20} \Rightarrow \dfrac{8+5}{20-3} = \dfrac{13}{17}$입니다.

따라서 어떤 분수는 $\dfrac{\mathbf{13}}{\mathbf{17}}$입니다.

응용 **8** 생각 열기 소수를 분모가 24인 분수로 나타낸 다음 범위 안에 있는 분수를 찾아야 합니다.

(1) $0.25 = \dfrac{25}{100} = \dfrac{1}{4}$, $0.375 = \dfrac{375}{1000} = \dfrac{3}{8}$

(2) $\dfrac{1}{4} = \dfrac{6}{24}$, $\dfrac{3}{8} = \dfrac{9}{24}$

(3) $\dfrac{6}{24}$보다 크고 $\dfrac{9}{24}$보다 작은 분수 중에서

분모가 24인 분수는 $\dfrac{\mathbf{7}}{\mathbf{24}}, \dfrac{\mathbf{8}}{\mathbf{24}}$입니다.

참고

소수 한 자리 수는 분모가 10인 분수로, 소수 두 자리 수는 분모가 100인 분수로, 소수 세 자리 수는 분모가 1000인 분수로 나타냅니다.

예제 **8-1** 생각 열기 소수를 분수로 나타내는데 분모를 조건에 맞게 나타내어야 합니다.

$0.24 = \dfrac{24}{100} = \dfrac{6}{25}$, $0.52 = \dfrac{52}{100} = \dfrac{13}{25}$입니다.

$\dfrac{6}{25}$보다 크고 $\dfrac{13}{25}$보다 작은 분수 중에서 분모가 25인 분수는 $\dfrac{7}{25}, \dfrac{8}{25}, \dfrac{9}{25}, \dfrac{10}{25}, \dfrac{11}{25}, \dfrac{12}{25}$로 **6개**입니다.

예제 **8-2** $0.5 = \dfrac{5}{10} = \dfrac{1}{2}$, $0.8 = \dfrac{8}{10} = \dfrac{4}{5}$입니다.

$\dfrac{1}{2}$과 $\dfrac{4}{5}$를 20을 공통분모로 하여 통분하면

$\dfrac{1}{2} = \dfrac{10}{20}$, $\dfrac{4}{5} = \dfrac{16}{20}$입니다.

$\dfrac{10}{20}$보다 크고 $\dfrac{16}{20}$보다 작은 분수 중에서

분모가 20인 분수는 $\dfrac{11}{20}$, $\dfrac{12}{20}$, $\dfrac{13}{20}$, $\dfrac{14}{20}$, $\dfrac{15}{20}$입니다.

이 중에서 기약분수는 $\dfrac{11}{20}$, $\dfrac{13}{20}$입니다.

STEP 3 응용 유형 뛰어넘기
100 ~ 104쪽

01 $\dfrac{12}{14}$, $\dfrac{18}{21}$, $\dfrac{24}{28}$

02 12, 10, 30

03 5개

04 $\dfrac{6}{8}$, $\dfrac{3}{4}$

05 예 분수를 소수로 나타내어 크기를 비교해 봅니다.

ⓒ $1\dfrac{6}{20}=1\dfrac{3}{10}=1.3$, ⓔ $1\dfrac{3}{4}=1\dfrac{75}{100}=1.75$

따라서 $1.3<1.375<1.5<1.75$이므로 작은 수부터

차례로 기호를 쓰면 ⓒ, ⓐ, ⓑ, ⓔ입니다.

; ⓒ, ⓐ, ⓑ, ⓔ

06 20개

07 예 $14+42=56$이므로 분모가 56이면서 $\dfrac{9}{14}$와 크기

가 같은 분수를 구합니다.

$\dfrac{9}{14}=\dfrac{9\times4}{14\times4}=\dfrac{36}{56}$

따라서 분자에는 $36-9=27$을 더해야 합니다. ; 27

08 0.65, 0.7

09 3개

10 5, 10

11 22

12 예 분자 8과 5의 최소공배수가 40이므로 두 분수를 분

자가 40인 분수로 나타내면

$\dfrac{8\times5}{11\times5}>\dfrac{5\times8}{\square\times8}$ ⇨ $\dfrac{40}{55}>\dfrac{40}{\square\times8}$입니다.

분자가 같을 때는 분모가 작을수록 더 큰 분수이므로

$55<\square\times8$입니다.

따라서 □ 안에 들어갈 수 있는 자연수는 7, 8, 9……이

므로 이 중에서 가장 작은 수는 7입니다. ; 7

13 40 cm

14 2가지

---

01 생각 열기 $\dfrac{36}{42}$을 기약분수로 고친 후 기약분수와 크기가

같은 분수를 만듭니다.

2) 36 42
3) 18 21
      6   7

⇨ 최대공약수: $2\times3=6$

$\dfrac{36}{42}=\dfrac{36\div6}{42\div6}=\dfrac{6}{7}$

⇨ $\dfrac{6\times2}{7\times2}=\dfrac{12}{14}$, $\dfrac{6\times3}{7\times3}=\dfrac{18}{21}$, $\dfrac{6\times4}{7\times4}=\dfrac{24}{28}$

02 생각 열기 약분하여 통분하기 전의 분수를 구합니다.

$\dfrac{25}{60}=\dfrac{25\div5}{60\div5}=\dfrac{5}{12}$, ㉠$=12$

$\dfrac{36}{60}=\dfrac{36\div6}{60\div6}=\dfrac{6}{10}$, ㉡$=10$

$\dfrac{56}{60}=\dfrac{56\div2}{60\div2}=\dfrac{28}{30}$, ㉢$=30$

03 공통분모는 두 분모의 공배수이므로 9와 12의 최소공배

수인 36의 배수입니다.

36의 배수: 36, 72, 108, 144, 180, 216……이므로 공

통분모가 될 수 있는 수 중 200보다 작은 수는 36, 72,

108, 144, 180이므로 모두 **5개**입니다.

> 참고
> 두 분수의 공통분모가 될 수 있는 수는 두 분수의 최소공
> 배수의 배수입니다.

04 $\dfrac{9}{12}$는 $\dfrac{1}{12}$이 9개인 막대의 크기와 같고, $\dfrac{1}{8}$이 6개, $\dfrac{1}{4}$이

3개인 막대와 크기가 같습니다.

따라서 $\dfrac{9}{12}$와 크기가 같은 분수는 $\dfrac{6}{8}$, $\dfrac{3}{4}$입니다.

05 서술형 가이드 분수를 소수로 나타내거나 소수를 분수로 나

타내어 통분한 후 크기를 비교하는 내용이 풀이 과정에 들어

있어야 합니다.

채점 기준	
상	분수를 소수로 나타내거나 소수를 분수로 나타내어 수의 크기를 바르게 비교함.
중	분수를 소수로 나타내거나 소수를 분수로 나타내었으나 수의 크기를 비교하지 못함.
하	분수를 소수로 나타내거나 소수를 분수로 나타내지 못함.

06 생각 열기 기약분수는 더 이상 약분할 수 없는 분수임을

이용합니다.

25의 약수는 1, 5, 25이므로 분자가 5의 배수이면 약분

이 되므로 기약분수가 아닙니다.

$24\div5=4\cdots4$이므로 분자 중에서 5의 배수는 4개이므

로 기약분수는 $24-4=$**20(개)**입니다.

07 서술형 가이드 크기가 같은 분수를 만드는 방법이 풀이 과정에 들어 있어야 합니다.

채점 기준	
상	분모가 56이고 $\frac{9}{14}$와 크기가 같은 분수를 만들어 답을 바르게 구함.
중	분모가 56이고 $\frac{9}{14}$와 크기가 같은 분수를 만들었으나 답을 구하지 못함.
하	분모가 56이고 $\frac{9}{14}$와 크기가 같은 분수를 만들지 못함.

08 0과 1 사이가 똑같이 20칸으로 나누어져 있고 ㉠은 0에서 오른쪽으로 12칸 간 곳에 있으므로 $\frac{12}{20}$입니다.

이것을 기약분수로 나타내면 $\frac{12}{20}=\frac{3}{5}$이고 소수로 나타내면 $\frac{3}{5}=\frac{6}{10}=0.6$입니다.

따라서 0.6보다 오른쪽에 있는 소수는 0.6보다 더 큰 수이므로 **0.65, 0.7**입니다.

09 수 카드로 만들 수 있는 진분수는 $\frac{2}{5}$, $\frac{2}{7}$, $\frac{5}{7}$, $\frac{2}{8}$, $\frac{5}{8}$, $\frac{7}{8}$

입니다. 이 중 분자를 2배 한 값이 분모보다 크면 $\frac{1}{2}$보다 큰 분수입니다.

$\frac{5}{7}$ ⇨ $5×2>7$, $\frac{5}{8}$ ⇨ $5×2>8$, $\frac{7}{8}$ ⇨ $7×2>8$

따라서 수 카드로 만들 수 있는 진분수 중에서 $\frac{1}{2}$보다 큰 분수는 $\frac{5}{7}$, $\frac{5}{8}$, $\frac{7}{8}$로 **3개**입니다.

> **참고**
> · (분자)$×2>$(분모)이면 $\frac{1}{2}$보다 큰 분수입니다.
> · (분자)$×2<$(분모)이면 $\frac{1}{2}$보다 작은 분수입니다.

10 두 분모의 공통분모가 될 수 있는 가장 작은 수는 두 분모의 최소공배수이므로 4와 ▲의 최소공배수가 12입니다. 이 때 ▲가 될 수 있는 수는 3, 6, 12인데 $\frac{5}{▲}$가 진분수이므로 ▲는 6 또는 12입니다.

· ▲=6일 때 $\frac{5}{6}=\frac{5×2}{6×2}=\frac{□}{12}$, $5×2=□$, $□=10$

· ▲=12일 때 $\frac{5}{12}=\frac{□}{12}$, $□=5$

따라서 □ 안에 들어갈 수 있는 자연수는 **5 또는 10**입니다.

11 $\frac{■-6}{■+6}$은 분모와 분자의 차가 12이고, $\frac{4}{7}$와 크기가 같은 분수입니다.

$\frac{4}{7}=\frac{8}{14}=\frac{12}{21}=\frac{16}{28}=\frac{20}{35}=\cdots\cdots$

이 중에서 분모와 분자의 차가 12인 분수는 $\frac{16}{28}$입니다.

⇨ $\frac{■-6}{■+6}=\frac{16}{28}$, $■-6=16$, $■=\mathbf{22}$

12 서술형 가이드 분자를 같게 만들어 분모의 크기를 비교하는 내용이 풀이 과정에 들어 있어야 합니다.

채점 기준	
상	분자를 같게 만들어 분모의 크기를 비교하여 □ 안에 알맞은 수를 바르게 구함.
중	분자를 같게 만들었으나 분모의 크기를 비교하지 못함.
하	분자를 같게 만들지 못함.

13 직사각형의 세로를 □ cm라고 하면 $\frac{□}{65}=\frac{8}{13}$이어야 하므로 $\frac{□÷5}{65÷5}=\frac{8}{13}$입니다.

$□÷5=8$에서 $□=8×5=40$입니다.

따라서 직사각형의 세로는 **40 cm**입니다.

14 생각 열기 $\frac{1}{㉮}$, $\frac{1}{㉯}$, $\frac{1}{㉰}$을 각각 $\frac{■}{42}$로 나타낼 수 있음을 이용합니다.

$42=1×42=2×21=3×14=6×7$

⇨ 42의 약수: 1, 2, 3, 6, 7, 14, 21, 42

$\frac{5}{7}=\frac{30}{42}$이므로 42의 약수 중 세 수의 합이 30이 되는 경우를 알아봅니다.

$\frac{2}{42}+\frac{7}{42}+\frac{21}{42}=\frac{30}{42}=\frac{5}{7}$

⇨ $\frac{1}{21}+\frac{1}{6}+\frac{1}{2}=\frac{5}{7}$

$\frac{3}{42}+\frac{6}{42}+\frac{21}{42}=\frac{30}{42}=\frac{5}{7}$

⇨ $\frac{1}{14}+\frac{1}{7}+\frac{1}{2}=\frac{5}{7}$

따라서 ㉮, ㉯, ㉰가 될 수 있는 경우는 **2가지**입니다.

실력평가

01 14, 6, 28

02 $\dfrac{7}{13}$

03 <

04 <

05 ④

06 $\dfrac{15}{35}$, $\dfrac{18}{42}$에 ○표

07 $\dfrac{32}{160}$, $\dfrac{1}{160}$

08 예 8과 3의 공배수는 최소공배수 24의 배수와 같으므로 24, 48, 72……이고, 이 중 50에 가장 가까운 수는 48입니다. 48을 공통분모로 하여 통분하면
$\left(\dfrac{5}{8}, \dfrac{2}{3}\right) \Rightarrow \left(\dfrac{5\times6}{8\times6}, \dfrac{2\times16}{3\times16}\right) \Rightarrow \left(\dfrac{30}{48}, \dfrac{32}{48}\right)$입니다.
; $\dfrac{30}{48}$, $\dfrac{32}{48}$

09 $\dfrac{3}{4}$

10 $\dfrac{15}{18}$에 ○표, $\dfrac{5}{6}$

11 ⓛ, ㉠, ㉣, ㉢

12 어제

13 $2\dfrac{2}{3}$, $4\dfrac{3}{5}$

14 지석

15 예 1부터 11까지의 자연수 중 12와의 공약수가 1 밖에 없는 수는 1, 5, 7, 11입니다.
기약분수는 $\dfrac{1}{12}$, $\dfrac{5}{12}$, $\dfrac{7}{12}$, $\dfrac{11}{12}$로 4개입니다. ; 4개

16 0.8, $1\dfrac{3}{20}$, 1.2, $1\dfrac{1}{4}$

17 $\dfrac{7}{21}$

18 $1\dfrac{2}{5}$ m

19 예 $\dfrac{3\times2}{5\times2}=\dfrac{6}{10}$, $\dfrac{3\times3}{5\times3}=\dfrac{9}{15}$, $\dfrac{3\times4}{5\times4}=\dfrac{12}{20}$,
$\dfrac{3\times5}{5\times5}=\dfrac{15}{25}$, $\dfrac{3\times6}{5\times6}=\dfrac{18}{30}$, $\dfrac{3\times7}{5\times7}=\dfrac{21}{35}$……
이 중에서 분모와 분자의 합이 30보다 크고 50보다 작은 분수는 $\dfrac{12}{20}$, $\dfrac{15}{25}$, $\dfrac{18}{30}$로 모두 3개입니다. ; 3개

20 4

---

01 생각 열기 분모와 분자에 각각 0이 아닌 같은 수를 곱하면 크기가 같은 분수가 됩니다.
$\dfrac{2}{7}=\dfrac{2\times2}{7\times2}=\dfrac{2\times3}{7\times3}=\dfrac{2\times4}{7\times4}$
$\Rightarrow \dfrac{2}{7}=\dfrac{4}{14}=\dfrac{6}{21}=\dfrac{8}{28}$

02 35와 65의 최대공약수: 5
$\Rightarrow \dfrac{35\div5}{65\div5}=\dfrac{7}{13}$

참고
분모와 분자를 두 수의 최대공약수로 나누면 한번에 기약분수로 나타낼 수 있습니다.

03 $\dfrac{5}{9}=\dfrac{5\times10}{9\times10}=\dfrac{50}{90}$ ⓒ $\dfrac{7}{10}=\dfrac{7\times9}{10\times9}=\dfrac{63}{90}$

04 $\dfrac{2}{5}=\dfrac{2\times2}{5\times2}=\dfrac{4}{10}=0.4$
$\Rightarrow 0.3<\dfrac{2}{5}$

05 12와 48의 공약수는 1 2, 3, 4, 6, 12이므로 5로는 나눌 수 없습니다.

06 $\dfrac{3\times5}{7\times5}=\dfrac{15}{35}$, $\dfrac{3\times6}{7\times6}=\dfrac{18}{42}$

참고
$\dfrac{3\times2}{7\times2}=\dfrac{6}{14}$, $\dfrac{3\times3}{7\times3}=\dfrac{9}{21}$

07 $\left(\dfrac{1}{5}, \dfrac{1}{160}\right) \Rightarrow \left(\dfrac{1\times32}{5\times32}, \dfrac{1}{160}\right) \Rightarrow \left(\dfrac{32}{160}, \dfrac{1}{160}\right)$

08 생각 열기 통분하려면 두 분모의 공배수를 공통분모로 하여 분모를 같게 해야 합니다.

서술형 가이드 두 분모의 공배수 중 50에 가장 가까운 수를 찾아 통분하는 내용이 풀이 과정에 들어 있어야 합니다.

채점 기준
상	두 분모의 공배수 중 50에 가장 가까운 수를 찾아 통분을 바르게 함.
중	두 분모의 공배수 중 50에 가장 가까운 수를 찾았으나 통분을 하지 못함.
하	두 분모의 공배수 중 50에 가장 가까운 수를 찾지 못함.

09 $\dfrac{3}{4}$을 분모가 100인 분수로 고쳐 소수로 나타낸 다음 비교해 봅니다.

$\dfrac{3}{4} = \dfrac{3 \times 25}{4 \times 25} = \dfrac{75}{100} = 0.75$이므로 $0.75 > 0.7$입니다.

⇨ $\dfrac{3}{4} > 0.7$

10 생각 열기 기약분수는 분모와 분자의 공약수가 1뿐입니다.

15와 18의 공약수는 1, 3입니다.

$\dfrac{15}{18} = \dfrac{15 \div 3}{18 \div 3} = \dfrac{5}{6}$

11 $\dfrac{7}{8}$, $\dfrac{2}{2} = \dfrac{8}{8}$, $\dfrac{3}{8}$, $\dfrac{3}{4} = \dfrac{6}{8}$

⇨ $\dfrac{2}{2} > \dfrac{7}{8} > \dfrac{3}{4} > \dfrac{3}{8}$이므로 ㉡, ㉠, ㉣, ㉢입니다.

12 $2\dfrac{2}{3} = 2\dfrac{2 \times 13}{3 \times 13} = 2\dfrac{26}{39}$

$2\dfrac{8}{13} = 2\dfrac{8 \times 3}{13 \times 3} = 2\dfrac{24}{39}$

⇨ $2\dfrac{2}{3} > 2\dfrac{8}{13}$

13 $2\dfrac{10}{15} = 2\dfrac{10 \div 5}{15 \div 5} = 2\dfrac{2}{3}$

$4\dfrac{9}{15} = 4\dfrac{9 \div 3}{15 \div 3} = 4\dfrac{3}{5}$

14 동준: $\dfrac{36}{54}$의 분모와 분자의 공약수는 1, 2, 3, 6, 9, 18 이므로 1을 제외한 5개의 수로 나누어 약분할 수 있습니다.

⇨ $\dfrac{18}{28}$, $\dfrac{12}{18}$, $\dfrac{6}{9}$, $\dfrac{4}{6}$, $\dfrac{2}{3}$

수민: $\dfrac{36}{54}$을 약분한 분수들은 모두 크기가 같습니다.

지석: $\dfrac{36}{54} = \dfrac{36 \div 9}{54 \div 9} = \dfrac{4}{6}$

15 서술형 가이드 분모가 12인 진분수를 구하고 분모와 분자의 공약수가 1뿐인 분수를 찾는 내용이 풀이 과정에 들어 있어야 합니다.

채점 기준	
상	분모가 12인 진분수를 구하고 분모와 분자의 공약수가 1뿐인 분수를 바르게 구함.
중	분모가 12인 진분수를 구하였으나 분모와 분자의 공약수가 1뿐인 분수를 구하지 못함.
하	분모가 12인 진분수를 구하지 못함.

16 생각 열기 분수를 분모를 10, 100……으로 고친 다음 소수로 나타내어 봅니다.

$1\dfrac{3}{20} = 1\dfrac{3 \times 5}{20 \times 5} = 1\dfrac{15}{100} = 1.15$

$1\dfrac{1}{4} = 1\dfrac{1 \times 25}{4 \times 25} = 1\dfrac{25}{100} = 1.25$

⇨ $0.8 < 1.15 < 1.2 < 1.25$

⇨ $0.8 < 1\dfrac{3}{20} < 1.2 < 1\dfrac{1}{4}$

17 계산 과정을 거꾸로 생각해 봅니다.
약분하기 전의 분수

⇨ $\dfrac{3}{4} = \dfrac{3 \times 4}{4 \times 4} = \dfrac{12}{16}$

분모에서 5를 빼고, 분자에 5를 더하기 전의 분수

⇨ $\dfrac{12 - 5}{16 + 5} = \dfrac{7}{21}$

어떤 분수는 $\dfrac{7}{21}$입니다.

18 현영: $1\dfrac{8}{20} = 1\dfrac{2}{5}$

지환: $1\dfrac{10}{18} = 1\dfrac{5}{9}$

성진: $1\dfrac{9}{15} = 1\dfrac{3}{5}$

$\left(1\dfrac{2}{5}, 1\dfrac{5}{9}, 1\dfrac{3}{5}\right)$ ⇨ $\left(1\dfrac{18}{45}, 1\dfrac{25}{45}, 1\dfrac{27}{45}\right)$

$1\dfrac{2}{5} < 1\dfrac{5}{9} < 1\dfrac{3}{5}$이므로 가장 작은 사람의 키는 $1\dfrac{2}{5}$ m 입니다.

19 서술형 가이드 크기가 같은 분수를 만들어 분모와 분자의 합이 조건에 맞는 분수를 찾는 내용이 풀이 과정에 들어 있어야 합니다.

채점 기준	
상	크기가 같은 분수를 만들어 그중에서 분모와 분자의 합이 조건에 맞는 분수를 바르게 구함.
중	크기가 같은 분수를 만들었으나 분모와 분자의 합이 조건에 맞는 분수를 구하지 못함.
하	크기가 같은 분수를 만들지 못함.

20 $\dfrac{12}{25} = \dfrac{12 \times 2}{25 \times 2} = \dfrac{24}{50}$ ⊳ $\dfrac{\square \times 5}{10 \times 5} = \dfrac{\square \times 5}{50}$

⇨ $24 > \square \times 5$

따라서 $\square$ 안에는 1, 2, 3, 4가 들어갈 수 있으므로 가장 큰 수는 **4**입니다.

5 분수의 덧셈과 뺄셈

STEP 1 기본 유형 익히기　114 ~ 117쪽

1-1 $\dfrac{1}{4}+\dfrac{3}{8}=\dfrac{1\times8}{4\times8}+\dfrac{3\times4}{8\times4}=\dfrac{8}{32}+\dfrac{12}{32}=\dfrac{20}{32}=\dfrac{5}{8}$

1-2 (1) $\dfrac{1}{2}$ (2) $\dfrac{17}{20}$　　　1-3 >

1-4 $\dfrac{3}{4}$박자

2-1 ·
　　·
　　·
　　·

2-2 $1\dfrac{7}{40}$　　　　　2-3 $1\dfrac{7}{15}$ kg

2-4 $1\dfrac{5}{24}$ km

3-1 $3\dfrac{7}{12}$

3-2 방법1 예 자연수는 자연수끼리, 분수는 분수끼리 계산합니다.

$1\dfrac{7}{12}+1\dfrac{3}{8}=1\dfrac{14}{24}+1\dfrac{9}{24}=(1+1)+\left(\dfrac{14}{24}+\dfrac{9}{24}\right)$
$\qquad\qquad=2+\dfrac{23}{24}=2\dfrac{23}{24}$

방법2 예 대분수를 가분수로 나타내어 계산합니다.

$1\dfrac{7}{12}+1\dfrac{3}{8}=\dfrac{19}{12}+\dfrac{11}{8}=\dfrac{38}{24}+\dfrac{33}{24}=\dfrac{71}{24}=2\dfrac{23}{24}$

3-3 ㉡　　　　　3-4 $7\dfrac{7}{18}$ cm

3-5 $4\dfrac{1}{3}$

4-1 (1) $\dfrac{9}{20}$ (2) $\dfrac{11}{35}$　　　4-2 $\dfrac{25}{72}$

4-3 >

5-1 $4\dfrac{11}{30}$　　　　　5-2 $1\dfrac{5}{12}$

5-3 예 분수를 통분한 후 분수 부분은 분자끼리 빼야 하는데 분모는 분모끼리, 분자는 분자끼리 빼어 잘못 계산했습니다.

; $2\dfrac{13}{56}$

5-4 $7\dfrac{1}{4}$ mL

6-1 예 $4\dfrac{1}{6}-1\dfrac{2}{7}=4\dfrac{7}{42}-1\dfrac{12}{42}=3\dfrac{49}{42}-1\dfrac{12}{42}=2\dfrac{37}{42}$

6-2 $1\dfrac{32}{35}$　　　　　6-3 $1\dfrac{101}{120}$ m

6-4 $\dfrac{13}{18}$

6-5 예 1명에게 주고 난 후:

$1\dfrac{1}{3}-\dfrac{1}{4}=1\dfrac{4}{12}-\dfrac{3}{12}=1\dfrac{1}{12}$ (m)

나머지 1명에게 주고 난 후:

$1\dfrac{1}{12}-\dfrac{1}{4}=1\dfrac{1}{12}-\dfrac{3}{12}=\dfrac{13}{12}-\dfrac{3}{12}=\dfrac{10}{12}$
$\qquad\qquad=\dfrac{5}{6}$ (m) ; $\dfrac{5}{6}$ m

1-1 두 분모의 곱을 공통분모로 하여 통분한 후에 분모는 그대로 쓰고 분자끼리 더하는 방법입니다.

1-2 (1) $\dfrac{2}{7}+\dfrac{3}{14}=\dfrac{4}{14}+\dfrac{3}{14}=\dfrac{7}{14}=\dfrac{\mathbf{1}}{\mathbf{2}}$

(2) $\dfrac{1}{10}+\dfrac{3}{4}=\dfrac{2}{20}+\dfrac{15}{20}=\dfrac{\mathbf{17}}{\mathbf{20}}$

1-3 $\dfrac{3}{4}+\dfrac{2}{9}=\dfrac{27}{36}+\dfrac{8}{36}=\dfrac{35}{36},\ \dfrac{11}{12}=\dfrac{33}{36}$

$\Rightarrow \dfrac{35}{36}>\dfrac{11}{12}$

1-4 ♪(8분 음표)는 $\dfrac{1}{2}$박자, ♪(16분 음표)는 $\dfrac{1}{4}$박자입니다.

$\Rightarrow \dfrac{1}{2}+\dfrac{1}{4}=\dfrac{2}{4}+\dfrac{1}{4}=\dfrac{\mathbf{3}}{\mathbf{4}}$(박자)

2-1 $\dfrac{11}{12}+\dfrac{11}{30}=\dfrac{55}{60}+\dfrac{22}{60}=\dfrac{77}{60}=1\dfrac{17}{60}$

$\dfrac{7}{10}+\dfrac{5}{6}=\dfrac{21}{30}+\dfrac{25}{30}=\dfrac{46}{30}=1\dfrac{16}{30}=1\dfrac{8}{15}$

2-2 $\dfrac{3}{8}+\dfrac{4}{5}=\dfrac{15}{40}+\dfrac{32}{40}=\dfrac{47}{40}=1\dfrac{\mathbf{7}}{\mathbf{40}}$

2-3 $\dfrac{4}{5}+\dfrac{2}{3}=\dfrac{12}{15}+\dfrac{10}{15}=\dfrac{22}{15}=1\dfrac{\mathbf{7}}{\mathbf{15}}$ (kg)

2-4 $\dfrac{3}{8}+\dfrac{5}{6}=\dfrac{9}{24}+\dfrac{20}{24}=\dfrac{29}{24}=1\dfrac{\mathbf{5}}{\mathbf{24}}$ (km)

참고

두 분모의 최소공배수를 공통분모로 하여 통분하면 약분할 필요가 없거나 계산 과정이 간단해집니다.

3-1 $2\dfrac{1}{3}+1\dfrac{1}{4}=2\dfrac{4}{12}+1\dfrac{3}{12}$
$\qquad\qquad=(2+1)+\left(\dfrac{4}{12}+\dfrac{3}{12}\right)$
$\qquad\qquad=3+\dfrac{7}{12}=\mathbf{3\dfrac{7}{12}}$

3-2 서술형 가이드 자연수는 자연수끼리, 분수는 분수끼리 계산하는 방법과 대분수를 가분수로 나타내어 계산하는 방법이 풀이 과정에 들어 있어야 합니다.

채점 기준

상	두 가지 방법으로 모두 바르게 계산함.
중	한 가지 방법으로만 바르게 계산함.
하	대분수의 덧셈을 바르게 계산하지 못함.

3-3 ㉠ $1\frac{2}{9}+3\frac{4}{5}=1\frac{10}{45}+3\frac{36}{45}=4\frac{46}{45}=5\frac{1}{45}$

㉡ $2\frac{3}{4}+2\frac{7}{12}=2\frac{9}{12}+2\frac{7}{12}=4\frac{16}{12}=5\frac{4}{12}=5\frac{1}{3}$

⇨ $5\frac{1}{45}<5\frac{1}{3}$ 이므로 ㉡의 계산 결과가 더 큽니다.

참고

분자가 같을 때 분모가 작은 분수가 더 큰 분수입니다.

예 $\frac{1}{2}>\frac{1}{15}$, $\frac{3}{10}<\frac{3}{4}$

3-4 $4\frac{5}{6}+2\frac{5}{9}=4\frac{15}{18}+2\frac{10}{18}=(4+2)+\left(\frac{15}{18}+\frac{10}{18}\right)$

$=6+\frac{25}{18}=6+1\frac{7}{18}=7\frac{7}{18}$ (cm)

3-5 생각 열기 □−●=▲ ⇨ □=▲+●

$□-2\frac{3}{5}=1\frac{11}{15}$ ⇨ $□=1\frac{11}{15}+2\frac{3}{5}$,

$□=1\frac{11}{15}+2\frac{3}{5}=1\frac{11}{15}+2\frac{9}{15}$

$=3\frac{20}{15}=4\frac{5}{15}=4\frac{1}{3}$

4-1 (1) $\frac{7}{10}-\frac{1}{4}=\frac{14}{20}-\frac{5}{20}=\frac{9}{20}$

(2) $\frac{3}{5}-\frac{2}{7}=\frac{21}{35}-\frac{10}{35}=\frac{11}{35}$

4-2 $\frac{13}{18}-\frac{3}{8}=\frac{52}{72}-\frac{27}{72}=\frac{25}{72}$

4-3 $\frac{6}{7}-\frac{4}{21}=\frac{18}{21}-\frac{4}{21}=\frac{14}{21}=\frac{2}{3}$

$\frac{25}{42}-\frac{3}{7}=\frac{25}{42}-\frac{18}{42}=\frac{7}{42}=\frac{1}{6}$

⇨ $\left(\frac{2}{3},\frac{1}{6}\right)$ ⇨ $\left(\frac{4}{6},\frac{1}{6}\right)$ ⇨ $\frac{2}{3}>\frac{1}{6}$

5-1 $5\frac{8}{15}-1\frac{1}{6}=5\frac{16}{30}-1\frac{5}{30}=4\frac{11}{30}$

5-2 $1\frac{1}{3}+□=2\frac{3}{4}$,

⇨ $□=2\frac{3}{4}-1\frac{1}{3}=2\frac{9}{12}-1\frac{4}{12}=1\frac{5}{12}$

5-3 대분수의 차를 구할 때는 통분한 후 자연수는 자연수끼리 분수는 분수끼리 계산해야 합니다.

$3\frac{5}{14}-1\frac{1}{8}=3\frac{20}{56}-1\frac{7}{56}=2\frac{13}{56}$

서술형 가이드 통분하여 계산한다는 설명이 들어가야 하며 잘못 계산한 이유를 설명해야 합니다.

채점 기준

상	이유를 바르게 설명하고 답을 바르게 구함.
중	이유를 바르게 설명하였으나 답을 바르게 구하지 못함.
하	이유를 설명하지 못하고 답도 구하지 못함.

5-4 $10\frac{17}{20}-3\frac{3}{5}=10\frac{17}{20}-3\frac{12}{20}=7\frac{5}{20}=7\frac{1}{4}$ (mL)

6-1 대분수를 가분수로 나타내어 계산할 수도 있습니다.

$4\frac{1}{6}-1\frac{2}{7}=\frac{25}{6}-\frac{9}{7}=\frac{175}{42}-\frac{54}{42}=\frac{121}{42}=2\frac{37}{42}$

6-2 $4\frac{7}{10}-2\frac{11}{14}=4\frac{49}{70}-2\frac{55}{70}=3\frac{119}{70}-2\frac{55}{70}$

$=1\frac{64}{70}=1\frac{32}{35}$

6-3 $6\frac{2}{15}-4\frac{7}{24}=6\frac{16}{120}-4\frac{35}{120}=5\frac{136}{120}-4\frac{35}{120}$

$=1\frac{101}{120}$ (m)

6-4 생각 열기 결과에서부터 거꾸로 생각하여 계산해 봅니다.

$1\frac{1}{9}$을 더하여 $3\frac{1}{6}$이 나오기 전의 수:

$3\frac{1}{6}-1\frac{1}{9}=3\frac{3}{18}-1\frac{2}{18}=2\frac{1}{18}$

$1\frac{1}{3}$을 더하여 $2\frac{1}{18}$이 나오기 전의 수:

$2\frac{1}{18}-1\frac{1}{3}=2\frac{1}{18}-1\frac{6}{18}=1\frac{19}{18}-1\frac{6}{18}=\frac{13}{18}$

따라서 ㉠에 들어갈 수는 $\frac{13}{18}$입니다.

6-5 서술형 가이드 분모가 다른 분수의 뺄셈 과정을 바르게 나타내야 합니다.

채점 기준

상	1명에게 주고 남은 길이, 2명에게 주고 남은 길이를 차례로 구함.
중	식은 바르게 세웠으나 계산에서 실수가 있었음.
하	식을 바르게 세우지 못하고 답도 구하지 못함.

STEP 2 응용 유형 익히기

118 ～ 125쪽

응용 1 $1\frac{13}{40}$

예제 1-1 $1\frac{1}{9}$ **예제 1-2** $\frac{13}{30}$

응용 2 $2\frac{77}{80}$

예제 2-1 $\frac{3}{4}$ **예제 2-2** $4\frac{7}{9}, 6\frac{14}{45}$

예제 2-3 $4\frac{3}{4}, \frac{9}{28}$

응용 3 $12\frac{18}{35}$

예제 3-1 $6\frac{7}{24}$ **예제 3-2** $\frac{16}{45}$

응용 4 1, 2

예제 4-1 4   **예제 4-2** 10개

응용 5 8일

예제 5-1 6일   **예제 5-2** 108 m

응용 6 2시간 55분

예제 6-1 3시간 50분   **예제 6-2** 3시간 14분

응용 7 $\frac{11}{15}$ cm

예제 7-1 $\frac{3}{4}$ cm   **예제 7-2** $6\frac{9}{20}$ cm

응용 8 $\frac{1}{5}$ kg

예제 8-1 $\frac{11}{18}$ kg   **예제 8-2** $2\frac{1}{18}$ kg , $1\frac{13}{18}$ kg

응용 1 (1) $\frac{5}{8} = \frac{25}{40}$, $\frac{3}{5} = \frac{24}{40}$, $\frac{7}{10} = \frac{28}{40}$

⇨ $\frac{7}{10} > \frac{5}{8} > \frac{3}{5}$

⇨ 가장 큰 분수는 $\frac{7}{10}$, 두 번째로 큰 분수는 $\frac{5}{8}$입니다.

(2) $\frac{7}{10} + \frac{5}{8} = \frac{28}{40} + \frac{25}{40} = \frac{53}{40} = 1\frac{13}{40}$

예제 1-1 자연수 부분이 가장 작은 분수인 $1\frac{2}{3}$가 가장 작습니다.

나머지 두 분수를 통분하여 크기를 비교하면

$2\frac{5}{7} = 2\frac{45}{63}$, $2\frac{7}{9} = 2\frac{49}{63}$ ⇨ $2\frac{5}{7} < 2\frac{7}{9}$입니다.

따라서 가장 큰 분수는 $2\frac{7}{9}$이고 가장 작은 분수는

$1\frac{2}{3}$이므로 $2\frac{7}{9} - 1\frac{2}{3} = 2\frac{7}{9} - 1\frac{6}{9} = 1\frac{1}{9}$입니다.

예제 1-2 생각 열기 진분수를 각각 만든 후에 세 분수를 모두 통분하여 크기를 비교하고 가장 큰 분수와 가장 작은 분수의 차를 구합니다.

세 사람이 만든 진분수는

진우: $\frac{3}{4}$, 재경: $\frac{5}{6}$, 수민: $\frac{2}{5}$입니다.

세 분수를 모두 통분하면

$\frac{3}{4} = \frac{45}{60}$, $\frac{5}{6} = \frac{50}{60}$, $\frac{2}{5} = \frac{24}{60}$이므로

$\frac{5}{6} > \frac{3}{4} > \frac{2}{5}$입니다.

가장 큰 분수와 가장 작은 분수의 차를 구하면

$\frac{5}{6} - \frac{2}{5} = \frac{25}{30} - \frac{12}{30} = \frac{13}{30}$입니다.

응용 2 (1) 어떤 수를 □라 하면 $\square + 2\frac{4}{5} = 8\frac{9}{16}$입니다.

$\square = 8\frac{9}{16} - 2\frac{4}{5} = 8\frac{45}{80} - 2\frac{64}{80}$

$= 7\frac{125}{80} - 2\frac{64}{80} = 5\frac{61}{80}$

(2) 바르게 계산하면

$5\frac{61}{80} - 2\frac{4}{5} = 5\frac{61}{80} - 2\frac{64}{80}$

$= 4\frac{141}{80} - 2\frac{64}{80} = 2\frac{77}{80}$입니다.

예제 2-1 생각 열기 잘못 계산한 식을 만들어 어떤 수를 먼저 구하고 바르게 계산한 식을 만듭니다.

어떤 수를 □라 하면 $3\frac{5}{8} + \square = 6\frac{1}{2}$입니다.

$\square = 6\frac{1}{2} - 3\frac{5}{8} = 6\frac{4}{8} - 3\frac{5}{8} = 5\frac{12}{8} - 3\frac{5}{8} = 2\frac{7}{8}$

바르게 계산한 값은

$3\frac{5}{8} - 2\frac{7}{8} = 2\frac{13}{8} - 2\frac{7}{8} = \frac{6}{8} = \frac{3}{4}$입니다.

예제 2-2 해법 순서

① 어떤 수를 구합니다.

② 바르게 계산합니다.

어떤 수를 □라 하면

$\square - 1\frac{8}{15} = 3\frac{11}{45}$입니다.

$\square = 3\frac{11}{45} + 1\frac{8}{15} = 3\frac{11}{45} + 1\frac{24}{45} = 4\frac{35}{45} = 4\frac{7}{9}$

바르게 계산하면

$4\frac{7}{9} + 1\frac{8}{15} = 4\frac{35}{45} + 1\frac{24}{45} = 5 + \frac{59}{45}$

$= 5 + 1\frac{14}{45} = 6\frac{14}{45}$입니다.

예제 **2-3** 해법 순서

① 어떤 수를 구합니다.

② 바르게 계산합니다.

어떤 수를 □라 하면 $\square + 4\frac{3}{7} = 9\frac{5}{28}$입니다.

$\square = 9\frac{5}{28} - 4\frac{3}{7} = 9\frac{5}{28} - 4\frac{12}{28} = 8\frac{33}{28} - 4\frac{12}{28}$

$= 4\frac{21}{28} = 4\frac{3}{4}$

바르게 계산한 값은

$4\frac{3}{4} - 4\frac{3}{7} = 4\frac{21}{28} - 4\frac{12}{28} = \frac{9}{28}$입니다.

응용 **3** (1) 만들 수 있는 가장 큰 대분수: $7\frac{4}{5}$,

만들 수 있는 가장 작은 대분수: $4\frac{5}{7}$

(2) $7\frac{4}{5} + 4\frac{5}{7} = 7\frac{28}{35} + 4\frac{25}{35} = 11\frac{53}{35} = 12\frac{18}{35}$

참고

대분수는 자연수 부분이 클수록 큰 분수입니다.

예제 **3-1** 생각 열기 대분수는 자연수 부분이 클수록 큰 분수이므로 가장 큰 대분수는 자연수 부분에 가장 큰 수를 놓습니다.

만들 수 있는 가장 큰 대분수: $8\frac{2}{3}$,

만들 수 있는 가장 작은 대분수: $2\frac{3}{8}$

$\Rightarrow 8\frac{2}{3} - 2\frac{3}{8} = 8\frac{16}{24} - 2\frac{9}{24} = 6\frac{7}{24}$

예제 **3-2** 생각 열기 차가 가장 클 때는 가장 큰 수에서 가장 작은 수를 빼야 합니다.

만들 수 있는 진분수: $\frac{4}{5}$, $\frac{4}{9}$, $\frac{5}{9}$

분모가 같을 때는 분자가 클수록 큰 분수이므로

$\frac{5}{9} > \frac{4}{9}$이고,

$\left(\frac{4}{5}, \frac{5}{9}\right) \Rightarrow \left(\frac{36}{45}, \frac{25}{45}\right) \Rightarrow \frac{4}{5} > \frac{5}{9}$입니다.

따라서 $\frac{4}{5} > \frac{5}{9} > \frac{4}{9}$입니다.

차가 가장 크려면 가장 큰 분수에서 가장 작은 분수를 빼야 하므로 $\frac{4}{5} - \frac{4}{9} = \frac{36}{45} - \frac{20}{45} = \frac{16}{45}$입니다.

응용 **4** (1) $\frac{3}{10} + \frac{1}{4} = \frac{6}{20} + \frac{5}{20} = \frac{11}{20}$

(2) $\frac{11}{20} > \frac{\square}{5} \Rightarrow \frac{11}{20} > \frac{\square \times 4}{20}$

$\Rightarrow 11 > \square \times 4$

(3) □=1일 때, $11 > 1 \times 4$

□=2일 때, $11 > 2 \times 4$

□=3일 때, $11 < 3 \times 4$

따라서 □ 안에 들어갈 수 있는 자연수는 **1, 2**입니다.

예제 **4-1** 생각 열기 분모와 분자에 각각 0이 아닌 같은 수를 곱하여 통분한 후에 분자끼리 크기를 비교합니다.

$1\frac{1}{6} + 2\frac{\square}{8} = 1\frac{4}{24} + 2\frac{\square \times 3}{24} = 3\frac{4 + \square \times 3}{24}$이고,

$3\frac{3}{4} = 3\frac{18}{24}$이므로 $3\frac{4 + \square \times 3}{24} < 3\frac{18}{24}$입니다.

$\Rightarrow 4 + \square \times 3 < 18$

$\Rightarrow \square \times 3 < 14$

□ 안에 들어갈 수 있는 자연수는 1, 2, 3, 4이고 가장 큰 수는 **4**입니다.

예제 **4-2** $\frac{1}{5} - \frac{1}{9} = \frac{9}{45} - \frac{5}{45} = \frac{4}{45}$,

$\frac{1}{4} + \frac{1}{12} = \frac{3}{12} + \frac{1}{12} = \frac{4}{12} = \frac{1}{3}$

$\Rightarrow \frac{4}{45} < \frac{\square}{45} < \frac{1}{3}$

$\Rightarrow \frac{4}{45} < \frac{\square}{45} < \frac{15}{45}$

$\Rightarrow 4 < \square < 15$

따라서 □ 안에 들어갈 수 있는 자연수는 5부터 14까지의 수이므로 모두 **10개**입니다.

응용 **5** (1) 하루 동안 두 사람이 함께 할 수 있는 일의 양은 전체의 $\frac{1}{12} + \frac{1}{24} = \frac{2}{24} + \frac{1}{24} = \frac{3}{24} = \frac{1}{8}$입니다.

(2) $\frac{1}{8}$이 8개이면 $\frac{8}{8} = 1$이므로 일을 모두 끝내는 데 **8일**이 걸립니다.

예제 **5-1** 생각 열기 하루 동안 두 사람이 함께 할 수 있는 일의 양을 먼저 구합니다.

하루 동안 두 사람이 함께 할 수 있는 일의 양은 전체의 $\frac{1}{15} + \frac{1}{10} = \frac{2}{30} + \frac{3}{30} = \frac{5}{30} = \frac{1}{6}$입니다.

$\frac{1}{6}$이 6개이면 $\frac{6}{6} = 1$이므로 일을 모두 끝내는 데 **6일**이 걸립니다.

예제 5-2 두 사람이 사용한 리본의 길이는 전체의

$\dfrac{1}{9}+\dfrac{1}{12}=\dfrac{4}{36}+\dfrac{3}{36}=\dfrac{7}{36}$입니다.

전체를 1이라고 하면 남은 리본의 길이는 전체의

$1-\dfrac{7}{36}=\dfrac{36}{36}-\dfrac{7}{36}=\dfrac{29}{36}$입니다.

$\dfrac{29}{36}=\dfrac{87}{108}$이므로 처음에 샀던 리본의 길이는 **108 m**

입니다.

응용 6 (1) 15분$=\dfrac{15}{60}$시간$=\dfrac{1}{4}$시간

(피아노를 친 시간)$=1\dfrac{1}{3}+\dfrac{1}{4}=1\dfrac{4}{12}+\dfrac{3}{12}$

$=1\dfrac{7}{12}$ (시간)

(2) (독서를 하고 피아노를 친 시간)

$=1\dfrac{1}{3}+1\dfrac{7}{12}=1\dfrac{4}{12}+1\dfrac{7}{12}=2\dfrac{11}{12}$ (시간)

(3) $2\dfrac{11}{12}$시간$=2\dfrac{55}{60}$시간 $\Rightarrow$ **2시간 55분**

참고
분을 시간으로 나타낼 때에는 분모가 60인 분수로 나타내고, $\dfrac{\blacktriangle}{60}$시간은 ▲분임을 이용합니다.

예제 6-1 **해법 순서**
① 돌아오는 데 걸린 시간을 구합니다.
② 가는 데 걸린 시간과 돌아오는 데 걸린 시간의 합을 구합니다.

30분$=\dfrac{30}{60}$시간$=\dfrac{1}{2}$시간

(돌아오는 데 걸린 시간)

$=$(가는 데 걸린 시간)$-\dfrac{1}{2}$

$=2\dfrac{1}{6}-\dfrac{1}{2}=2\dfrac{1}{6}-\dfrac{3}{6}=1\dfrac{7}{6}-\dfrac{3}{6}=1\dfrac{4}{6}$

$=1\dfrac{2}{3}$ (시간)

(가는 데 걸린 시간과 돌아오는 데 걸린 시간의 합)

$=2\dfrac{1}{6}+1\dfrac{2}{3}=2\dfrac{1}{6}+1\dfrac{4}{6}=3\dfrac{5}{6}$ (시간)

$\Rightarrow 3\dfrac{5}{6}$시간$=3\dfrac{50}{60}$시간 $\Rightarrow$ **3시간 50분**

예제 6-2 **생각 열기** 분을 분모가 60인 분수로 나타내어 시간으로 표현합니다.

(쉬는 시간)$=20$분$=\dfrac{20}{60}$시간$=\dfrac{1}{3}$시간

(수학 공부를 시작하여 끝날 때까지 걸린 시간)

$=1\dfrac{2}{5}+\dfrac{1}{3}+1\dfrac{1}{2}=1\dfrac{6}{15}+\dfrac{5}{15}+1\dfrac{1}{2}$

$=1\dfrac{11}{15}+1\dfrac{1}{2}=1\dfrac{22}{30}+1\dfrac{15}{30}=2\dfrac{37}{30}=3\dfrac{7}{30}$ (시간)

$\Rightarrow 3\dfrac{7}{30}$시간$=3\dfrac{14}{60}$시간 $\Rightarrow$ **3시간 14분**

응용 7 (1) (색 테이프 2장의 길이의 합)

$=3\dfrac{8}{15}+3\dfrac{8}{15}=6\dfrac{16}{15}=7\dfrac{1}{15}$ (cm)

(2) (겹쳐진 부분의 길이)

$=7\dfrac{1}{15}-6\dfrac{1}{3}=7\dfrac{1}{15}-6\dfrac{5}{15}$

$=6\dfrac{16}{15}-6\dfrac{5}{15}=\dfrac{\mathbf{11}}{\mathbf{15}}$ **(cm)**

예제 7-1 (겹쳐진 부분의 길이)

$=$(색 테이프 2장의 길이의 합)$-$(이어 붙인 전체 길이)

$=\left(5\dfrac{1}{6}+5\dfrac{1}{6}\right)-9\dfrac{7}{12}$

$=10\dfrac{2}{6}-9\dfrac{7}{12}=10\dfrac{4}{12}-9\dfrac{7}{12}$

$=9\dfrac{16}{12}-9\dfrac{7}{12}=\dfrac{9}{12}=\dfrac{\mathbf{3}}{\mathbf{4}}$ **(cm)**

예제 7-2 **생각 열기** 이어 붙인 전체 길이는 색 테이프 3장의 길이의 합에서 겹쳐진 부분의 길이의 합을 뺍니다.

(이어 붙인 전체 길이)

$=$(색 테이프 3장의 길이의 합)

$\quad -$(겹쳐진 부분의 길이의 합)

$=\left(2\dfrac{2}{5}+2\dfrac{2}{5}+2\dfrac{2}{5}\right)-\left(\dfrac{3}{8}+\dfrac{3}{8}\right)$

$=7\dfrac{1}{5}-\dfrac{6}{8}=7\dfrac{8}{40}-\dfrac{30}{40}$

$=6\dfrac{48}{40}-\dfrac{30}{40}=6\dfrac{18}{40}=6\dfrac{\mathbf{9}}{\mathbf{20}}$ **(cm)**

응용 8 (1) (덜어낸 물의 무게)$=$(물의 반의 무게)

$=1\dfrac{3}{10}-\dfrac{3}{4}=1\dfrac{6}{20}-\dfrac{15}{20}$

$=\dfrac{26}{20}-\dfrac{15}{20}=\dfrac{11}{20}$ (kg)

(2) (빈 그릇의 무게)$=\dfrac{3}{4}-\dfrac{11}{20}=\dfrac{15}{20}-\dfrac{11}{20}$

$=\dfrac{4}{20}=\dfrac{\mathbf{1}}{\mathbf{5}}$ **(kg)**

예제 8-1 (마신 주스의 무게)$=$(주스 반의 무게)

$=2\dfrac{5}{6}-1\dfrac{13}{18}=2\dfrac{15}{18}-1\dfrac{13}{18}$

$=1\dfrac{2}{18}=1\dfrac{\mathbf{1}}{\mathbf{9}}$ **(kg)**

(빈 병의 무게)

＝(주스 반이 들어 있는 병의 무게)－(주스 반의 무게)

$=1\frac{13}{18}-1\frac{1}{9}=1\frac{13}{18}-1\frac{2}{18}=\mathbf{\frac{11}{18}}$ **(kg)**

예제 8-2 **생각 열기** 빈 병의 무게는 설탕이 들어 있는 병의 무게에서 설탕의 무게를 빼어 구해야 합니다.

(덜어낸 설탕의 무게)

＝(설탕 반의 무게)

$=3\frac{7}{9}-2\frac{3}{4}=3\frac{28}{36}-2\frac{27}{36}=1\frac{1}{36}$ (kg)

(처음에 들어 있던 설탕의 무게)

$=1\frac{1}{36}+1\frac{1}{36}=2\frac{2}{36}=\mathbf{2\frac{1}{18}}$ **(kg)**

(빈 병의 무게)

＝(설탕이 가득 들어 있는 병의 무게)－(설탕의 무게)

$=3\frac{7}{9}-2\frac{1}{18}=3\frac{14}{18}-2\frac{1}{18}=\mathbf{1\frac{13}{18}}$ **(kg)**

다른 풀이

(빈 병의 무게)

＝(설탕 반이 들어 있는 병의 무게)－(설탕 반의 무게)

$=2\frac{3}{4}-1\frac{1}{36}=2\frac{27}{36}-1\frac{1}{36}$

$=1\frac{26}{36}=1\frac{13}{18}$ (kg)

STEP 3 응용 유형 뛰어넘기

126 ~ 130쪽

01 $\frac{1}{24}$

02 뉴욕, $8\frac{1}{3}$ m²

03 $\frac{3}{8}$

04 예 · (정문~동물원~놀이동산)

$=1\frac{2}{3}+2\frac{1}{4}=1\frac{8}{12}+2\frac{3}{12}=3\frac{11}{12}$ (km)

· (정문~미술관~놀이동산)

$=2\frac{11}{12}+1\frac{1}{8}=2\frac{22}{24}+1\frac{3}{24}=3\frac{25}{24}=4\frac{1}{24}$ (km)

⇨ $3\frac{11}{12}<4\frac{1}{24}$이므로 동물원을 지나서 가는 것이 더 가깝습니다. ; 동물원

05 $5\frac{4}{9}$

06 $4\frac{3}{20}$ cm

07 예 $19\frac{2}{5}-18\frac{17}{40}=19\frac{16}{40}-18\frac{17}{40}$

$=18\frac{56}{40}-18\frac{17}{40}=\frac{39}{40}$ (℃)

$\frac{39}{40}=\frac{13}{40}+\frac{13}{40}+\frac{13}{40}$이므로 산 아래에서

$50+50+50=150$ (m) 올라간 곳입니다. ; 150 m

08 고기 7근, $\frac{9}{20}$ kg

09 $\frac{19}{30}$ L

10 $\frac{13}{35}$

11 예 전체 일의 양을 1이라고 할 때 두 사람이 각각 하루에 할 수 있는 일의 양은 전체의 $\frac{1}{8}$, $\frac{1}{10}$입니다.

두 사람이 함께 하면 하루에 할 수 있는 일의 양은 전체의

$\frac{1}{8}+\frac{1}{10}=\frac{5}{40}+\frac{4}{40}=\frac{9}{40}$입니다.

$\frac{9}{40}+\frac{9}{40}+\frac{9}{40}+\frac{9}{40}+\frac{9}{40}=\frac{45}{40}>1$이므로 적어도 5일은 걸립니다. ; 5일

12 $\frac{1}{6}$ kg

13 예 $\frac{13}{18}=\frac{1}{18}+\frac{1}{6}+\frac{1}{2}$

14 84살

01 **생각 열기** 크기를 분수로 나타내었으므로 하루 전체를 1이라고 하여 계산합니다.

잠을 자거나 운동을 한 시간은 하루의

$\frac{7}{12}+\frac{3}{8}=\frac{14}{24}+\frac{9}{24}=\frac{23}{24}$입니다.

(고슴도치가 먹이를 먹은 시간)

$=1-\frac{23}{24}=\frac{24}{24}-\frac{23}{24}=\mathbf{\frac{1}{24}}$

02 **해법 순서**

① 분수의 크기를 비교하여 어느 도시가 시민 1명당 공원의 넓이가 더 넓은지 구합니다.

② 큰 분수에서 작은 분수를 빼어 차를 구합니다.

$12\frac{1}{2}<20\frac{5}{6}$이므로 **뉴욕**이 더 넓습니다.

⇨ $20\frac{5}{6}-12\frac{1}{2}=20\frac{5}{6}-12\frac{3}{6}=8\frac{2}{6}=\mathbf{8\frac{1}{3}}$ (m²)

03 ★은 공통으로 들어 있는 수이므로

$\frac{1}{6}+\frac{7}{8}=$㉠$+\frac{2}{3}$입니다.

$\frac{1}{6}+\frac{7}{8}=\frac{4}{24}+\frac{21}{24}=\frac{25}{24}=1\frac{1}{24}$이므로

㉠$+\frac{2}{3}=1\frac{1}{24}$입니다.

㉠$=1\frac{1}{24}-\frac{2}{3}=\frac{25}{24}-\frac{2}{3}=\frac{25}{24}-\frac{16}{24}=\frac{9}{24}=\frac{3}{8}$

04 서술형 가이드 대분수의 덧셈식을 바르게 세워야 하고 더 가까운 곳을 구하므로 크기가 더 작은 쪽을 고르는 내용이 풀이 과정에 들어 있어야 합니다.

채점 기준	
상	동물원을 지나 놀이동산을 가는 거리와 미술관을 지나 놀이동산을 가는 거리를 바르게 구하여 크기를 비교하고 답을 구함.
중	동물원을 지나 놀이동산을 가는 거리와 미술관을 지나 놀이동산을 가는 거리를 바르게 구하였으나 크기를 잘못 비교함.
하	덧셈식을 바르게 계산하지 못함.

05 생각 열기 계산 결과가 가장 크려면 가장 큰 분수와 둘째로 큰 분수의 합에서 가장 작은 분수를 빼야 합니다.

$\left(3\frac{11}{18},\ 3\frac{8}{15}\right)\Rightarrow\left(3\frac{55}{90},\ 3\frac{48}{90}\right)\Rightarrow 3\frac{11}{18}>3\frac{8}{15}$

이므로 가장 큰 분수는 $4\frac{2}{3}$, 둘째로 큰 분수는 $3\frac{11}{18}$,

가장 작은 분수는 $2\frac{5}{6}$입니다.

$\Rightarrow 4\frac{2}{3}+3\frac{11}{18}-2\frac{5}{6}=4\frac{12}{18}+3\frac{11}{18}-2\frac{15}{18}$

$=5\frac{8}{18}=5\frac{4}{9}$

06 생각 열기 직사각형의 가로와 세로의 합은 (둘레)÷2입니다.

$12\frac{4}{5}=6\frac{2}{5}+6\frac{2}{5}$이므로

(가로)+(세로)$=6\frac{2}{5}$ (cm)입니다.

(가로)$=6\frac{2}{5}-2\frac{1}{4}=6\frac{8}{20}-2\frac{5}{20}=4\frac{3}{20}$ (cm)

07 서술형 가이드 산 아래와 올라간 곳의 기온의 차를 구하여 몇 m 올라갔는지 해결하는 내용이 풀이 과정에 들어 있어야 합니다.

채점 기준	
상	산 아래와 올라간 곳의 기온의 차를 구하고 몇 m 올라갔는지 답을 바르게 구함.
중	산 아래와 올라간 곳의 기온의 차를 구였으나 답을 구하지 못함.
하	산 아래와 올라간 곳의 기온의 차를 구하지 못하여 해결하지 못함.

08 고기 7근의 무게:

$\frac{3}{5}+\frac{3}{5}+\frac{3}{5}+\frac{3}{5}+\frac{3}{5}+\frac{3}{5}+\frac{3}{5}=\frac{21}{5}=4\frac{1}{5}$ (kg)

$4\frac{1}{5}>3\frac{3}{4}$이므로 **고기 7근**이 감자 1관보다

$4\frac{1}{5}-3\frac{3}{4}=4\frac{4}{20}-3\frac{15}{20}=3\frac{24}{20}-3\frac{15}{20}$

$=\frac{9}{20}$ (kg) 더 무겁습니다.

09 (사용한 후에 물의 양)

$=2\frac{5}{6}-1\frac{2}{5}=2\frac{25}{30}-1\frac{12}{30}=1\frac{13}{30}$ (L)

(더 부은 후에 물의 양)

$=1\frac{13}{30}+\frac{14}{15}=1\frac{13}{30}+\frac{28}{30}=1\frac{41}{30}=2\frac{11}{30}$ (L)

(가득 채우기 위해 더 부어야 하는 물의 양)

$=3-2\frac{11}{30}=2\frac{30}{30}-2\frac{11}{30}=\frac{19}{30}$ (L)

10 $\frac{2}{7}★\frac{1}{5}=\frac{2}{7}-\frac{1}{5}+\frac{2}{7}$

$=\frac{10}{35}-\frac{7}{35}+\frac{2}{7}$

$=\frac{3}{35}+\frac{2}{7}=\frac{3}{35}+\frac{10}{35}=\frac{13}{35}$

11 생각 열기 전체 일을 8일 동안 하면 하루에는 전체의 $\frac{1}{8}$만큼 할 수 있음을 이용합니다.

서술형 가이드 전체 일의 양을 1이라 하고 각각 하루에 할 수 있는 양을 분수로 나타내어 그 합이 1이 되기까지 걸리는 날 수를 구하는 내용이 풀이 과정에 들어 있어야 합니다.

채점 기준	
상	두 사람이 함께 하루에 할 수 있는 일의 양을 구하고 며칠 걸리는지 바르게 구함.
중	두 사람이 함께 하루에 할 수 있는 일의 양을 구하였으나 며칠 걸리는지 구하지 못함.
하	두 사람이 함께 하루에 할 수 있는 일의 양을 구하지 못함.

12 해법 순서

① 우유 $\frac{1}{3}$의 무게를 구합니다.

② 우유 $\frac{1}{3}$의 무게를 3배하여 우유 전체의 무게를 구합니다.

③ 빈 병의 무게를 계산합니다.

$$(우유 \ \frac{1}{3}의 \ 무게) = 2\frac{1}{24} - 1\frac{5}{12} = 2\frac{1}{24} - 1\frac{10}{24}$$
$$= 1\frac{25}{24} - 1\frac{10}{24} = \frac{15}{24} = \frac{5}{8} \ (kg)$$

$$(우유 \ 전체의 \ 무게) = (우유 \ \frac{1}{3}의 \ 무게의 \ 3배)$$
$$= \frac{5}{8} + \frac{5}{8} + \frac{5}{8} = \frac{15}{8} = 1\frac{7}{8} \ (kg)$$

(빈 병의 무게)
= (우유 전체가 들어 있던 병의 무게) − (우유 전체의 무게)
$$= 2\frac{1}{24} - 1\frac{7}{8} = 2\frac{1}{24} - 1\frac{21}{24} = 1\frac{25}{24} - 1\frac{21}{24}$$
$$= \frac{4}{24} = \boldsymbol{\frac{1}{6} \ (kg)}$$

13 생각 열기 분모 18의 약수를 구하여 합이 13이 되는 세 수를 분자로 하여 분수의 합으로 나타냅니다.

18의 약수: 1, 2, 3, 6, 9, 18
그중 합이 13인 세 수는 $1+3+9=13$이므로 분모가 18이고 분자가 각각 1, 3, 9인 분수의 합으로 나타냅니다.

$$\Rightarrow \frac{13}{18} = \frac{1+3+9}{18} = \frac{1}{18} + \frac{3}{18} + \frac{9}{18}$$
$$= \boldsymbol{\frac{1}{18} + \frac{1}{6} + \frac{1}{2}}$$

14 결혼할 때까지는 일생의

$$\frac{1}{6} + \frac{1}{12} + \frac{1}{7} = \frac{1}{4} + \frac{1}{7} = \frac{11}{28}입니다.$$

아들이 태어나서 죽을 때까지는 그의 일생의 $\frac{1}{2}$과 같으므로 $\frac{11}{28} + \frac{1}{2} = \frac{25}{28}$입니다.

나머지 $5+4=9$(년)은 일생의 $1 - \frac{25}{28} = \frac{3}{28}$이므로 일생의 $\frac{1}{28}$은 3년입니다.

따라서 디오판토스는 $3 \times 28 = \boldsymbol{84}$(살)까지 살았습니다.

> 참고
> 일생의 $\frac{3}{28}$은 9년이므로 일생의 $\frac{1}{28}$은 $9 \div 3 = 3$(년)입니다. 따라서 일생은 $3 \times 28 = 84$(년)입니다.

실력평가
131 ~ 133쪽

01 (1) $\frac{1}{2}$ (2) $\frac{13}{20}$

02 $6\frac{1}{5} - 3\frac{1}{3} = \frac{31}{5} - \frac{10}{3} = \frac{93}{15} - \frac{50}{15} = \frac{43}{15} = 2\frac{13}{15}$

03 $1\frac{11}{18}$

04 $1\frac{5}{8}$

05 $>$

06 $1\frac{21}{143}, \frac{34}{143}$

07 (위에서부터) $6\frac{11}{24}, 1\frac{11}{12}, 3\frac{19}{24}$

08 $\frac{53}{56}$

09 축구 골대, $3\frac{33}{50}$ m

10 ( ) (○) ( )

11 $10\frac{2}{5} - 5\frac{3}{8} = 5\frac{1}{40}$; $5\frac{1}{40}$

12 $12\frac{9}{10}$ km

13 $\frac{6}{7}$ L

14 예 $(㉠\sim㉣) = 3\frac{1}{4} + 2\frac{5}{12} - 1\frac{1}{6}$
$$= 3\frac{3}{12} + 2\frac{5}{12} - 1\frac{2}{12}$$
$$= 5\frac{8}{12} - 1\frac{2}{12}$$
$$= 4\frac{6}{12} = 4\frac{1}{2} \ (cm) ; \boldsymbol{4\frac{1}{2} \ cm}$$

15 $30\frac{1}{8}$ km

16 예 어떤 수를 □라 하면 $□ + 2\frac{1}{3} = 8\frac{1}{9}$입니다.
$$□ = 8\frac{1}{9} - 2\frac{1}{3} = 8\frac{1}{9} - 2\frac{3}{9} = 7\frac{10}{9} - 2\frac{3}{9} = 5\frac{7}{9}$$
$$\Rightarrow 5\frac{7}{9} + 1\frac{3}{4} = 5\frac{28}{36} + 1\frac{27}{36} = 6\frac{55}{36} = 7\frac{19}{36} ; 7\frac{19}{36}$$

17 $2\frac{16}{27}$

18 4시간 14분

19 3

20 $1\frac{5}{18}$ kg

01
(1) $\dfrac{2}{7}+\dfrac{3}{14}=\dfrac{4}{14}+\dfrac{3}{14}=\dfrac{7}{14}=\dfrac{1}{2}$

(2) $\dfrac{3}{4}-\dfrac{1}{10}=\dfrac{15}{20}-\dfrac{2}{20}=\dfrac{\mathbf{13}}{\mathbf{20}}$

02
• 대분수를 가분수로 나타내기

$6\dfrac{1}{5}=6+\dfrac{1}{5}=\dfrac{30}{5}+\dfrac{1}{5}=\dfrac{31}{5}$

$3\dfrac{1}{3}=3+\dfrac{1}{3}=\dfrac{9}{3}+\dfrac{1}{3}=\dfrac{10}{3}$

03
$\dfrac{5}{6}+\dfrac{7}{9}=\dfrac{15}{18}+\dfrac{14}{18}=\dfrac{29}{18}=1\dfrac{\mathbf{11}}{\mathbf{18}}$

04
$\square=3\dfrac{1}{4}-1\dfrac{5}{8}=3\dfrac{2}{8}-1\dfrac{5}{8}=2\dfrac{10}{8}-1\dfrac{5}{8}=1\dfrac{\mathbf{5}}{\mathbf{8}}$

05
$\dfrac{5}{6}-\dfrac{1}{4}=\dfrac{10}{12}-\dfrac{3}{12}=\dfrac{7}{12}=\dfrac{28}{48}\Rightarrow\dfrac{28}{48}>\dfrac{21}{48}$

06
$\left(\dfrac{9}{13},\dfrac{5}{11}\right)\Rightarrow\left(\dfrac{99}{143},\dfrac{65}{143}\right)\Rightarrow\dfrac{9}{13}>\dfrac{5}{11}$

합: $\dfrac{9}{13}+\dfrac{5}{11}=\dfrac{99}{143}+\dfrac{65}{143}=\dfrac{164}{143}=1\dfrac{\mathbf{21}}{\mathbf{143}}$

차: $\dfrac{9}{13}-\dfrac{5}{11}=\dfrac{99}{143}-\dfrac{65}{143}=\dfrac{\mathbf{34}}{\mathbf{143}}$

07
$4\dfrac{3}{8}+2\dfrac{1}{12}=4\dfrac{9}{24}+2\dfrac{2}{24}=6\dfrac{\mathbf{11}}{\mathbf{24}}$

$\dfrac{7}{12}+1\dfrac{1}{3}=\dfrac{7}{12}+1\dfrac{4}{12}=1\dfrac{\mathbf{11}}{\mathbf{12}}$

$4\dfrac{3}{8}-\dfrac{7}{12}=4\dfrac{9}{24}-\dfrac{14}{24}=3\dfrac{33}{24}-\dfrac{14}{24}=3\dfrac{\mathbf{19}}{\mathbf{24}}$

08
$\dfrac{3}{8}+\dfrac{4}{7}=\dfrac{21}{56}+\dfrac{32}{56}=\dfrac{\mathbf{53}}{\mathbf{56}}$

09
$7\dfrac{8}{25}-3\dfrac{33}{50}=7\dfrac{16}{50}-3\dfrac{33}{50}=6\dfrac{66}{50}-3\dfrac{33}{50}=3\dfrac{\mathbf{33}}{\mathbf{50}}$ (m)

10
$\dfrac{1}{3}+\dfrac{2}{5}=\dfrac{5}{15}+\dfrac{6}{15}=\dfrac{11}{15}$

$\dfrac{3}{4}+\dfrac{3}{10}=\dfrac{15}{20}+\dfrac{6}{20}=\dfrac{21}{20}=1\dfrac{1}{20}$

$\dfrac{5}{12}+\dfrac{1}{6}=\dfrac{5}{12}+\dfrac{2}{12}=\dfrac{7}{12}$

11
$10\dfrac{2}{5}-5\dfrac{3}{8}=10\dfrac{16}{40}-5\dfrac{15}{40}=5\dfrac{\mathbf{1}}{\mathbf{40}}$

12
$\dfrac{2}{5}+8+4\dfrac{1}{2}=\dfrac{4}{10}+8+4\dfrac{5}{10}=12\dfrac{\mathbf{9}}{\mathbf{10}}$ (km)

13
$1\dfrac{1}{2}-\dfrac{2}{7}-\dfrac{5}{14}=\dfrac{3}{2}-\dfrac{2}{7}-\dfrac{5}{14}=\dfrac{21}{14}-\dfrac{4}{14}-\dfrac{5}{14}$

$=\dfrac{12}{14}=\dfrac{\mathbf{6}}{\mathbf{7}}$ (L)

14
서술형 가이드 겹쳐진 부분의 길이를 이용하여 전체 선분의 길이를 구하는 과정이 들어 있어야 합니다.

채점 기준	
상	식을 바르게 세우고 계산하여 답을 구함.
중	식을 바르게 세웠으나 계산 과정에서 실수가 있었음.
하	식을 바르게 세우지 못하여 답을 구하지 못함.

15
강물이 흐르는 방향과 배가 가는 방향이 반대이므로 배는 한 시간에 $\left(30\dfrac{3}{4}-\dfrac{5}{8}\right)$ km를 가는 셈입니다.

$\Rightarrow 30\dfrac{3}{4}-\dfrac{5}{8}=30\dfrac{6}{8}-\dfrac{5}{8}=\mathbf{30}\dfrac{\mathbf{1}}{\mathbf{8}}$ (km)

16
서술형 가이드 잘못 계산한 식에서 어떤 수를 먼저 구하여 해결하는 과정이 들어 있어야 합니다.

채점 기준	
상	어떤 수를 구하고 답을 바르게 구함.
중	어떤 수를 구하였으나 답을 계산하지 못함.
하	어떤 수를 구하지 못함.

17
생각 열기 식을 간단하게 만든 후에 덧셈식과 뺄셈식의 관계를 이용하여 □ 안의 값을 구해 봅니다.

$1\dfrac{1}{9}-\dfrac{2}{3}=\dfrac{10}{9}-\dfrac{6}{9}=\dfrac{4}{9}\Rightarrow\dfrac{4}{9}+\square=3\dfrac{1}{27}$

$\square=3\dfrac{1}{27}-\dfrac{4}{9}=3\dfrac{1}{27}-\dfrac{12}{27}=2\dfrac{28}{27}-\dfrac{12}{27}=\mathbf{2}\dfrac{\mathbf{16}}{\mathbf{27}}$

18
$1\dfrac{5}{6}+2\dfrac{2}{5}=1\dfrac{25}{30}+2\dfrac{12}{30}=3\dfrac{37}{30}=4\dfrac{7}{30}$ (시간)

$4\dfrac{7}{30}$ 시간$=4\dfrac{14}{60}$ 시간 $\Rightarrow$ **4시간 14분**

19
$4\dfrac{5}{6}+3\dfrac{3}{8}=4\dfrac{20}{24}+3\dfrac{9}{24}=7\dfrac{29}{24}=8\dfrac{5}{24}$ 이므로

$8\dfrac{5}{24}>8\dfrac{\square}{16}$ 입니다. $\Rightarrow 8\dfrac{10}{48}>8\dfrac{\square\times3}{48}\Rightarrow 10>\square\times3$

□ 안에 알맞은 수는 1, 2, 3이고 가장 큰 수는 **3**입니다.

20
(마신 물의 무게)=(물의 반의 무게)

$=3\dfrac{5}{9}-2\dfrac{5}{12}=3\dfrac{20}{36}-2\dfrac{15}{36}$

$=1\dfrac{5}{36}$ (kg)

$\Rightarrow$ (빈 병의 무게)

$=$(물이 반만 들어 있는 병의 무게)$-$(물의 반의 무게)

$=2\dfrac{5}{12}-1\dfrac{5}{36}=2\dfrac{15}{36}-1\dfrac{5}{36}$

$=1\dfrac{10}{36}=1\dfrac{\mathbf{5}}{\mathbf{18}}$ (kg)

6 다각형의 둘레와 넓이

STEP 1 기본 유형 익히기
140 ~ 143쪽

1-1 40 cm

1-2 (1) 22 cm (2) 36 cm

1-3 약 608 m

1-4 예 가로를 □ cm라 하면 (□+6)×2=26입니다.
□+6=26÷2, □=13−6, □=7
따라서 가로는 7 cm입니다. ; 7 cm

2-1 4 cm²

2-2 나, 10 cm²

2-3 6

3-1 (1) 9 (2) 130000 (3) 2 (4) 40000000

3-2 (1) 16 (2) 14

3-3 21 m²

4-1 ㉮

4-2 8

5-1 마이애미, 버뮤다

5-2 60 cm²

5-3 8

5-4 ㉡

5-5 예 밑변의 길이가 10 cm일 때 높이가 4 cm인 삼각형의 넓이는 10×4÷2=20 (cm²)입니다.
따라서 밑변의 길이가 □ cm일 때 높이가 5 cm인 삼각형의 넓이도 20 cm²이므로 □×5÷2=20,
□×5=40, □=40÷5=8입니다. ; 8

5-6
1 cm²

6-1 40 cm²

6-2 예 (마름모 ㅁㅂㅅㅇ의 넓이)
=(직사각형 ㄱㄴㄷㄹ의 넓이)÷2
=16×8÷2
=128÷2=64 (cm²) ; 64 cm²

6-3 12

7-1 22 cm²

7-2 ㉮

7-3 7

1-1 생각 열기 정오각형은 길이가 같은 변이 5개이므로 둘레는 한 변의 길이의 5배입니다.
(정오각형의 둘레)=8×5=**40 (cm)**

1-2 생각 열기 평행사변형은 마주 보는 변의 길이가 같고, 마름모는 네 변의 길이가 모두 같음을 이용합니다.
(1) (평행사변형의 둘레)=(7+4)×2=**22 (cm)**
(2) (마름모의 둘레)=9×4=**36 (cm)**

1-3 연못의 둘레: (300+4)×2=608 (m) ⇨ **약 608 m**

1-4 서술형 가이드 가로를 □ cm로 하여 둘레를 구하는 식에서 거꾸로 생각하여 □를 구하는 내용이 풀이 과정에 들어 있어야 합니다.

채점 기준	
상	둘레를 구하는 식에서 가로를 바르게 구함.
중	둘레를 구하는 식을 바르게 세웠으나 가로를 잘못 구함.
하	둘레를 구하는 식을 세우지 못함.

참고
(직사각형의 둘레)={(가로)+(세로)}×2
⇨ (가로)=(직사각형의 둘레)÷2−(세로)

2-1 가: 1 cm²가 8개이므로 8 cm²입니다.
나: 1 cm²가 12개이므로 12 cm²입니다.
⇨ 12−8=**4 (cm²)**

2-2 (가의 넓이)=9×6=54 (cm²)
(나의 넓이)=8×8=64 (cm²)
⇨ **나**의 넓이가 64−54=**10 (cm²)** 더 넓습니다.

2-3 생각 열기 (직사각형의 넓이)=(가로)×(세로)
10×□=60, □=60÷10, □=**6**

3-1 생각 열기 1 m²=10000 cm², 1 km²=1000000 m²
(1) 90000 cm²=**9 m²**
(2) 13 m²=**130000 cm²**
(3) 2000000 m²=**2 km²**
(4) 40 km²=**40000000 m²**

3-2 (1) 400 cm=4 m이므로
(직사각형의 넓이)=4×4=**16 (m²)**
(2) 2000 m=2 km이므로
(직사각형의 넓이)=7×2=**14 (km²)**

3-3 (타일의 넓이)=60×50=3000 (cm²)
타일의 개수는 7×10=70(개)이므로
타일을 붙인 벽의 넓이는
3000×70=210000 (cm²)=**21 (m²)**입니다.

4-1 평행사변형 ㉯, ㉰, ㉱는 밑변의 길이가 3 cm, 높이가 3 cm로 넓이가 모두 같고 평행사변형 ㉮는 밑변의 길이가 4 cm, 높이가 3 cm이므로 나머지 셋과 넓이가 다릅니다.

4-2 생각 열기 (평행사변형의 넓이)=(밑변의 길이)×(높이)
(㉮의 넓이)=6×4=24 (cm²)
(㉯의 넓이)=3×□=24 (cm²)
⇨ □=24÷3, □=**8**

5-1 삼각형의 높이를 알고 있으므로 적어도 밑변의 길이를 더 알아야 넓이를 구할 수 있습니다.

5-2 10×12÷2=**60 (cm²)**

5-3 □×4÷2=16
⇨ □×4=16×2, □×4=32,
□=32÷4, □=**8**

5-4 ㉠ 18×6÷2=54 (cm²)
㉡ 11×10÷2=55 (cm²)
⇨ 54<55이므로 넓이가 더 넓은 삼각형은 ㉡입니다.

5-5 서술형 가이드 밑변의 길이가 10 cm일 때와 밑변의 길이가 □ cm일 때의 넓이가 같음을 이용하여 □를 구하는 내용이 풀이 과정에 들어 있어야 합니다.

채점 기준

상	밑변의 길이가 10 cm일 때와 밑변의 길이가 □ cm일 때의 넓이가 같다는 식을 만들어 □를 바르게 구함.
중	밑변의 길이가 10 cm일 때와 밑변의 길이가 □ cm일 때의 넓이가 같다는 식을 만들었으나 □를 구하지 못함.
하	밑변의 길이가 10 cm일 때와 밑변의 길이가 □ cm일 때의 넓이가 같음을 이용하지 못하여 해결하지 못함.

참고

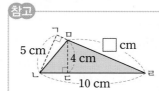

삼각형의 밑변을 변 ㄴㄹ이라고 하면 높이는 선분 ㅁㄷ이고, 삼각형의 밑변을 변 ㅁㄹ이라고 하면 높이는 선분 ㄱㄴ입니다.
(삼각형의 넓이)
=(변 ㄴㄹ의 길이)×(선분 ㅁㄷ의 길이)÷2
=(변 ㅁㄹ의 길이)×(선분 ㄱㄴ의 길이)÷2

5-6 (밑변의 길이)×(높이)÷2=6이므로
(밑변의 길이)×(높이)=12가 되도록 밑변과 높이를 생각해 봅니다.

다른 풀이
모눈 한 칸의 넓이가 1 cm²이므로 모눈의 개수가 6개가 되도록 삼각형을 그립니다.

6-1 생각 열기 (마름모의 넓이)
=(한 대각선의 길이)×(다른 대각선의 길이)÷2
마름모의 두 대각선의 길이는 각각
5×2=10 (cm), 8 cm입니다.
(마름모의 넓이)=10×8÷2=80÷2=**40 (cm²)**

6-2 서술형 가이드 마름모의 넓이는 직사각형의 넓이의 반임을 이용하는 과정이 있어야 합니다.

채점 기준

상	마름모의 넓이는 직사각형의 넓이의 반임을 이용하여 식을 만들고 답을 바르게 구함.
중	마름모의 넓이는 직사각형의 넓이의 반임을 이용하여 식을 만들었으나 답을 구하지 못함.
하	마름모의 넓이는 직사각형의 넓이의 반임을 이용하지 못하고 답을 구하지 못함.

6-3 생각 열기 (마름모의 넓이)
=(한 대각선의 길이)×(다른 대각선의 길이)÷2
□×28÷2=168,
□×28=168×2,
□=336÷28,
□=**12**

7-1 생각 열기 (사다리꼴의 넓이)
={(윗변의 길이)+(아랫변의 길이)}×(높이)÷2
윗변의 길이가 5 cm, 아랫변의 길이가 6 cm, 높이가 4 cm인 사다리꼴이므로
(넓이)=(5+6)×4÷2
=44÷2=**22 (cm²)**입니다.

7-2 ㉮, ㉯, ㉰의 높이는 모두 같지만 윗변과 아랫변의 모눈 칸 수의 합은 ㉮는 8칸, ㉯는 6칸, ㉰는 7칸이므로 넓이가 가장 넓은 것은 ㉮입니다.

7-3 (4+6)×□÷2=35,
(4+6)×□=35×2,
10×□=70, □=**7**

STEP 2 응용 유형 익히기

144 ~ 151쪽

- 응용 **1** 12 cm
- 예제 **1-1** 9 cm
- 예제 **1-2** 20 cm
- 응용 **2** 48 cm
- 예제 **2-1** 120 cm
- 예제 **2-2** 38 cm
- 응용 **3** 380 cm
- 예제 **3-1** 110 cm
- 예제 **3-2** 54 cm
- 응용 **4** 96 cm²
- 예제 **4-1** 384 cm²
- 예제 **4-2** 40 cm²
- 응용 **5** 48
- 예제 **5-1** 14 cm
- 예제 **5-2** 3 cm
- 응용 **6** 16 cm²
- 예제 **6-1** 9 cm²
- 예제 **6-2** 12 cm²
- 응용 **7** 936 cm²
- 예제 **7-1** 2250 cm²
- 예제 **7-2** 8 m
- 응용 **8** 16 cm²
- 예제 **8-1** 15 m²
- 예제 **8-2** 60 cm²

응용 1
(1) (정육각형의 둘레)$=8 \times 6=48$ (cm)
(2) 정사각형의 한 변의 길이를 $\square$ cm라 하면
$\square \times 4=48$입니다.
$\Rightarrow \square=48 \div 4, \square=12$

예제 1-1 생각 열기 (정■각형의 둘레)$=$(한 변의 길이)$\times$■

(정구각형의 둘레)$=6 \times 9=54$ (cm)
직사각형의 세로를 $\square$ cm라 하면
$(18+\square) \times 2=54$입니다.
$\Rightarrow 18+\square=27,$
$\square=27-18,$
$\square=9$

예제 1-2 생각 열기 만든 직사각형에서 가로는 세로의 몇 배이고, 둘레는 세로의 몇 배가 되는지 알아봅니다.

(종이끈의 길이)$=$(정삼각형의 둘레)
$\qquad =20 \times 3=60$ (cm)
직사각형의 세로를 $\square$ cm라 하면
가로는 $(\square \times 2)$ cm입니다.
$\Rightarrow$ (직사각형의 둘레)$=(\square+\square \times 2) \times 2=60,$
$\square \times 3=60 \div 2,$
$\square=30 \div 3=10$
따라서 직사각형의 세로가 10 cm이므로 가로는
$10 \times 2=\mathbf{20}$ **(cm)**입니다.

응용 2 생각 열기 (직사각형의 넓이)$=$(가로)$\times$(세로)
(정사각형의 넓이)$=$(한 변의 길이)$\times$(한 변의 길이)

(1) (직사각형의 넓이)$=8 \times 18=144$ (cm²)
(2) 정사각형의 한 변의 길이를 $\square$ cm라 하면
(정사각형의 넓이)$=\square \times \square=144$ (cm²)이므로
$\square=12$입니다.
(3) (정사각형의 둘레)$=12 \times 4=\mathbf{48}$ **(cm)**

예제 2-1 생각 열기 정사각형의 넓이에서 한 변의 길이를 구하여 둘레를 계산합니다.

(평행사변형의 넓이)$=25 \times 36=900$ (cm²)
정사각형의 한 변의 길이를 $\square$ cm라 하면
(정사각형의 넓이)$=\square \times \square=900$ (cm²)이므로
$\square=30$입니다.
$\Rightarrow$ (정사각형의 둘레)$=30 \times 4=\mathbf{120}$ **(cm)**

예제 2-2 (마름모의 넓이)$=12 \times 10 \div 2=60$ (cm²)
직사각형의 세로를 $\square$ cm라 하면
(직사각형의 넓이)$=15 \times \square=60$ (cm²)이므로
$\square=4$입니다.
$\Rightarrow$ (직사각형의 둘레)$=(15+4) \times 2=\mathbf{38}$ **(cm)**

응용 3
(1)
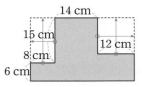
가로가 120 cm이고, 세로가 70 cm인 직사각형으로 생각합니다.
(2) (도형의 둘레)$=(120+70) \times 2=\mathbf{380}$ **(cm)**

예제 3-1 생각 열기 도형의 변의 위치를 옮겨봅니다.

가로가 $8+14+12=34$ (cm)이고,
세로가 $15+6=21$ (cm)인 직사각형으로 생각합니다.
$\Rightarrow$ (둘레)$=(34+21) \times 2$
$\qquad =\mathbf{110}$ **(cm)**

예제 3-2
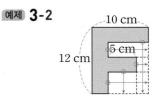
가로가 10 cm이고, 세로가 12 cm인 직사각형의 둘레에 $5+5=10$ (cm)를 더합니다.
$\Rightarrow$ (도형의 둘레)
$\qquad =(10+12) \times 2+10$
$\qquad =\mathbf{54}$ **(cm)**

응용 **4** (1) 삼각형의 밑변을 선분 ㄴㄷ이라 하면 높이는 점 ㄱ과 선분 ㄴㄷ 사이의 수선의 길이로 선분 ㅂㅁ 의 길이와 같으므로 8 cm입니다.

(선분 ㄴㅁ의 길이)$=32 \times 2 \div 8$
$\qquad = 64 \div 8 = 8$ (cm)

(2) (변 ㄴㄹ의 길이)$=8+4=12$ (cm)

(평행사변형 ㄱㄴㄹㅂ의 넓이)$=12 \times 8$
$\qquad\qquad\qquad = \mathbf{96}\ (\mathbf{cm^2})$

예제 **4-1** 생각 열기 삼각형의 넓이에서 높이를 구하고, 삼각형 의 높이와 평행사변형의 높이는 같음을 이용합니다.

삼각형 ㅂㄹㅁ에서 삼각형의 밑변을 선분 ㄹㅁ이라 하면 높이는 선분 ㄱㄴ의 길이와 같습니다.

(선분 ㄱㄴ의 길이)
$=80 \times 2 \div 10 = 160 \div 10 = 16$ (cm)

(변 ㄷㅁ의 길이)$=14+10=24$ (cm)

⇨ (평행사변형 ㄱㄷㅁㅂ의 넓이)
$\qquad = 24 \times 16 = \mathbf{384}\ (\mathbf{cm^2})$

예제 **4-2** (직사각형의 세로)$=320 \div 32 = 10$ (cm)

평행사변형 3개는 크기와 모양이 같으므로 평행사변 형의 밑변의 길이는 $32 \div 4 = 8$ (cm)입니다.

(평행사변형의 넓이)$=8 \times 10 = 80$ (cm²)

(삼각형의 넓이)$=8 \times 10 \div 2 = 40$ (cm²)

⇨ 넓이의 차: $80-40 = \mathbf{40}\ (\mathbf{cm^2})$

응용 **5** (1) (삼각형 ㅂㄷㅁ의 넓이)$=20 \times 50 \div 2$
$\qquad\qquad\qquad\qquad = 500$ (cm²)

(2) (사다리꼴 ㄱㄴㄷㅂ의 넓이)$=500 \times 4$
$\qquad\qquad\qquad\qquad\qquad = 2000$ (cm²)

(3) $(\square + 32) \times 50 \div 2 = 2000$,
$\square + 32 = 80$,
$\square = \mathbf{48}$

예제 **5-1** 생각 열기 삼각형의 넓이를 이용하여 사다리꼴의 넓이 를 먼저 구하고 사다리꼴의 넓이를 구하는 식에서 변의 길이를 계산합니다.

(삼각형 ㄱㄷㅂ의 넓이)$=6 \times 18 \div 2 = 54$ (cm²)

사다리꼴 ㅂㄷㄹㅁ의 넓이는 $54 \times 6 = 324$ (cm²)이 므로 변 ㄷㄹ의 길이를 $\square$ cm라 하면
$(22+\square) \times 18 \div 2 = 324$,
$22 + \square = 36$,
$\square = 14$

따라서 변 ㄷㄹ의 길이는 **14 cm**입니다.

예제 **5-2** 해법 순서
① 사다리꼴 ㄱㄴㄷㄹ의 넓이를 구합니다.
② 선분 ㄴㄷ의 길이를 구합니다.
③ 선분 ㄴㅁ의 길이를 구합니다.

사각형 ㄱㄴㅁㄹ과 삼각형 ㄹㅁㄷ의 넓이가 같으므 로 사다리꼴의 넓이는 삼각형 ㄹㅁㄷ의 넓이의 2배 입니다.

$(6+12) \times$ (선분 ㄴㄷ의 길이)$\div 2$
$=(9 \times 12 \div 2) \times 2$
$18 \times$ (선분 ㄴㄷ의 길이)$\div 2 = 108$,
(선분 ㄴㄷ의 길이)$=108 \times 2 \div 18 = 12$ (cm)

⇨ (선분 ㄴㅁ의 길이)$=12-9 = \mathbf{3}\ (\mathbf{cm})$

응용 **6** (1) (마름모의 한 대각선의 길이)
$\qquad =$ (원의 지름)$= 8$ cm

(2) (마름모의 넓이)$=8 \times 8 \div 2 = 32$ (cm²)
⇨ (색칠한 부분의 넓이)$=32 \div 2 = \mathbf{16}\ (\mathbf{cm^2})$

참고
원 안에 그릴 수 있는 가장 큰 마름모의 대각선의 길이 는 원의 지름과 같습니다.

예제 **6-1** 생각 열기 마름모의 한 대각선의 길이는 원의 지름과 같음을 이용합니다.

(마름모의 한 대각선의 길이)
$=$ (원의 지름)$= 12$ cm

(마름모의 넓이)$=12 \times 12 \div 2 = 72$ (cm²)

⇨ (색칠한 부분의 넓이)$=72 \div 8 = \mathbf{9}\ (\mathbf{cm^2})$

예제 **6-2** (직사각형의 가로)$=$ (둘레)$\div 2 - 8$
$\qquad\qquad\qquad\qquad = 40 \div 2 - 8$
$\qquad\qquad\qquad\qquad = 20 - 8 = 12$ (cm)

(마름모의 넓이)
$=$ (직사각형의 가로)$\times$ (직사각형의 세로)$\div 2$
$=12 \times 8 \div 2 = 48$ (cm²)

⇨ (색칠한 부분의 넓이)$=48 \div 4 = \mathbf{12}\ (\mathbf{cm^2})$

응용 **7** (1) 삼각형 ㅁㄴㄷ의 밑변을 선분 ㅁㄴ이라 하면 높이는 선분 ㅁㄷ의 길이와 같습니다.

(삼각형 ㅁㄴㄷ의 넓이)
$=30 \times 40 \div 2 = 600$ (cm²)

(2) 삼각형 ㅁㄴㄷ의 밑변을 선분 ㄴㄷ이라 하면
(선분 ㅁㅂ의 길이)
$=600 \times 2 \div 50 = 24$ (cm)입니다.

(3) (사다리꼴 ㄱㄴㄷㄹ의 넓이)
$=(28+50) \times 24 \div 2 = 1872 \div 2 = \mathbf{936}\ (\mathbf{cm^2})$

예제 7-1 (생각 열기) 삼각형 ㄱㅂㄹ의 넓이에서 선분 ㅁㅂ의 길이를 구합니다.

(삼각형 ㄱㅂㄹ의 넓이)
$=60 \times 45 \div 2 = 1350$ (cm²)
삼각형 ㄱㅂㄹ의 밑변을 선분 ㄱㄹ이라 하면
(선분 ㅁㅂ의 길이)$=1350 \times 2 \div 75 = 36$ (cm)입니다.
⇨ (사다리꼴 ㄱㄴㄷㄹ의 넓이)
$=(75+50) \times 36 \div 2$
$=4500 \div 2 = \mathbf{2250}$ **(cm²)**

예제 7-2 삼각형 ㄴㄷㄹ의 밑변을 선분 ㄴㄹ이라 하면 높이는 선분 ㄷㅁ의 길이와 같습니다.
(삼각형 ㄴㄷㄹ의 넓이)$=10 \times 3 \div 2 = 15$ (m²)
삼각형 ㄴㄷㄹ의 밑변을 변 ㄴㄷ이라 하면
(변 ㄱㄴ의 길이)$=15 \times 2 \div 5 = 6$ (m)입니다.
변 ㄱㄹ의 길이를 □ m라 하면
$(□+5) \times 6 \div 2 = 39$, $□+5=13$, $□=8$입니다.

응용 8 (1) (삼각형 ㄱㄴㄹ의 넓이)
$=(4+4) \times (4+2) \div 2$
$=8 \times 6 \div 2 = 24$ (cm²)
(2) (삼각형 ㄷㄴㄹ의 넓이)
$=(4+4) \times 2 \div 2 = 8 \times 2 \div 2 = 8$ (cm²)
(3) (색칠한 부분의 넓이)$=24-8=\mathbf{16}$ **(cm²)**

> **다른 풀이**
> (삼각형 ㄱㄴㄷ의 넓이)+(삼각형 ㄱㄷㄹ의 넓이)
> $=4 \times 4 \div 2 + 4 \times 4 \div 2$
> $=8+8$
> $=16$ (cm²)

예제 8-1 (생각 열기) 삼각형에서 밑변과 높이를 찾아봅니다.

(삼각형 ㄱㄴㄷ의 넓이)$=2 \times 6 \div 2 = 6$ (m²)
(삼각형 ㄱㄹㅁ의 넓이)$=3 \times 6 \div 2 = 9$ (m²)
⇨ (색칠한 부분의 넓이)
$=$(삼각형 ㄱㄴㄷ의 넓이)+(삼각형 ㄱㄹㅁ의 넓이)
$=6+9=\mathbf{15}$ **(m²)**

예제 8-2 (생각 열기) 색칠한 부분을 삼각형 2개로 나누어 넓이를 구합니다.

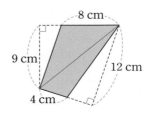

도형에 선분을 그으면 밑변의 길이가 8 cm, 높이가 9 cm인 삼각형과 밑변의 길이가 4 cm, 높이가 12 cm인 삼각형으로 나눕니다.
⇨ $8 \times 9 \div 2 + 4 \times 12 \div 2$
$=36+24$
$=\mathbf{60}$ **(cm²)**

STEP 3 응용 유형 뛰어넘기

152 ~ 156쪽

01 24 cm²

02 1 cm²

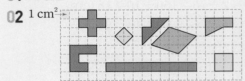

03 48 m²

04 10404 cm²

05 예) 천장의 넓이: $5 \times 6 = 30$ (m²)
⇨ 300000 cm²
벽지의 넓이: $40 \times 200 = 8000$ (cm²)
⇨ $300000 \div 8000 = 37 \cdots 4000$
따라서 적어도 38장이 필요합니다. ; 38장

06 144 cm²

07 3200 cm²

08 2 m

09 예) (직사각형의 넓이)$=280-(12 \times 12)$
$=136$ (cm²)
(변 ㄷㄹ의 길이)$=20-12=8$ (cm)
(변 ㄹㅁ의 길이)$=136 \div 8 = 17$ (cm)
따라서 도형의 둘레는
$12 \times 3 + 5 + 17 + 8 \times 2 = 74$ (cm)입니다. ; 74 cm

10 예) 두 삼각형이 겹치는 부분을 제외한 색칠한 부분과 사다리꼴 ㄱㄴㅁㅅ의 넓이는 같습니다.
선분 ㅅㅁ의 길이는 $18-6=12$ (cm)이므로
$(18+12) \times ㉠ \div 2 = 120$,
$30 \times ㉠ = 240$,
㉠=8 cm입니다. ; 8 cm

11 36 cm

12 12 cm

13 400 cm²

14 (1)

가로(cm)	1	2	3	4	5	6	7	8	……
세로(cm)	11	10	9	8	7	6	5	4	……
넓이(cm²)	11	20	27	32	35	36	35	32	……

(2) 36 cm²

01 평행사변형의 밑변의 길이와 높이가 직사각형의 가로, 세로와 각각 같으므로 넓이도 같습니다.

참고
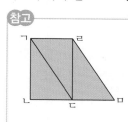

(직사각형 ㄱㄴㄷㄹ의 넓이)
=(가로)×(세로)
=(선분 ㄴㄷ의 길이)
×(변 ㄱㄴ의 길이)
=24 (cm²)

(평행사변형 ㄱㄷㅁㄹ의 넓이)
=(밑변의 길이)×(높이)
=(선분 ㄷㅁ의 길이)×(변 ㄱㄴ의 길이)
=(변 ㄱㄹ의 길이)×(변 ㄱㄴ의 길이)
=(선분 ㄴㄷ의 길이)×(변 ㄱㄴ의 길이)=24 (cm²)

02 모눈종이 한 칸의 넓이는 1 cm²입니다.
모눈의 칸 수를 세어 보면 빨강 도형은 5 cm², 노랑 도형은 2 cm², 파랑 도형은 3 cm², 초록 도형은 4 cm²입니다. 따라서 넓이가 색칠한 도형의 2배인 것을 찾아 같은 색을 칠합니다.

03 (집의 전체 넓이)=(4+3+5)×(6+7)
=12×13=156 (m²)
(주방 및 거실을 제외한 방의 넓이)
=(8×6)+(4×7)+(3×4)+(5×4)
=48+28+12+20=108 (m²)
⇨ (주방 및 거실의 넓이)=156−108=**48 (m²)**

다른 풀이
주방 및 거실은 가로가 4 m, 세로가 9 m인 직사각형과 가로가 4 m, 세로가 3 m인 직사각형으로 나눌 수 있으므로
(주방 및 거실의 넓이)=4×9+4×3
=36+12
=48 (m²)입니다.

04 해법 순서
① 작은 정사각형의 한 변의 길이를 구합니다.
② 작은 정사각형의 넓이를 구합니다.
③ 도형의 넓이를 구합니다.

도형의 둘레에는 작은 정사각형의 한 변이 20번 있습니다.

(작은 정사각형의 한 변의 길이)=680÷20=34 (cm)
(작은 정사각형의 넓이)=34×34=1156 (cm²)
(도형의 넓이)=1156×9=**10404 (cm²)**

05 서술형 가이드 천장의 넓이와 벽지의 넓이를 cm² 단위로 나타내어 해결하는 과정을 써야 합니다.

채점 기준

상	천장과 벽지의 넓이를 같은 단위로 구하고 천장의 넓이를 벽지의 넓이로 나눈 몫을 이용하여 답을 구함.
중	천장과 벽지의 넓이를 같은 단위로 구하였으나 답을 구하지 못함.
하	천장과 벽지의 넓이를 같은 단위로 구하지 못함.

06 생각 열기 원 안의 정사각형의 대각선의 길이는 원의 지름과 같고, 원의 지름은 원 밖의 정사각형의 한 변의 길이와 같습니다.

(마름모 ㅁㅂㅅㅇ의 넓이)
=(선분 ㅁㅅ의 길이)×(선분 ㅂㅇ의 길이)÷2=72
선분 ㅁㅅ과 선분 ㅂㅇ은 원의 지름으로 길이가 같으므로
(선분 ㅁㅅ의 길이)×(선분 ㅁㅅ의 길이)=144,
(선분 ㅁㅅ의 길이)=12 cm입니다.
선분 ㅁㅅ의 길이는 원의 지름과 같으므로 원의 지름은 12 cm입니다.
원의 지름은 변 ㄱㄴ의 길이와 같으므로 정사각형 ㄱㄴㄷㄹ의 한 변의 길이는 12 cm입니다.
⇨ (사각형 ㄱㄴㄷㄹ의 넓이)=12×12=**144 (cm²)**

07 생각 열기 삼각형과 사각형으로 나누어 넓이를 구합니다.

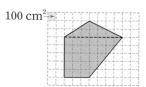

삼각형과 사다리꼴로 나누어 넓이를 구할 수 있습니다. 모눈 한 칸의 길이는 10 cm입니다. 삼각형의 밑변의 길이는 70 cm, 높이는 20 cm이고, 사다리꼴의 윗변의 길이는 70 cm, 아랫변의 길이는 30 cm, 높이는 50 cm입니다.
(삼각형의 넓이)+(사다리꼴의 넓이)
=(70×20÷2)+(70+30)×50÷2
=700+2500=**3200 (cm²)**

08 생각 열기 삼각형의 밑변에 따른 높이를 찾아 넓이를 구하는 식을 이용합니다.
• 4×6÷2=8×㉠÷2, ㉠=3 m
• 10×6÷2=12×㉡÷2, ㉡=5 m
⇨ 5−3=**2 (m)**

09 서술형 가이드 정사각형의 넓이를 구하여 직사각형의 넓이와 직사각형의 세로를 구하는 내용이 풀이 과정에 들어가야 합니다.

채점 기준

상	직사각형의 넓이와 세로를 구하여 도형 전체의 둘레를 구함.
중	직사각형의 넓이와 세로를 구하였으나 도형 전체의 둘레를 구하지 못함.
하	직사각형의 넓이와 세로를 구하지 못함.

다른 풀이

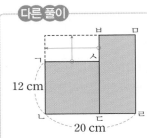

(직사각형의 넓이)$= 280 - (12 \times 12) = 136 \,(cm^2)$
(변 ㄷㄹ의 길이)$= 20 - 12 = 8 \,(cm)$
(변 ㄹㅁ의 길이)$= 136 \div 8 = 17 \,(cm)$
따라서 도형의 둘레는 가로 20 cm, 세로 17 cm인 직사각형의 둘레와 같으므로 $(20 + 17) \times 2 = 74 \,(cm)$입니다.

10 서술형 가이드 색칠한 부분과 사다리꼴 ㄱㄴㅁㅅ의 넓이가 같음을 이용하는 내용이 풀이 과정에 들어가야 합니다.

채점 기준

상	색칠한 부분과 사다리꼴 ㄱㄴㅁㅅ의 넓이가 같다는 식을 세워 답을 바르게 구함.
중	색칠한 부분과 사다리꼴 ㄱㄴㅁㅅ의 넓이가 같다는 식을 세웠으나 답을 구하지 못함.
하	식을 세우지 못하고 답을 구하지 못함.

11 생각 열기 색종이가 한 장씩 늘어날 때마다 도형 전체의 둘레에는 어떤 규칙이 있는지 생각해 봅니다.

(정삼각형의 둘레)$= 4 \times 3 = 12 \,(cm)$
정삼각형 한 장을 더 겹쳐 놓을 때마다 한 변의 길이가 2 cm인 정삼각형의 둘레만큼 겹쳐집니다.
따라서 색종이 5장을 겹쳐 놓았을 때 도형의 둘레는
(한 변의 길이가 4 cm인 정삼각형의 둘레)$\times 5$
$-$(한 변의 길이가 2 cm인 정삼각형의 둘레)$\times 4$
$= 4 \times 3 \times 5 - 2 \times 3 \times 4$
$= 60 - 24$
$= 36 \,(cm)$입니다.

다른 풀이
색종이 한 장을 더 겹쳐 놓을 때마다 도형의 둘레의 길이는 6 cm씩 늘어나는 규칙이 있습니다.
따라서 색종이 5장을 겹쳤을 때, 도형의 둘레의 길이는 $12 + 6 \times 4 = 36 \,(cm)$입니다.

12 사다리꼴과 평행사변형의 높이가 같고,
(선분 ㄱㅂ의 길이)$=$(선분 ㄴㄷ의 길이)이므로
선분 ㄱㅂ의 길이를 $\square$ cm라 하면
$\square \times$ (높이) $\times 3 = (31 + 41) \times$ (높이) $\div 2$에서
$\square \times 3 = 72 \div 2$, $\square = 36 \div 3 = 12$입니다.

13 파란 정사각형의 한 변의 길이를 $\square$ cm라 하면
노란색과 파란색으로 색칠한 부분의 둘레는
$(7 \times 3) + (\square \times 4) - 7 = 66$입니다.
$21 + (\square \times 4) = 73$, $\square \times 4 = 52$, $\square = 13$
$\Rightarrow$ (도화지의 넓이)$= (7 + 13) \times (7 + 13)$
$= 20 \times 20 = \mathbf{400 \,(cm^2)}$

14 (1) $\{$(가로)$+$(세로)$\} \times 2 = 24 \,(cm)$
$\Rightarrow$ (가로)$+$(세로)$= 12 \,(cm)$

(2)

가로 (cm)	1	2	3	4	5	6	7	8	……
세로 (cm)	11	10	9	8	7	6	5	4	……
넓이 (cm²)	11	20	27	32	35	36	35	32	……

(1)의 표에서 가로 6 cm, 세로 6 cm일 때 넓이가 **36 cm²**로 가장 넓습니다.

참고
가로와 세로가 같을 때 넓이가 가장 넓으므로 둘레가 같은 직사각형 중 넓이가 가장 넓은 종이의 모양은 정사각형입니다.

실력평가
157 ~ 159쪽

01 42 cm
02 6 cm²
03 140 cm²
04 1 cm²

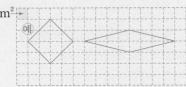

05 예 삼각형 두 개의 넓이의 합으로 구합니다.
(사다리꼴의 넓이)=$(3 \times 4 \div 2)+(5 \times 4 \div 2)$
$=6+10=16$ (cm²)
예 똑같은 사다리꼴 2개를 붙여 만든 평행사변형을 이용합니다.
(사다리꼴의 넓이)=$(3+5) \times 4 \div 2$
$=32 \div 2=16$ (cm²) ; 16 cm²

06 108 cm²

07 8 m

08 6 cm

09 예 (㉮의 넓이)=$10 \times 8=80$ (m²)
(㉯의 넓이)=$(6 \times 2) \times (7 \times 2) \div 2$
$=12 \times 14 \div 2=84$ (m²)
⇨ ㉯가 ㉮보다 $84-80=4$ (m²) 더 넓습니다.
; ㉯, 4 m²

10 50 cm²

11 90 cm²

12 18 cm²

13 5개

14 55 m²

15 10 cm

16 예 (위쪽 삼각형의 넓이)=$10 \times 12 \div 2=60$ (cm²)
⇨ $\square \times 6 \div 2=60$, $\square \times 6=120$, $\square=120 \div 6$,
$\square=20$; 20

17 1 cm²
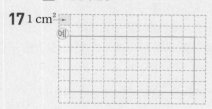

18 160 cm²

19 12

20 196 cm²

01 생각 열기 (정■각형의 둘레)=(한 변의 길이)×■
정육각형은 변의 길이가 모두 같으므로 둘레는
$7 \times 6=42$ (cm)입니다.

02 생각 열기 (평행사변형의 넓이)=(밑변의 길이)×(높이)
밑변의 길이와 높이를 재어 보면 각각 3 cm, 2 cm입니다. ⇨ (평행사변형의 넓이)=$3 \times 2=6$ (cm²)

03 (삼각형의 넓이)=(밑변의 길이)×(높이)÷2
$=20 \times 14 \div 2=280 \div 2=140$ (cm²)

04 (한 대각선의 길이)×(다른 대각선의 길이)÷2=8
⇨ (한 대각선의 길이)×(다른 대각선의 길이)=16
두 대각선의 길이의 곱이 16이 되도록 마름모를 그립니다.
$16=1 \times 16=2 \times 8=4 \times 4=8 \times 2=16 \times 1$

> **다른 풀이**
> 모눈 한 칸의 넓이가 1 cm²이므로 넓이가 모눈 8칸이 되게 마름모를 그립니다.

05 여러 가지 도형으로 나누어 넓이를 구해 봅니다.

서술형 가이드 삼각형 두 개로 나누어 구하거나 평행사변형을 이용하여 넓이를 구하는 방법을 설명합니다.

채점 기준	
상	서로 다른 두 가지 방법으로 바르게 설명함.
중	한 가지 방법만 바르게 설명함.
하	넓이를 구하지 못함.

06 생각 열기 (평행사변형의 넓이)=(밑변의 길이)×(높이)
평행사변형 1개의 넓이: $9 \times 6=54$ (cm²)
⇨ 책 모양의 넓이: $54 \times 2=$ **108 (cm²)**

07 (삼각형의 높이)=(넓이)×2÷(밑변의 길이)
$=36 \times 2 \div 9=8$ (m)

08 생각 열기 (직사각형의 둘레)={(가로)+(세로)}×2
(가로)+(세로)=(둘레)÷2
$=36 \div 2=18$ (cm)
(세로)=$18-12=6$ (cm)

09 마름모 ㉯의 대각선의 길이는
$6 \times 2=12$ (m), $7 \times 2=14$ (m)입니다.

서술형 가이드 직사각형과 마름모의 넓이를 각각 구하여 차를 구하는 내용이 풀이 과정에 들어가야 합니다.

채점 기준	
상	직사각형, 마름모의 넓이를 알고 답을 바르게 구함.
중	직사각형, 마름모의 넓이를 알았으나 답을 구하지 못함.
하	직사각형, 마름모의 넓이를 알지 못함.

10
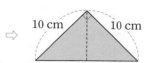
정사각형을 대각선으로 잘라 삼각형을 만들면 밑변의 길이와 높이가 모두 10 cm인 직각삼각형이 됩니다.
⇨ (삼각형의 넓이)=$10 \times 10 \div 2=50$ (cm²)

11 생각 열기 (색칠한 부분의 넓이)
　　　　＝(직사각형의 넓이)−(사다리꼴의 넓이)

가로 15 cm, 세로 10 cm인 직사각형의 넓이에서 윗변의 길이가 15 cm, 아랫변의 길이가 9 cm, 높이 5 cm인 사다리꼴의 넓이를 뺍니다.
$(15 \times 10) - (15 + 9) \times 5 \div 2$
$= 150 - 60 = \textbf{90 (cm}^2\textbf{)}$

12 마름모의 두 대각선의 길이는 정사각형의 한 변의 길이와 같습니다.
(마름모의 넓이)$= 6 \times 6 \div 2 = \textbf{18 (cm}^2\textbf{)}$

13 삼각형 ㄱㄴㄷ과 넓이가 같은 삼각형은 삼각형 ㄱㄷㄹ, 삼각형 ㅅㄷㄹ, 삼각형 ㅂㄴㄷ, 삼각형 ㅂㄴㄹ, 삼각형 ㅂㄹㅁ으로 모두 **5개**입니다.

참고
삼각형 ㄱㄴㄷ의 밑변의 길이는 모눈 3칸, 높이는 모눈 3칸이므로 밑변의 길이와 높이가 각각 모눈 3칸인 삼각형을 모두 찾습니다.

14 생각 열기 $10000 \text{ cm}^2 = 1 \text{ m}^2$임을 이용합니다.

(땅의 넓이)$= 8 \times 8 = 64 \text{ (m}^2)$
(콩을 심은 넓이)$= 300 \times 300 = 90000 \text{ (cm}^2) = 9 \text{ (m}^2)$
⇨ (남은 땅의 넓이)$= 64 - 9 = \textbf{55 (m}^2\textbf{)}$

15 생각 열기 (삼각형의 넓이)＝(밑변의 길이)×(높이)÷2
(평행사변형의 넓이)＝(밑변의 길이)×(높이)

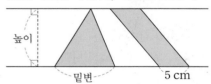

두 도형의 높이를 □ cm라 하면
(삼각형의 넓이)＝(밑변의 길이)×□÷2,
(평행사변형의 넓이)＝5×□
⇨ (밑변의 길이)×□÷2＝5×□,
　(밑변의 길이)×□＝10×□
따라서 (밑변의 길이)＝**10 cm**입니다.

16

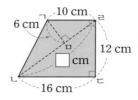

삼각형 ㄱㄴㄹ에서 밑변이 변 ㄱㄹ이면 높이는 변 ㄹㄷ이고, 밑변이 선분 ㄴㄹ이면 높이는 선분 ㄱㅁ입니다.

(삼각형 ㄱㄴㄹ의 넓이)
＝(변 ㄱㄹ의 길이)×(변 ㄹㄷ의 길이)÷2
＝(선분 ㄴㄹ의 길이)×(선분 ㄱㅁ의 길이)÷2

서술형 가이드 한 삼각형에서 밑변에 따라 높이가 달라져도 넓이가 같음을 이용하여 □ 안의 수를 구하는 내용이 풀이 과정에 들어가야 합니다.

채점 기준

상	삼각형의 넓이를 구하는 두 식이 같음을 이용하여 □ 안의 값을 바르게 구함.
중	삼각형의 넓이를 구하는 두 식이 같음을 이용하였으나 □ 안의 값을 값을 구하지 못함.
하	식과 답을 구하지 못함.

17 생각 열기 가로와 세로의 합이 16 cm이고, 가로와 세로의 곱이 55 cm²인 수를 찾아봅니다.

둘레가 32 cm이므로
(가로)＋(세로)$= 32 \div 2 = 16 \text{ (cm)}$
$5 + 11 = 16$, $5 \times 11 = 55$이므로
가로 5 cm, 세로 11 cm 또는 가로 11 cm, 세로 5 cm인 직사각형을 그립니다.

18 (삼각형 ㅁㅂㅈ의 넓이)$= 10 \times 2 = 20 \text{ (cm}^2)$,
(직사각형 ㅁㅂㅅㅇ의 넓이)$= 20 \times 4 = 80 \text{ (cm}^2)$
⇨ (마름모 ㄱㄴㄷㄹ의 넓이)$= 80 \times 2 = \textbf{160 (cm}^2\textbf{)}$

19 해법 순서
① 삼각형 ㅂㄴㄷ의 넓이를 구합니다.
② 사다리꼴 ㅂㄷㄹㅁ의 넓이를 구합니다.
③ 사다리꼴의 넓이를 구하는 식에서 윗변의 길이를 구합니다.

(삼각형 ㅂㄴㄷ의 넓이)$= 10 \times 14 \div 2 = 140 \div 2$
　　　　　　　　　$= 70 \text{ (cm}^2)$
(사다리꼴 ㅂㄷㄹㅁ의 넓이)
＝(삼각형 ㅂㄴㄷ의 넓이)×3
$= 70 \times 3 = 210 \text{ (cm}^2)$
⇨ $(□ + 18) \times 14 \div 2 = 210$, $(□ + 18) \times 14 = 420$,
　$□ + 18 = 420 \div 14$, $□ = 30 - 18$, $□ = \textbf{12}$

20 생각 열기 잘린 색종이의 둘레는 가로의 몇 배인지 구합니다.

잘린 색종이의 세로는 가로의 2배이므로 둘레는 가로의 6배가 됩니다.
⇨ (가로)$= 42 \div 6 = 7 \text{ (cm)}$
처음 색종이의 넓이는 $(7 \times 2) \times (7 \times 2) = \textbf{196 (cm}^2\textbf{)}$입니다.